JIANZHU SHITU YU SHIWU

建筑识图与实务

李翔　宋良瑞　张翔　主编

高等教育出版社·北京

内容提要

　　本书共三个单元:单元一为建筑工程施工图识读导论;单元二为工程
实例识读篇,其中包括:项目1砖混结构施工图识读,项目2框架结构施
工图识读,项目3钢筋混凝土剪力墙结构施工图识读;单元三为施工图识
读实务。

　　本书可作为高等院校土建类相关专业建筑工程图识读与绘制相关课程
教材。

图书在版编目(CIP)数据

　　建筑识图与实务 / 李翔,宋良瑞,张翔主编. -- 北
京:高等教育出版社,2014.10(2017.6重印)
　　ISBN 978 - 7 - 04 - 041297 - 0

　　Ⅰ.①建…　Ⅱ.①李…　②宋…　③张…　Ⅲ.①建筑制
图-识别-高等学校-教材　Ⅳ.①TU204

　　中国版本图书馆 CIP 数据核字(2014)第 238036 号

策划编辑　张玉海	责任编辑　张玉海	特约编辑　郝桂荣	封面设计　李卫青
版式设计　余　杨	插图绘制　杜晓丹	责任校对　张小镝	责任印制　毛斯璐

出版发行　高等教育出版社	咨询电话	400 - 810 - 0598
社　　址　北京市西城区德外大街 4 号	网　　址	http://www.hep.edu.cn
邮政编码　100120		http://www.hep.com.cn
印　　刷　三河市华骏印务包装有限公司	网上订购	http://www.landraco.com
开　　本　880mm×1230mm　1/8		http://www.landraco.com.cn
印　　张　19.75	版　　次	2014 年 10 月第 1 版
字　　数　450 千字	印　　次	2017 年 6 月第 4 次印刷
购书热线　010 - 58581118	定　　价	38.00 元

前　言

　　建筑识图与实务是土建类专业学生必修的课程,主要训练学生阅读和绘制建筑工程施工图的能力。本书适合于工科高等院校,尤其是土建类普通工科院校、高等职业技术院校、成人教育土建类专业。本课程必须在先行学习画法几何课程基础上进行。

　　本书的特点是:

　　1. 采用最新的国家规范和标准进行编写。

　　2. 采用 A3 幅面教材格式,提供各类工程完整的施工图样。

　　3. 每个施工图识读案例都提供详细的阅读提示,方便学习。

　　4. 对施工图中用到的图例、图集在教材中都加以选择性提供。

　　5. 根据土建类学生的教学特点,设备施工图识读一般在专业课程中学习。所以为突出重点,本书着重学习建筑施工图和结构施工图识读,省略了设备施工图识读内容。

　　本书由李翔、宋良瑞、张翔任主编,编写分工为:单元一由李翔编写;单元二项目 1 由宋良瑞编写,项目 2 由张翔编写,项目 3 由凌莉群编写;单元三由刘觅编写。

　　四川建筑职业技术学院吴明军教授审阅了书稿,并提出许多宝贵意见,在此表示衷心感谢。

　　由于水平有限,时间紧促,不当之处,请读者批评指正!

编　者

2014 年 9 月

目　录

单元一　建筑工程施工图识读导论

◆ **学习目标**

1. 熟练掌握关于建筑工程施工图的各种制图标准。
2. 熟练掌握建筑施工图识读,包括施工图首页及设计说明、平面图、立面图、剖面图、建筑详图。
3. 掌握结构施工图识读,包括结构设计说明、基础图、楼层及屋面结构布置图、构件详图。

项目1　概　　述

● **任务引入与分析**

　　房屋是供人们生活、生产、工作、学习和娱乐的场所,与人们关系密切。将一栋拟建房屋的内外形状、大小及各部分的结构、构造、装饰、设备等内容,按照国标的规定,用正投影的方法详细准确地画出的图样,用以指导施工,称为房屋建筑工程施工图。识读施工图是施工技术人员的基本技能。

● **相关知识**

　　要识读施工图,除了要具备画法几何的知识,还得掌握房屋的构造组成,施工图的产生及图示特点、施工图的常用符号和图例、国家关于施工图的相关标准、标准图集的运用等内容。

一、房屋的组成及其作用

　　民用建筑通常是由基础、墙体或柱、楼板层、楼梯、屋顶、地坪、门窗等七个主要构造部分组成。这些组成部分构成了房屋的主体,它们在建筑的不同部位发挥着不同的作用。房屋除了上述的七个主要组成部分之外,往往还有其他的构配件和设施,以保证建筑可以充分发挥其功能,如阳台、雨篷、台阶、散水、通风道等,如图1-1所示。

(一)基础

　　基础是建筑物最下部的承重构件,承担建筑的全部荷载,并要把这些荷载有效地传给地基。基础作为建筑的重要组成部分,是建筑物得以立足的根基。由于基础埋置于地下,属于建筑的隐藏部分,安全的要求较高。因此基础应具有足够的强度、刚度和耐久性,并能抵御地下各种不良因素的侵袭。

(二)墙体和柱

　　墙体是建筑物的重要构造组成部分。墙体在具有承重要求时,它承担屋顶和楼板层传来的各种荷载,并把它们传递给基础。外墙还具有围护功能,负有抵御自然界各种因素对室内侵袭的责任;内墙起到划分建筑内部空间,创造适用的室内环境的作用。墙体通常是建筑中自重最大,用材料和资金最多,施工量最大的组成部分,作用非常重要。因此,墙体应具有足够的强度、刚度、稳定性、良好的热功能性及防火、隔声、防水、耐久性能。墙体也是建筑自身改革面临课题最多的一个部分,其性能和经济效应的变革将对建筑的面貌带来重要的影响。

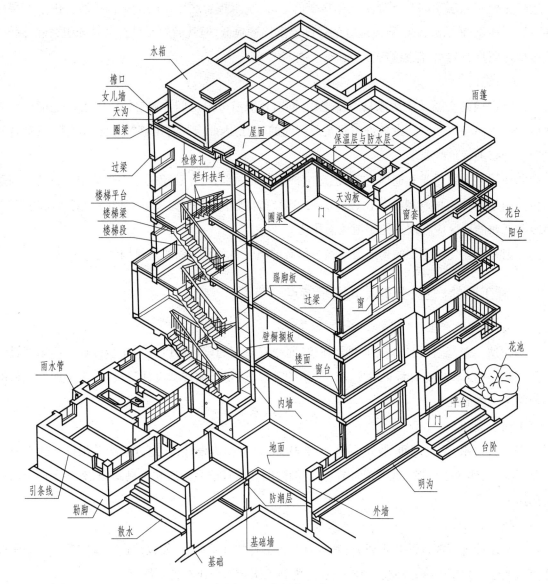

图1-1　房屋的组成

　　柱是建筑物的竖向承重构件,除了不具备围护和分隔的作用之外,其他要求与墙体相差不多。随着骨架结构建筑的日渐普及,柱已经成为房屋中常见的构件。

(三)楼板层

　　楼板层是楼房建筑中的水平承重构件,同时还兼有在竖向划分建筑内部空间的功能。楼板层承担建筑的楼面荷载,并把这些荷载传给建筑的竖向承重构件,同时对墙体起到水平支撑的作用。楼板层应具有足够的强度、刚度,并应具备足够的防火、防水、隔声的能力。

(四)楼梯

　　楼梯是楼房建筑中联系上下各层的垂直交通设施。在平时作为使用者的竖向交通通道,遇到紧急情况时供使用者安全疏散。楼梯虽然不是建造房屋的目的所在,但由于它关系到建筑使用的安全性,因此在宽度、坡度、数量、位置、布局形式、防火性能等诸方面均有严格的要求。目前,许多建筑的竖向交通主要靠电梯、自动扶梯等设备解决,但楼梯作为安全通道仍然是建筑不可缺少的组成部分。

(五)屋顶

　　屋顶是建筑顶部的承重和维护构件。屋顶一般由屋面、保温(隔热)层和承重构件三部分组成。其中承重结构使用要求与楼板相似,而屋面和保温(隔热)层则应具有能够抵御自然界不良因素的能力。屋顶又被称为建筑的"第五立面",对建筑的体型和立面形象具有较大的影响。

1

（六）地坪

地坪是建筑底层房间与下部土层相接触的部分，它承担着底层房间的地面荷载。由于首层房间地坪下面往往是夯实的土壤，所以地坪的强度要求比楼板低，但其面层要具有良好的耐磨、防潮性能，有些地坪还要具有防水、保温的能力。

（七）门窗

门供人们内外交通及搬运家具设备之用，同时还兼有分隔房间、围护的作用，有时还能进行采光和通风。由于门是人及家具设备进出建筑及房间的通道，因此应具有足够的宽度和高度，其数量和位置也应符合有关规范的要求。

窗的作用主要是采光和通风，同时也是围护结构的一部分，在建筑的立面形象中也占有相当重要的地位。由于制作窗的材料往往比较脆弱和单薄，造价较高，同时窗又是围护结构的薄弱环节，因此在寒冷和严寒的地区应合理地控制窗地面积比。

门和窗是上述建筑主要的构造组成当中仅有的属于非承重结构的建筑构件。

二、施工图的产生、分类及其图示特点

（一）施工图的产生

房屋建造一般经过设计和施工两大环节，而一般建筑的设计可以分为初步设计和施工图设计两个阶段，对一些技术上复杂而又缺少设计经验的工程，还要增加技术设计阶段，作为协调各工种的矛盾和绘制施工图的准备。

（1）初步设计

根据甲方要求，通过调研、收集资料、综合构思，进行初步设计，作出方案图并报批。通常要画出建筑总平面图、建筑平面图、建筑立面图、建筑剖面图和建筑透视图或建筑鸟瞰图，有必要还可以做出小比例模型。

（2）技术设计

对初步设计进行深入的技术研究，确定有关各工种的技术做法，使设计进一步完善。这一阶段的设计图纸要绘出肯定的度量单位和技术做法，为施工图纸的制作准备条件。

（3）施工图设计

按照施工图的制图规定，绘制供施工时作为依据的全部图纸。施工图要按国家制定的制图标准进行绘制。一个建筑物的施工图包括：建筑施工图、结构施工图，以及给水排水、供暖、通风、电气、动力等设备施工图。其详尽程度以能满足施工预算、施工准备和施工依据为准。

（二）施工图分类

（1）建筑施工图（简称"建施"）。主要表示建筑物的总体布局、外部造型、内部布置、细部构造、内外装饰。包括：总平面图　平面图　立面图　剖面图　建筑详图

（2）结构施工图（简称"结施"）。主要表示建筑物中承重结构的布置情况、构件类型、大小、材料及做法等。

（3）设备施工图（简称"设施"）。主要表示各工种所需的设备和管线的平面布置图、系统图、工艺设计图、安装详图及安装说明。它包括：给水排水工程图、电气工程图、采暖通风工程图。

（三）施工图图示特点

（1）施工图的各图样用正投影法第一象限角法绘制。

（2）施工图都是按照一定比例绘制。房屋建筑体形庞大，通常需要缩小后才能画在图纸上。建筑施工图中，建筑物或构筑物的平、立、剖面图常用比例为1：100、1：150、1：200等。建筑物或构筑物的局部放大图常用比例为1：20、1：50等。请参见《建筑制图标准》（GB/T 50104—2010）。

（3）由于构配件种类较多，为方便作图，国标规定了一系列的图形符号以代表建筑构配件、卫生设备、建筑材料等，这种图形符号称为图例。为方便读图，国标还规定了许多标注符号，要阅读施工图，这些符号和图例都必须熟练掌握。

三、施工图中常用的符号图例

（一）定位轴线

建筑施工图中表示建筑物的主要结构构件位置的单点长画线称为定位轴线。它是施工定位、放线的重要依据。如图1-2所示。

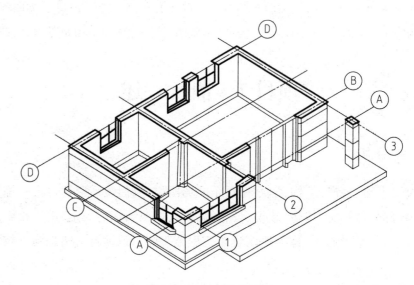

图1-2　定位轴线的设置

定位轴线的画法及编号的规定是：

（1）定位轴线用细单点长画线绘制。

（2）为了看图和查阅的方便，定位轴线应编号，编号注写在轴线端部的圆内。圆应该用细实线绘制，直径8 mm，详图可增至10 mm。圆心应在轴线延长线或其延长线的折线上，如图1-3所示。

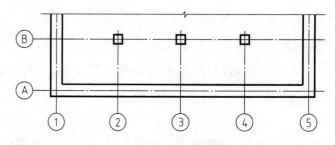

图1-3　定位轴线的绘制

（3）定位轴线沿水平方向的编号采用阿拉伯数字，从左向右依次注写；沿垂直方向的编号，采用大写的拉丁字母，从下向上一次注写。为了避免和水平方向的阿拉伯数字相混淆，垂直方向的编号不能用I、O、Z这三个拉丁字母。

（4）如果一个详图同时适用于几根轴线时，应将各有关轴线的编号注明，如图1-4所示。图1-4中的（a）图表示用于2根轴线，（b）图表示用于3根或3根以上轴线，（c）图表示用于3根以上连续编号的轴线。

（5）对于次要位置的确定，可以采用附加定位轴线的编号，编号用分数表示。以分母表示前一轴线的编号；分子表示附加轴线的编号，一律用阿拉伯数字顺序编写。在主轴线之前附加的轴线应在分母编号前加0表示，分子仍然为附加轴线的编号。如图1-5、图1-6所示。

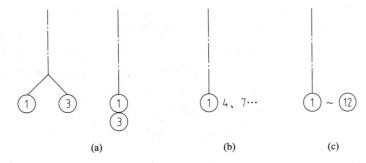

图 1-4 定位轴线的编号

图 1-5 附加定位轴线编号

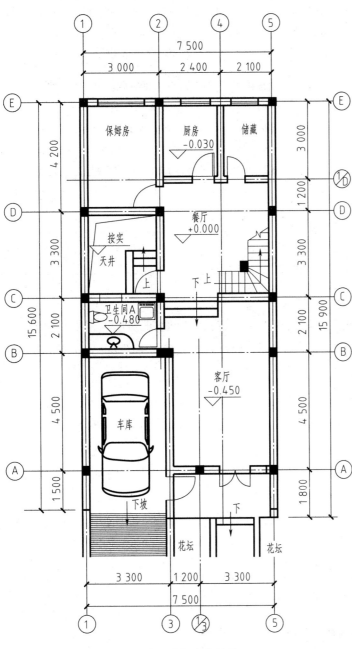

图 1-6 附加定位轴线

对较复杂的组合平面或者特殊形状的平面的定位轴线,其注写方式可参照《房屋建筑制图统一标准》(GB/T 50001—2010)有关规定。

（二）标高及标高符号

建筑物中的某一部位与所确定的水准基点的高差称为该部位的标高。在图纸中,为了标明某一部位的标高,我们用标高符号表示。标高符号用细实线画出。标高符号为一等腰直角三角形,三角形的高为约 3 mm。三角形的直角尖角指向需要标注部位,长的横线之上或之下注写标高的数字。标高以 m 为单位。

标高数字在单体建筑物的建筑施工图中注写到小数点后的第三位,在总平面图中注写到小数点后的第二位。零点的标高注写成 ±0.000,负数标高数字前必须加注 "-" 号,正数标高数字前不加注任何符号,如图 1-7a 所示。

如需要同时标注几个不同的标高时,其标注方法如图 1-7d 所示。

总平面图中和底层平面图中的室外平整地面标高符号用涂黑三角形表示,三角形的尺寸同前,不加一横线,标高数字注写在右上方和写在右面和上方均可,如图 1-7c、d 所示。

图 1-7 标高符号

标高有绝对标高和相对标高两种。

绝对标高(亦称海拔高度):我国把青岛附近的黄海的平均海平面定为绝对标高的零点,其他各地标高都以它为基础。

相对标高:在建筑的施工图上要注明许多标高,如果全用绝对标高,不但数字繁琐,而且不容易得出各部分的高差。因此,除总平面图外,一般都采用相对标高,即把底层室内主要地坪标高定为相对标高的零点,并在建筑工程的设计总说明中说明相对标高和绝对标高的关系,再由当地附近的水准点(绝对标高)来测定拟建建筑物的底层地面标高。

（三）详图索引符号和详图符号

表示详图与基本图、详图与详图之间关系的一套符号,称为索引符号与详图符号,亦称为索引标志与详图标志。

图纸中某一局部结构或构造如需要画出详图,应以索引符号引出,即在需要画出详图的部位编上索引符号,并在所画的详图上标上详图符号,两者必须对应一致,以便看图时查找相互有关的图纸。

1. 索引符号的画法

在需要画详图的部位用细实线画出一条引出线,引出线的一端用细实线画一个直径为 10 mm 的圆(图 1-8a),上半圆内的数字表示详图的编号,下半圆内的符号或数字表示详图所在的位置,或者详图所在的图纸编号。图 1-8b 表示详图就在本张图纸内;图 1-8c 表示详图在编号为 5 的图纸内;图 1-8d 表示详图采用的是标准图册编号为 J103 的标准详图,详图为 12 页中编号为 5 的图样。

当索引的详图是局部剖面(或断面)的详图时,则在索引符号引出线的一侧加画一短粗实线表示剖切位置线。引出线在剖切位置线的哪一侧,表示该剖面(或断面)向哪个方向作的投影,如图 1-8 所示。

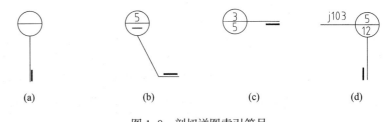

图 1-8 剖切详图索引符号

2. 详图符号的画法

在画出的详图上，必须标注详图符号。详图符号是用粗实线画出一直径为 14 mm 的圆，圆内注写详图的编号。若所画详图与被索引的图样不在同一张图纸内，可用细实线在详图符号内画一水平直径，上半圆注写详图编号，下半圆注写被索引的原图所在图纸的编号，如图 1-9 所示。

图 1-9 详图符号

（四）指北针和风向频率玫瑰图

1. 指北针

在总平面图以及底层平面图上应画上指北针符号。指北针一般用细实线画一直径为 24 mm 的圆，指北针尾端的宽度宜为圆的直径的 1/8，约 3 mm，如图 1-10a 所示。

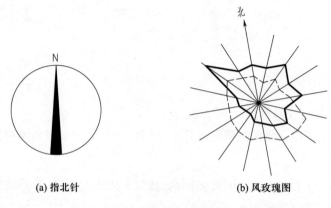

(a) 指北针　　　(b) 风玫瑰图

图 1-10 指北针与风玫瑰图

2. 风向频率玫瑰图

风向频率玫瑰图（简称风玫瑰图）是根据某一地区多年平均统计的各个方向吹风次数的百分数值，按一定比例绘制的，一般用 8 个或 16 个方位表示。如图 1-10b 所示。风玫瑰图上所表示的风的吹向是指从外面吹向该地区中心的。在建筑总平面图上，通常应按当地的实际情况绘制风向频率玫瑰图。全国各主要城市的风向频率玫瑰图请参阅《建筑设计资料集》。风向频率玫瑰图中实线——表示全年风向频率；虚线——表示夏季风向频率，按 6、7、8 三个月统计。有的总平面图上只画指北针而不画风向频率玫瑰图。

（五）材料图例

施工图各种材料图例的画法必须遵照国家标准的规定绘制，详见《房屋建筑制图统一标准》（GB/T 50001—2010）。

四、识读施工图其他基础知识

（一）图线

建筑施工图中所用图线应符合表 1-1 的规定。详细运用示例请参见《房屋建筑制图统一标准》（GB/T 50001—2010）。

（二）尺寸

建筑施工图上的尺寸可分为定形尺寸、定位尺寸和总体尺寸。定形尺寸表示各部位构造的大小，定位尺寸表示各部位构造之间的相互位置，总体尺寸应等于各分尺寸之和。尺寸除了总平面图及标高尺寸以米（m）为单位外，其余一律以毫米（mm）为单位，注写尺寸时，应注意使长、宽尺寸与相邻的定位轴线相联系。详细运用请参见《建筑制图标准》（GB/T 50104—2010）。

表 1-1 图 线

图线名称	线型	线宽	用途
1. 粗实线	——————	b	1. 平、剖视图中被剖切的主要建筑构造（包括构配件）的轮廓线 2. 建筑立面图的外轮廓线 3. 建筑构造详图中被剖切的主要部分的轮廓线 4. 建筑构配件详图中的构配件的外轮廓线 5. 平、立、剖面的剖切符号
2. 中粗线	——————	0.5b	1. 平、剖视图中被剖切的次要建筑构造（包括构配件）的轮廓线 2. 建筑平、立、剖视图中的建筑构配件的轮廓线 3. 建筑构造详图及建筑构配件详图中一般轮廓线
3. 细实线	——————	0.25b	小于 0.5b 的图形线、尺寸界线、图例线、索引符号、标高符号等
4. 中虚线	— — — —	0.5b	1. 建筑构造及建筑构配件不可见的轮廓线 2. 平面图中的起重机（吊车）轮廓线 3. 拟扩建的建筑轮廓线
5. 细虚线	- - - - -	0.25b	图例线、小于 0.5b 的不可见轮廓线
6. 粗单点长画线	—·—·—	b	起重机（吊车）轨道线
7. 细单点长画线	—·—·—	0.25b	中心线、对称线、定位轴线
8. 折断线	—/—	0.25b	不需画全的断开界线
9. 波浪线	∽∽∽	0.25b	不需画全的断开界线、构造层次的断开界线

（三）标准图和标准图集

为了加快设计和施工进度，提高设计与施工质量，把房屋工程中常用的、大量性的构配件按统一的模数、不同规格设计出系列施工图，供设计部门、施工企业选用，这样的图称为标准图，装订成册后就称为标准图集。

1. 按照适用范围分类

（1）第一类是国家标准图集，经国家建设委员会批准，可以在全国范围内使用，如建筑国家标准图集 11G101 等。

（2）第二类是地方标准图集，经各省、市、自治区有关部门批准，可以在相应地区范围内使用；如《四川省建筑标准设计 川　03G316》等。

（3）第三类是设计单位编制的标准图集，仅供本单位设计使用，此类标准图集用得很少。

2. 按照工种分类

（1）建筑构件标准图集，一般用"G"或"结"表示。

（2）建筑配件标准图集，一般用"J"或"建"表示。

五、识图方法及应注意的问题

识读施工图时，必须掌握正确的识读方法和步骤。在识读整套图纸时，应按照"总体了解、顺序识读、前后对照、重点细读"的读图方法。

1. 总体了解

一般是先看目录、总平面图和设计总说明，以大致了解工程的概况，然后看建筑平、立面图和剖面图，大体上想象一下建筑物的立体形象及内部布置。

2. 顺序识读

在总体了解建筑物的情况以后，根据施工的先后顺序，从基础、墙体（或柱）、结构平面布置、建筑构造及装修的顺序，仔细阅读有关图纸。

3. 前后对照

读图时，要注意平面图、剖面图对照着读，建筑施工图和结构施工图对照着读，土建施工图与设备施工图对照着读，做到对整个工程施工情况及技术要求心中有数。

4. 重点细读

根据工种的不同，将有关专业施工图再有重点地仔细读一遍，并将遇到的问题记录下来，及时向设计部门反映。

识读一张图纸时，应按由外向里、由大到小、由粗至细、图样与说明交替、有关图纸对照看的方法，重点看轴线及各种尺寸关系。

项目2　建筑施工图

房屋施工图是建造房屋的技术依据，一套房屋施工图组成及编排顺序是：首页及设计说明、建筑施工图、结构施工图、设备施工图（水、暖、电等）。各专业图纸又具体分基本图（全面性内容的图纸）和详图（某构件或详细构造尺寸等）两部分。各专业的施工图编排依据施工的先后、图纸的主次、全面与局部关系而定。

建筑施工图根据内容与用途可分为：设计总说明、总平面图、建筑平面图、建筑立面图、建筑剖面图及建筑详图等。建筑总平面图是新建房屋在基地范围内的总体布置图，可以反映某区域的建筑位置、层数、朝向、道路规划、绿化、地势等；建筑平面图主要用于施工放线、砌筑墙体、安装门窗、室内装修及编制施工图预算等方面的重要依据；建筑立面图用以表示建筑物理学外形、建筑风格、局部构件在高度方向的相互关系，室外装修方法等；建筑剖面图反映房屋全貌、构造特点、建筑物内部垂直方向的高度、构造层次、结构形式等；建筑详图可以表达构配件的详细构造，如材料规格、相互连接方法、相对位置、详细尺寸、标高等。

一、首页、设计总说明

首页是整套施工图的概括和必要补充，包括图纸目录、门窗统计表、标准统计表及设计总说明等，如图1-11所示。

（1）图纸目录。一般均以表的形式列出各专业图纸的图号及内容，以便查阅。

（2）门窗统计表。一般将该建筑物的门窗列成表格，可直观反映各编号门、窗的规格、数量、材料等。

（3）标准图集统计表。一般将该建筑施工过程中所用的建筑标准图以表的形式做出统计，以便施工人员和施工管理人员等准备查阅。

（4）设计总说明。内容一般有本施工图的设计依据、工程地质情况、工程设计的规模与范围、设计指导思想、技术经济指标等。图纸未能详细注写的材料、构造做法等也可写入说明中。

图纸目录

图名	内容
建施1	设计说明、图纸目录、门窗表、装修表
建施2	总平面图
建施3	底层平面图
建施4	二层平面图
建施5	①~⑨立面图
建施6	I—I剖面图 ④~⑩立面图
建施7	屋顶平面图、详图
建施8	楼梯详图
建施9	楼梯详图
建施10	厕所大样图
建施11	墙身节点大样图
建施12	木门、钢窗详图
建施13	天桥大样图
建施14	悬挑空花大样图

门窗表

类型代号	门窗类型名称	门、窗编号	洞口尺寸	数量
PM	钢板门	M1(PM406-1521)	1500×2100	3
X	全板平开镶板门(有亮子窗)	M2	1000×2400	65
YX	百页平开镶板门(有亮子窗)	M3	800×2400	10
PC	单层平开窗	PC176-1818	1800×1800	76
PC	单层平开窗	PC24-1809	1800×900	9
PC	单层平开窗	PC6-1206	1200×600	5

建筑设计说明

一、本工程为×××学校办公楼。
结构形式：砖混五层，建筑面积：1 777.25 m²。

二、本工程引用标准图集为《西南地区建筑标准设计通用图》西南J112～812。

三、木门按西南J611图集制作，钢窗为32系列实腹钢窗，按92J701（二）制作。

四、凡木作埋入墙体或与墙体接触部分均涂涂热沥青防腐。

五、油漆：全部铁件均先作红丹打底后，再刷面漆。

六、凡有色粉刷、油漆、涂料，均先作样板，待现场定样后再施工。

七、女儿墙均作120厚同墙宽现浇C20混凝土顶压，配2Φ12通长，架立筋Φ6@200 在压顶距内侧60Φ10处预留100 插筋（外露），@1 200~1 500等间距排列均匀。

图1-11　设计说明及其他

二、建筑总平面图

建筑总平面图（简称总平面图），是表示新建建筑物与周围总体情况的平面布置图，它是在画有等高线或加上坐标方格网的地形图上，画上原有的和拟建的房屋的外轮廓的水平投影图。

总平面图反映出建筑物的平面形状、位置、朝向、相互关系和周围地形、地物的关系。对一些较简单的工程，总平面图可不画出等高线。等高线就是在总平面图中用细实线画出地面上标高相同处的位置，并注上标高的数值。图1-12是总平面图示例。相关工程总平面图实例参见后续项目。

总平面图是新建房屋施工定位、土方工程和其他专业（如给水排水、供暖、电气及天然气等工程）的管线总平面图和施工总平面图设计布置的依据。

阅读总平面图时，应注意下列几点：

（1）首先看清总平面图所用的比例、图例及有关文字说明。总平面图由于所绘区域范围较大，所以一般绘制时采用较小的比例，如1：500、1：1 000、1：2 000等。总平面图上所标注的尺寸，一律以m为单位。图中使用的图例应采用国标中所规定的图例，如表1-2所示。

（2）总平面图中，新建建筑物的定位一般采用两种方法，一是按原有建筑物或原有道路定位；二是按坐标定位。采用坐标定位又分为采用测量坐标定位和建筑坐标定位两种。

① 根据原有建筑物定位。按原有建筑物或原有道路定位是扩建中常采用的一种方法。如图1-12中的总平面图是某教学区的总平面图。

② 根据坐标定位。在新建区域内，为了保证在复杂地形中放线准确，总平面图中常用坐标值表示建筑物、道路等的位置。常采用的方法有：

a. 测量坐标。国土管理部门提供给建设单位的红线图是在地形图上用细线画成交叉十字线的坐标网，南北方向的轴线为X，东西方向的轴线为Y，这样的坐标称为测量坐标。

5

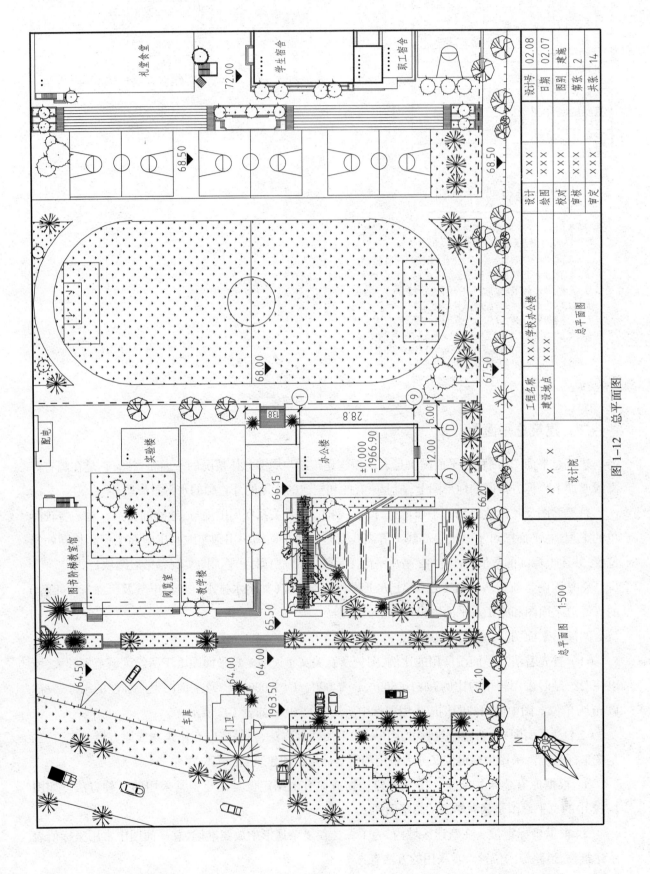

图 1-12 总平面图

表 1-2 总平面图常用图例

名称	图例	说明
新建建筑物		粗实线（▲表示出入口，在右上角以点数或数字表示层数）
原有建筑物		细实线
计划扩建的预留地或建筑物		中虚线
拆除的建筑物		细实线
建筑物下的通道		
散状材料露天堆场		
其他材料露天堆场或露天作业场		
铺砌场地		
敞棚或敞廊		
围墙及大门		上图为实体性质的围墙，下图为通透性质的围墙。如仅表示围墙时不画大门。
烟囱		
挡土墙		被挡土在短线侧
测量坐标	X 105.00 / Y 425.00	
建筑坐标	A 105.00 / B 425.00	
方格网点交叉点标高	−0.50 / 77.85 / 78.35	77.85 表示设计标高，78.35 表示原地面标高，−0.50 表示施工高度。− 表示挖方，+ 表示填方
填挖边坡		
护坡		边坡较长时，可在一端或者两端局部表示
台阶		箭头指向表示朝下的行走方向

坐标网常采用 100 m×100 m 或 50 m×50 m 的方格网。一般建筑物的定位标记有两个墙角的坐标,如图 1-13 所示,其他建筑的定位可以此类推。

b. 施工坐标。施工坐标一般在新开发区,房屋朝向与测量坐标方向不一致时采用。

施工坐标是将建筑区域内某一点定为"0"点,采用 100 m×100 m 或 50 m×50 m 的方格网,沿建筑物主墙方向用细实线画成方格网通线,横墙方向(竖向)轴线标为 A,纵墙方向的轴线标为 B,如图 1-14 所示。

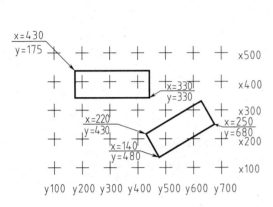
图 1-13 测量坐标定位示意图

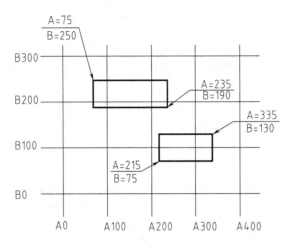
图 1-14 建筑坐标定位示意图

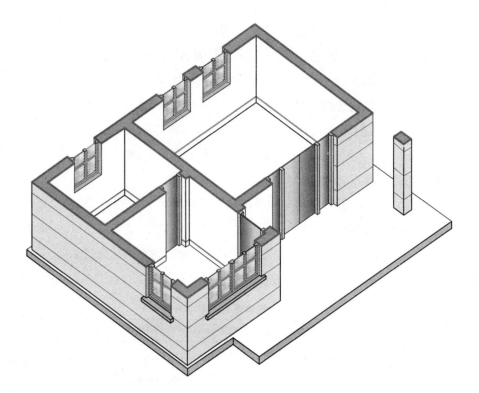
图 1-15 建筑平面图形成

(3)了解工程名称、性质、地形、地貌和周围环境等情况。从图 1-12 总平面图中可以了解到宿舍所建的房屋轮廓、层数、标高、周围道路、地形、地貌及与原有建筑的关系等。

(4)总平面图中所注的标高为绝对标高,一般注写至小数点后两位。

(5)明确拟建房屋的朝向。从总平面图中的指北针或风玫瑰图,即可确定房屋的朝向。

(6)了解拟建房屋四周的道路、绿化规划。如需了解建筑物周围的给水排水、供暖、电气的管线布置、走向、位置、标高,还应查阅有关专业的总平面布置图。

三、建筑平面图

(一)建筑平面图的形成及内容分工

用一个假想的水平的剖切平面沿略高于窗台的位置剖切房屋后,移去上面部分,将剩余部分往 H 面进行投影,所得的水平剖面图,即为建筑平面图,简称平面图。如图 1-15、图 1-16 所示。

沿房屋底层窗洞口剖切所得到的平面图称为底层平面图,沿二层窗洞口剖切所得到的平面图称为二层平面图,用同样的方法可得到三层、四层等平面图,若中间各层完全相同,可画一个标准层平面图。最高一层的平面图称为顶层平面图。在平面图下方应注明相应的图名及采用的比例。平面图的比例一般采用 1:100 或 1:150、1:200。平面图中的线型应粗细分明,凡是被剖切平面剖切到的墙、柱等断面轮廓线均用粗实线表示,门的开启方向线和窗的轮廓线及其余可见轮廓线和尺寸线等则用细实线表示。平面图比例若为 1:100 ~ 1:200 时,可画简化的材料图例(如钢筋混凝土涂黑),比例小于 1:200 时,可不画材料图例。

(二)建筑平面图的用途

平面图反映房屋的平面形状、房间大小、相互关系、墙的厚度和材料、门窗的类型和位置等情况,所以平面图是施工图中最基本的图样之一。

(三)建筑平面图的内容及阅读方法

(1)先从图名了解该图是属于哪一层平面图及画图时所采用的比例。

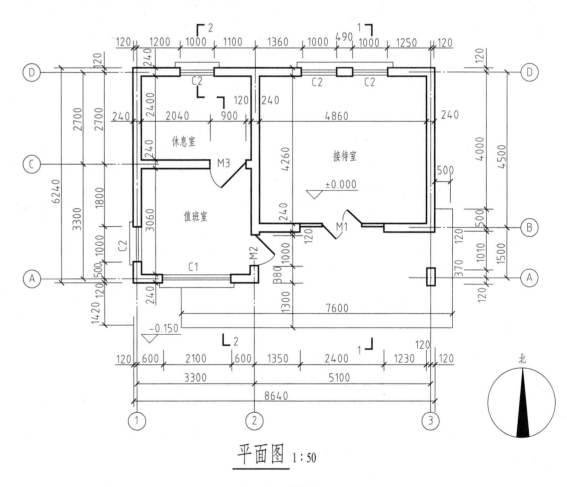
平面图 1:50

图 1-16 建筑平面图

(2)了解定位轴线的编号及其间距。定位轴线之间的距离,横向的称为开间,竖向的称为进深。我们可以从图中定位轴线的编号及其间距,看到各承重构件的位置及房间的大小。

(3)了解平面各部分的尺寸。平面图尺寸以 mm 为单位,标高以 m 为单位。平面图中的尺寸分

为外部尺寸和内部尺寸两部分。

① 外部尺寸。为便于读图和施工，外部尺寸一般标注三道。

第一道尺寸：表示门、窗洞口宽度尺寸和门窗间墙体及各细小部分的构造尺寸。

第二道尺寸：表示轴线间距离，用以表明房间的开间和进深尺寸。

第三道尺寸：表示房屋外轮廓的总尺寸，即从一端的外墙边到另一端的外墙边总长和总宽尺寸。

三道尺寸线互相间距一般为 7 ~ 10 mm，第一道尺寸距离房屋的外墙边（或其他构件轮廓线）应大一些，一般为 10 mm 以上。如果房屋平面的前后、左右不对称时，则房屋平面的上下左右四边均应标注尺寸，但总尺寸可以不必重复标注。

另外室外台阶、花台和散水等尺寸可单独标注在该配件的周围。

② 内部尺寸。内部尺寸应注明内墙门窗洞的位置及洞口宽度、墙体厚度、设备的大小和位置。

（4）了解平面图中各部分地面的标高。平面图中各部分的高差用标高表示。

（5）门窗、设备等形状复杂，线条较多，在平面图中常采用图例表示，表1-3为建筑施工图常用图例。

表1-3　建筑施工图常用图例

序号	名称	图例	说明
1	墙体	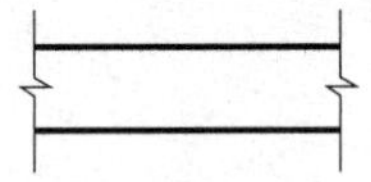	应加注文字或填充图例表示墙体材料，在项目设计图纸说明中列出材料图例给予说明。
2	隔断		1. 包括板条抹灰、木制板、石膏板、金属材料等隔断 2. 适用于到顶与不到顶隔断
3	栏杆	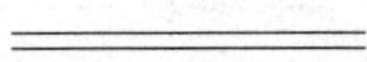	
4	楼梯	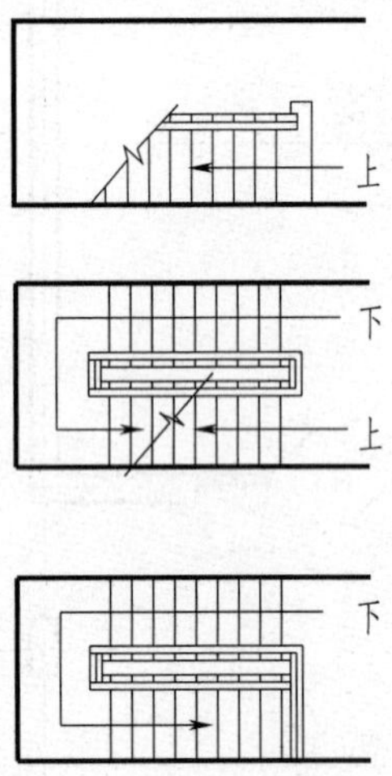	上图为底层楼梯平面，中图为中间层楼梯平面，下图为顶层楼梯平面 楼梯及栏杆扶手的形式和梯段踏步数应按实际情况绘制
5	坡道	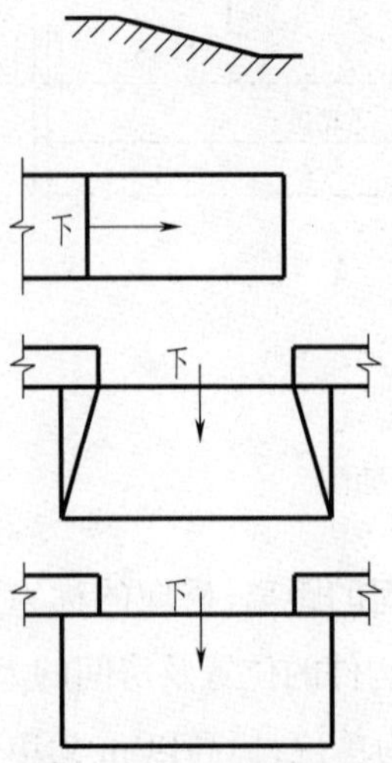	上图为长坡道，下图为门口坡道

续表

序号	名称	图例	说明
6	平面高差	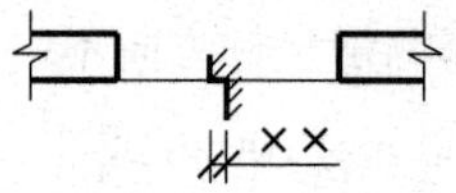	适用于高差＜100的两个地面或楼面相接处
7	检查孔	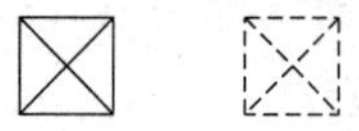	左图为可见检查孔 右图为不可见检查孔
8	孔洞		阴影部分可以涂色代替
9	坑槽		
10	墙预留洞	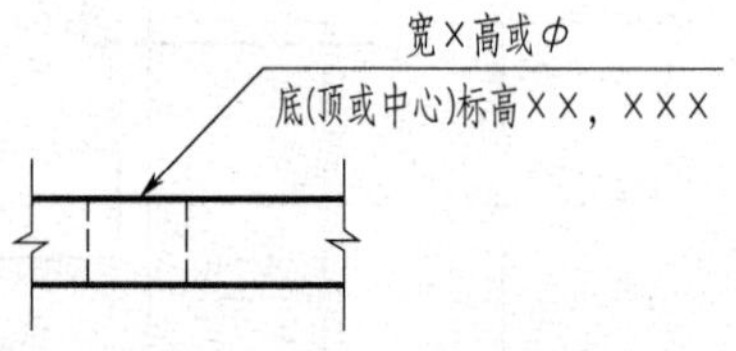 宽×高或φ 底(顶或中心)标高××,×××	1. 以洞中心或洞边定位 2. 宜以涂色区别墙体和留洞位置
11	墙预留槽	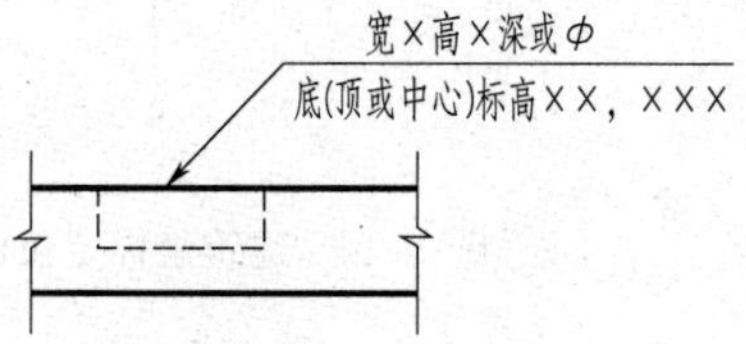 宽×高×深或φ 底(顶或中心)标高××,×××	
12	烟道	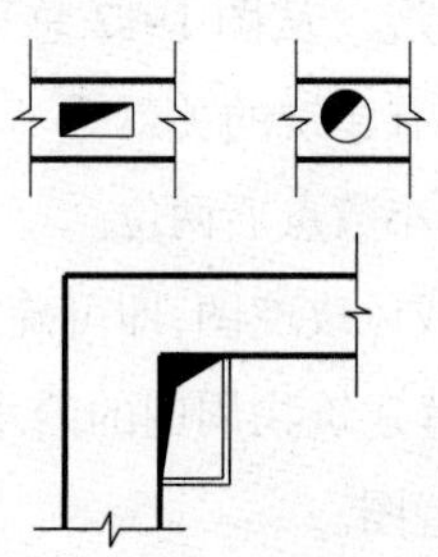	1. 阴影部分可以涂色代替 2. 烟道与墙体为同一材料，其相接处墙身残线应断开
13	通风道	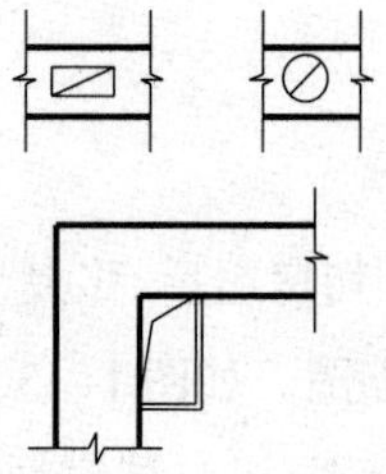	
14	空门洞	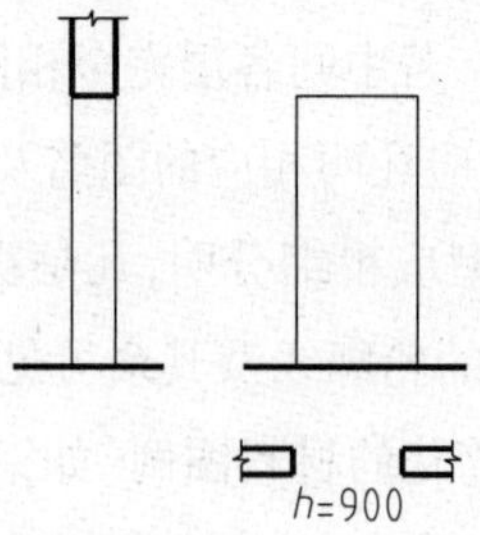 h=900	h=900 为门洞高度
15	单扇门	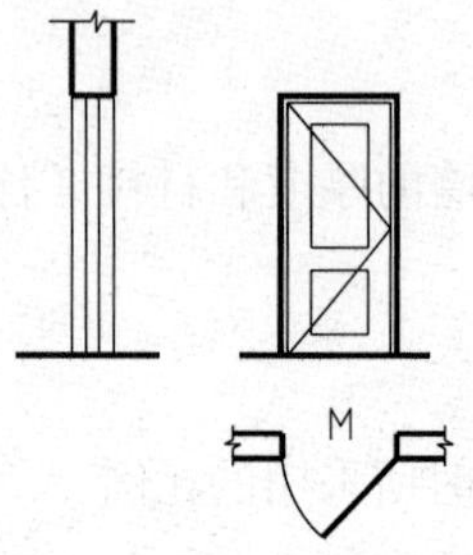 M	1. 门的名称代号用 M 2. 图例中剖面图左为外、右为内，平面图下为外、上为内

序号	名称	图例	说明
16	双扇门	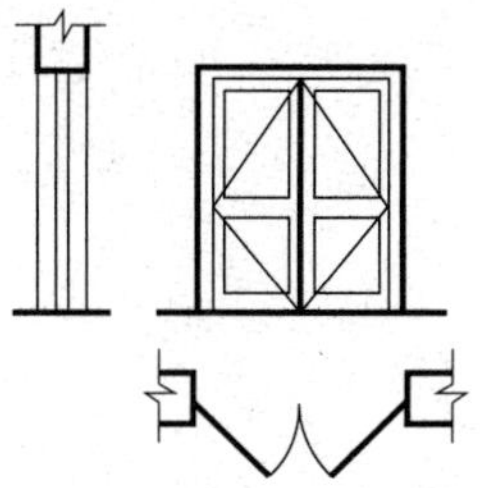	3. 立面图上开启线交角的一侧为安装合页的一侧,实线为外开,虚线为内开
17	对开折叠门	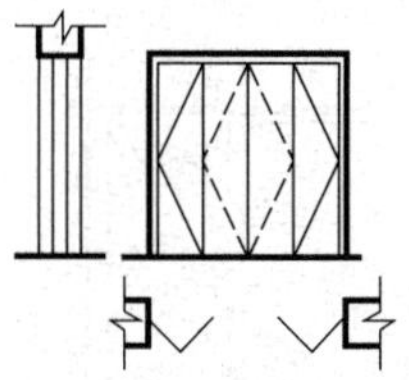	4. 平面图上门线应90°或者45°开启,开启弧线宜绘出 5. 立面图上的开启线在一般设计图中可不表示,在详图及室内设计图上应表示 6. 立面形式应按实际情况绘制
18	推拉门	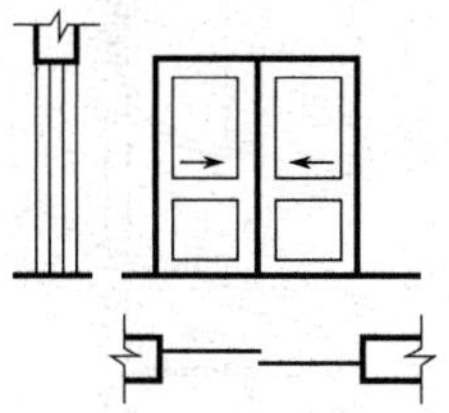	
19	单层固定窗	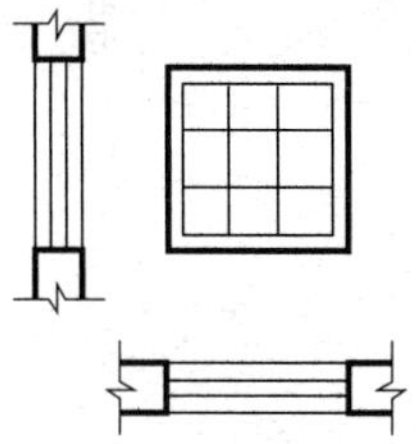	
20	单层外开上悬窗	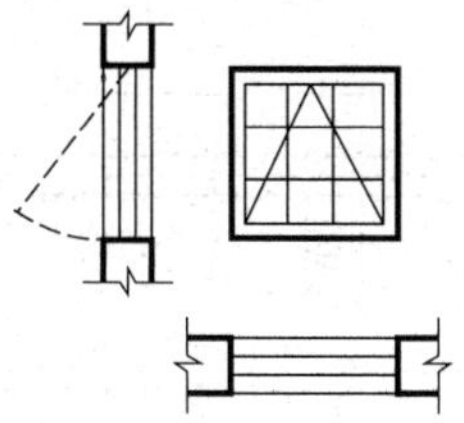	
21	单层外开平开窗	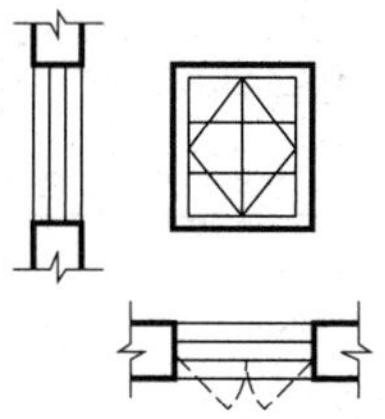	1. 窗的名称代号用C表示 2. 立面图中的斜线表示窗的开启方向,实线为外开,虚线为内开 3. 窗的立面形式应按实际绘制 小比例绘图时平、剖面的窗线可用单粗实线表示
22	双层内外开平开窗	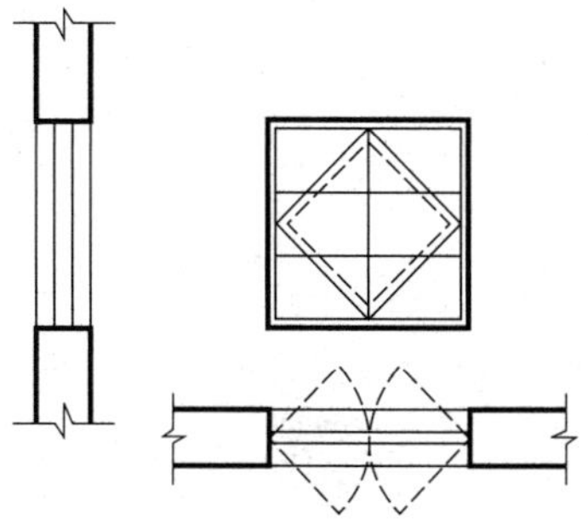	

序号	名称	图例	说明
23	推拉窗	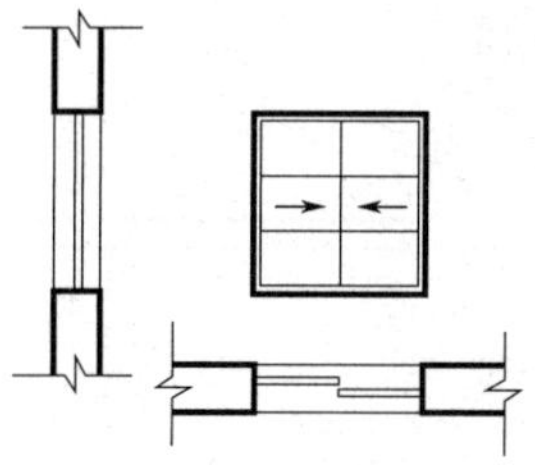	
24	上推窗	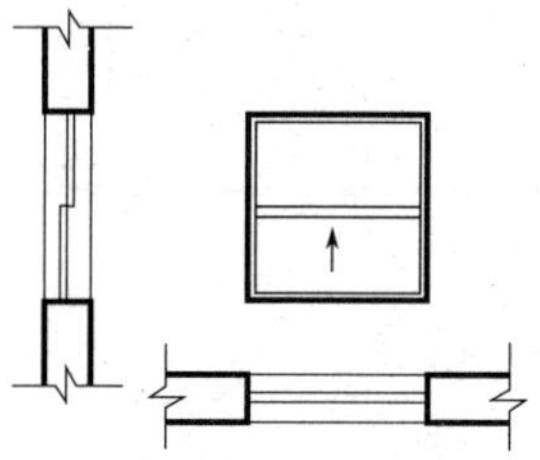	
25	百叶窗	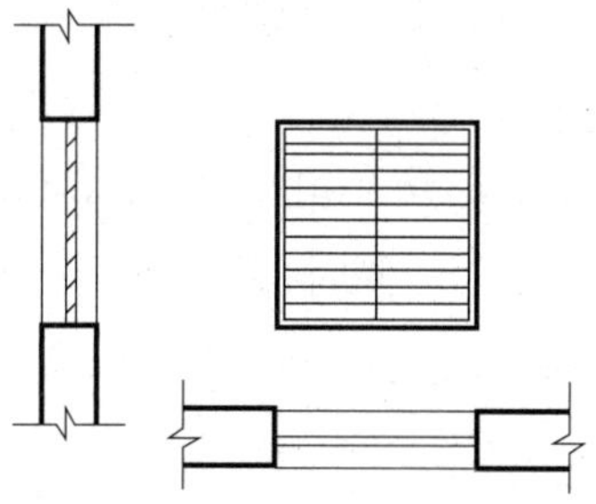	
26	高窗	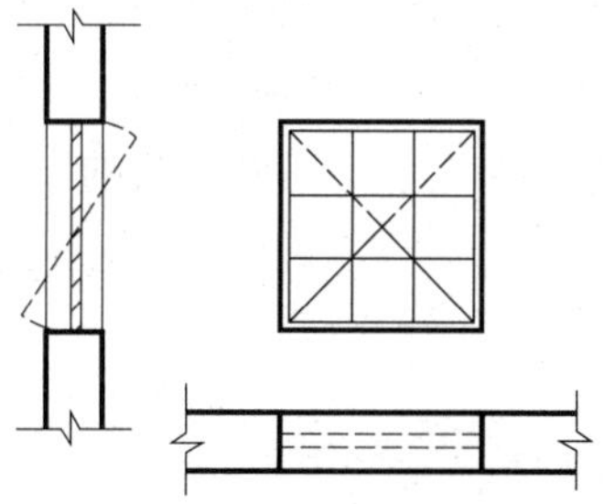	

在平面图中,门窗应标注代号及编号,如 M1、M2 和 C1、C2 等。M 是门的代号,C 是窗的代号,1、2 等是不同类型门窗的编号。

（6）在底层平面图上,还应画出剖面图的剖切位置,如 1—1、2—2 等,以便与剖面图对照查阅。

除底层平面图外,在多层或高层建筑中,一般还有标准层平面图、顶层平面图和屋顶平面图。标准层平面图和顶层平面图所表示的内容与底层平面图相比大同小异,其主要区别是:从内部看,首先各层楼梯图例不同,底层只有上,中间各层有上有下,而顶层只有下没有上。其次各层标高也不相同;从外部看,底层平面图上还应画出室外的台阶、雨水管、散水、指北针等,而楼层平面图只表示下一层的雨篷、遮阳板等。相关工程平面图参见后续项目。

屋顶平面图主要表示三个方面的内容。

① 屋面排水情况。如排水分区、天沟、屋面坡度、雨水口的位置等。

② 突出屋面的物体。如电梯机房、楼梯间、水箱、天窗、烟囱、检查孔、屋面变形缝等的位置。

③ 细部做法。屋面的细部做法,包括高出屋面墙体的泛水、天沟、变形缝、雨水口等。

四、建筑立面图

（一）建筑立面图的形成及命名

建筑立面图是在与房屋立面平行的投影面上所作的正投影图,如图 1—17 所示。它的名称可以根

据立面图中首尾轴线编号而命名。如①~③立面图、Ⓐ~Ⓓ立面图。也可以根据房屋各立面的特点称为正立面图、背立面图、右侧立面图、左侧立面图，或按房屋的朝向称为南立面图、北立面图、东立面图、西立面图等。画立面图所采用的比例一般和平面图相同。

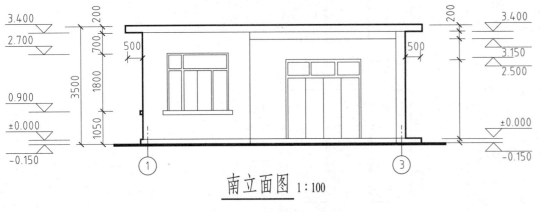

南立面图 1:100

图1-17　建筑立面图

（二）建筑立面图的用途

立面图主要反映建筑物的外形轮廓和各部分配件的形状及相互关系，如檐口、门窗洞及门窗外形、花格、阳台、雨篷、花台、雨水管、壁柱、勒脚、台阶、踏步等。同时，在立面图上还应标注外墙各部分的装修材料和做法及建筑各部分的标高，如门窗洞口标高、窗台标高、檐口标高、室内外地面标高等。此外，在立面图的两端还应画上定位轴线及编号。

为了使立面图外形清晰、重点突出、立体感强，一般立面图的外轮廓用粗实线 b 表示；门窗洞、檐口、阳台、雨篷、壁柱、台阶、踏步等突出部分的轮廓线用中实线表示；其余如门窗扇、栏杆、花格、雨水管、墙面分格等均用细实线表示；室外地坪线用粗实线 $1.4b$ 表示。另外建筑的平面变化也需要用粗实线表示出来。

（三）建筑立面图的内容与阅读方法

立面图的阅读方法步骤如下（相关工程立面图参见后续单元）：

（1）先从立面图了解本工程的正立面外貌形状，然后对照平面图，深入了解屋面、门窗、雨篷、台阶、踏步等细部的形状及位置。

（2）从立面图的右侧可找到立面图主要部位的标高，如室外地面、室内地面、各层窗台和过梁下沿、檐口等标高。

（3）从立面图的注释中，可以了解外墙各部分墙面选用的装修材料、颜色和做法。如立面图局部需画详图时，还应标注详图索引符号。

五、建筑剖面图

（一）建筑剖面图的形成及用途

为了表明房屋垂直方向的内部构造，假想用一个或一个以上的侧平面（或正平面）剖切房屋，所得到的正投影图，称为建筑剖面图，简称剖面图。剖面图主要用以表示房屋的内部的结构、分层情况、各层高度、楼地面和屋面的构造及各构配件在垂直方向的相互关系等。

（二）建筑剖面图的剖切位置及数量

剖面图的数量应根据房屋的复杂程度而定。一般简单的房屋仅作一横剖面图，即用侧平面进行剖切房屋所得的剖面图。复杂的房屋除横剖面图之外，还应根据实际需要作纵剖面图或其他位置的剖面图。剖面图的剖切位置应选择在房屋的主要部位或构造较为典型的地方，一般剖切面应通过门窗洞及楼梯间处。剖面图的图名应与平面图上所标注剖切符号的编号相一致，如图1-18所示。

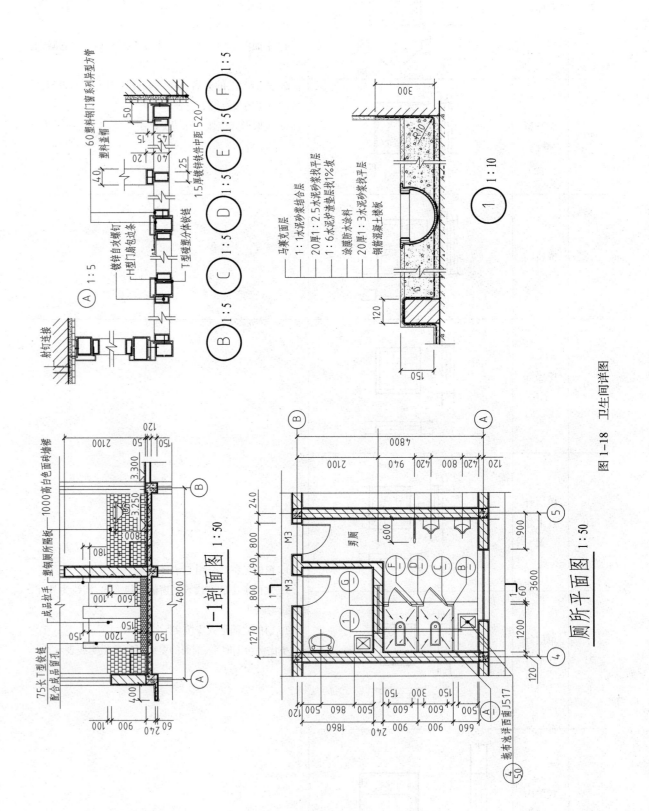

图1-18　卫生间详图

（三）建筑剖面图的内容与阅读方法

剖面图的阅读方法如下（详细的工程剖面图实例参见后续项目）：

（1）对照底层平面图中的剖切符号，可以知道剖面图的剖切位置及剖切后投影方向。剖面图的比例可与平、立面图一致，但有时为了表达更清楚也可用较大的比例画出，如1：50等。

（2）从剖面图中可以看出房屋的内部构造和结构形式，如梁、板的铺设方向，墙体及门窗洞，梁板与墙体的连接等。

（3）房屋地面、楼面、屋面等构造较为复杂，在图中无法表达清楚，一般是在该部位画构造层次引出线并按构造层次自上而下逐层用文字说明。说明内容包括各层的材料名称、厚度及施工方法等。也可以汇总成《室内外工程做法表》。

（4）平屋面的屋面坡度用箭头表示，箭头指向为流水方向，上面标上坡度，坡屋面的屋面坡度可用一个倒直角三角形形式标注，并在两直角边上写上数字，如1：2。

（5）剖面图中还应画出主要承重构件的轴线及轴线编号和轴线的间距尺寸。在剖面图的外侧竖向一般应标注三道尺寸：第一道为窗洞口尺寸和窗间墙尺寸；第二道为层高尺寸；第三道为总高度尺寸。除以上三道尺寸外，剖面图上还应注出窗台、过梁、楼面、地面、屋面、室外地面等处的标高。标高尺寸一般标在墙外，上下对齐形成一排，使其既美观又便于查阅。有的标高（如楼、地面等）也可标注在剖面图内的相应位置。

平、立、剖面图是建筑施工图的基本图样，若画在一张图纸上，它们之间应符合正投影的投影关系。若不画在一张图纸上，它们相互对应的轴线和尺寸也应相同，并且图名要标写清楚，以便查阅。

六、建筑详图

从建筑的平、立、剖面图上虽然可以看到房屋的外形、平面布置、内部构造和主要尺寸，但由于比例较小，许多细部构造无法表达清楚。为了满足施工要求，房屋的局部构造应当用较大的比例详细地画出，这些图形称为详图（或大样图）。绘制详图的比例，一般采用1：50、1：20、1：10、1：5等。详图的表示方法，应视该部位构造的复杂而定，有的只需用一个剖面详图即可表达清楚（如墙身节点详图），而有的则需要要画若干个图才能完整地表达出该部位的构造。

一般房屋的详图主要有：檐口及墙身节点构造详图、楼梯详图、厨房、厕所、阳台、门窗、建筑装饰、花格、栏杆、雨篷、台阶等详图。图1-18为卫生间详图，详图要求构造表达清楚，尺寸标注齐全，文字说明准确，轴线、标高与相应的平、立、剖面图一致。所有的平、立、剖面图上的具体做法和尺寸均应以详图为准，所以详图是建筑施工图中不可缺少的一部分。

（一）墙身节点详图

墙身节点详图实际上就是建筑剖面图中墙体与各构配件交接处（节点）的局部放大图。它主要表达房屋墙体与屋面（檐口）、楼面、地面的连接，门窗过梁、窗台、勒脚、散水、明沟、雨篷、水平防潮层等处的构造，是建筑施工图的重要组成部分。

为了便于阅读墙身节点详图，从檐口到地面各节点一般应依次对齐排列。若楼层各节点相同，可只画一层节点。画墙身节点详图可从窗洞处断开，以节约图纸。必要时也可以把各节点的详图分开画在几张图中。绘制详图时的线型与剖面图相同，但由于比例较大，所有内外粉刷线均应画出（用一根细实线表示）。详图中应标注各部分的材料符号、主要部位的标高和构配件的几何尺寸。墙体应画出轴线，通用节点只画出圆圈，内部可不注轴线编号。

墙身节点详图的阅读方法如下（图1-19，详细详图请参见后续项目）：

（1）根据详图编号对照剖面图，寻找该详图的所在位置，以便建立详图的整体概念。

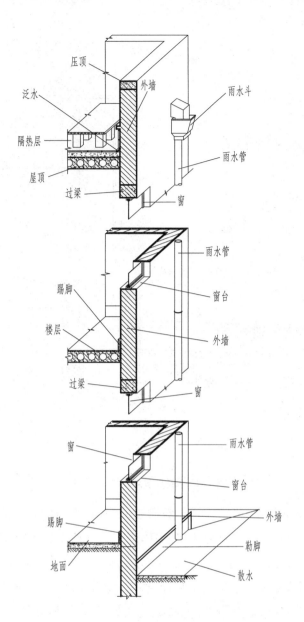

(a)

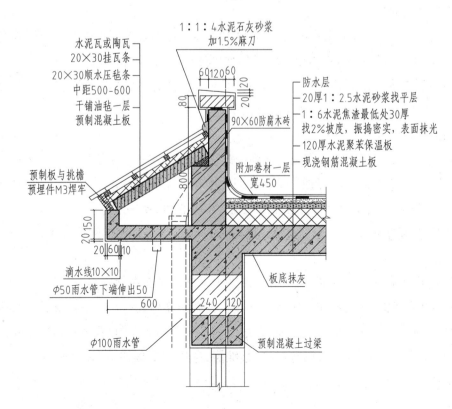

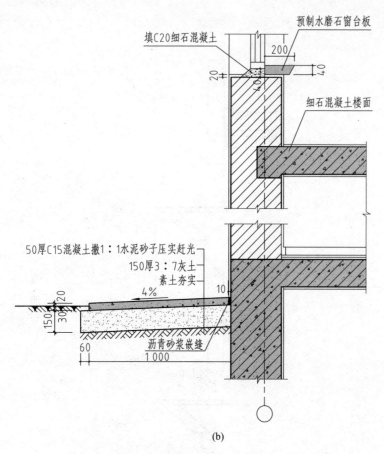

图 1-19 墙身节点详图及形成

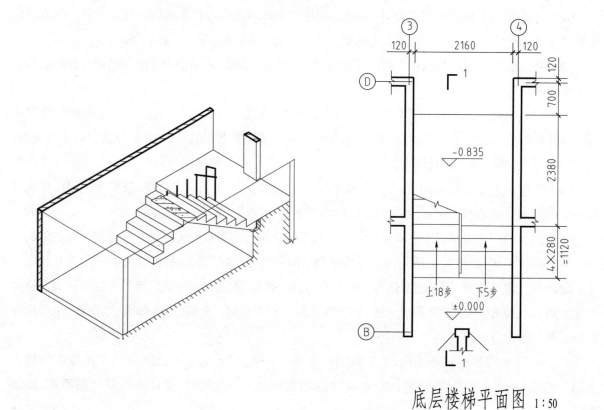

底层楼梯平面图 1:50

图 1-20 楼梯底层平面图及形成

（2）墙体厚度是指墙的结构厚度，不包括粉刷层，如 240 墙，指的是砖砌体厚度。墙体被剖切处的轮廓用粗实线表示，并应画上材料符号，另外墙体还应画出轴线，同时要注意轴线的所在位置是居中还是偏向一方。

（3）详图中，凡构造层次较多的地方，如屋面、楼面、地面等处，应用分层构造说明的方法表示。

（4）檐口、过梁、楼板等钢筋混凝土结构，应画出几何形状、材料符号并注出各部位的尺寸。楼地面各构造层次只要说明厚度和画出外形即可。门窗断面因另有详图，所以在墙身节点详图中可以只画出示意图而不标注断面尺寸。

（5）散水应标注排水坡度、散水宽度、各层做法和厚度。屋面构造层次较多，可只画一根粗实线表示，其他构造用屋面分层构造说明方法表示。屋面也应标出排水坡度和排水方向。

（6）墙身节点详图中，标高是施工放样的依据，必须标注清楚，其主要标高有：室外地面标高、室内地面标高、各层楼面标高、窗台标高、过梁标高、檐口标高等。

（二）楼梯详图

楼梯是楼层之间上下交通的主要设施。楼梯构造复杂，仅靠平、立、剖面图是无法表达清楚的，因此，凡有楼层的房屋，均应绘制楼梯详图。楼梯详图线型和平、剖面图相同。"建施"图中的楼梯详图主要表达各构件的几何尺寸和断面材料，有关结构应看相应的楼梯结构图。

现以某楼梯构造详图为例，分别介绍楼梯平面图、剖面图和节点详图的阅读方法。

1. 楼梯平面图

楼梯平面图的形成同建筑平面图一样，假设用一水平剖切平面在该层往上行的第一个楼梯段中剖切开，移去剖切平面及以上部分，将余下的部分按正投影的原理投射在水平投影面上所得到的图，称为楼梯平面图。楼梯平面图一般分层绘制，每层应画一个楼梯平面图，若中间各层相同，可用一个标准层平面图表示，所以一般多层房屋有底层、标准层、顶层三个楼梯平面图，如图 1-20～图 1-22 所示。

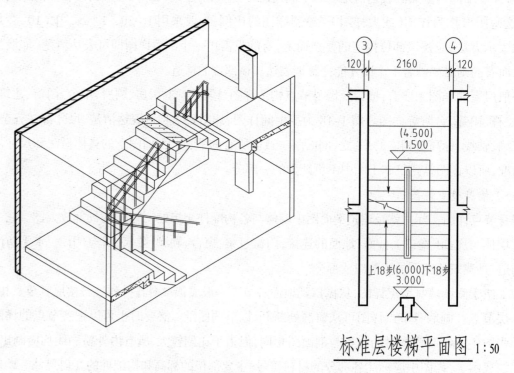

标准层楼梯平面图 1:50

图 1-21 楼梯标准层（中间层）平面图及形成

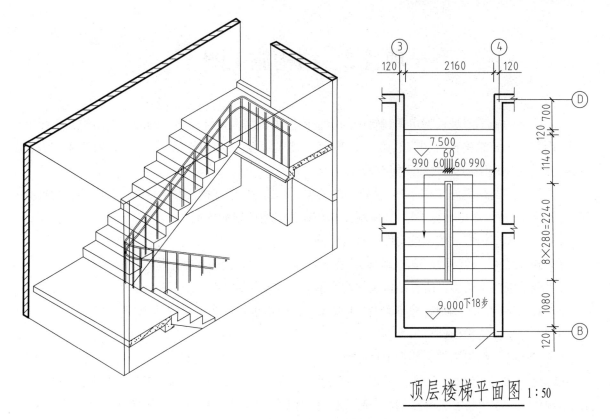

顶层楼梯平面图 1:50

图1-22 楼梯顶层平面图及形成

各层楼梯平面图应与各层平面图中楼梯相一致，楼梯以外的部分可省略不画。楼梯平面图的内容应包括楼梯间四周墙体的厚度、轴线、梯段净宽度和梯段间空隙间距、踏步步数×踏步水平宽度和平台宽度等。各梯段应画箭头表示其上下行方向，箭尾处标注上、下及步数，上下行的方向应以该楼层为标准。栏杆在平面上用双细线表示。

楼梯平面图上各层楼地面和平台地面应标注标高。

2. 楼梯剖面图

楼梯剖面图的剖切位置一般应通过梯段和楼梯间的门窗洞，并向未被剖切的梯段方向作投影，这样得到的剖面图才能较完整地反映楼梯竖向的构造，如图1-23、图1-24所示。

楼梯剖面图主要应反映出房屋的层数、各层平台位置、楼梯的梯段数、被剖梯段踏步级数，以及楼梯的形式和结构类型。剖面图中水平方向的尺寸，主要由梯段水平投影的尺寸、平台尺寸等组成；高度方向的尺寸主要是平台至楼层的垂直尺寸，用步数乘踏步高表示，栏杆仅表示高度尺寸。剖面图中一般应标注出室外地面、室内地面、各楼层楼面、各层平台处的标高。

3. 楼梯节点、栏杆详图

楼梯平、剖面图只表达了楼梯基本形状和主要尺寸，还需要用楼梯节点和栏杆详图来表达各节点的构造和各细部尺寸（示意图参见后续项目）。

楼梯节点详图主要是楼梯起止步及各转弯处的节点构造详图。这些节点应反映出梯段与楼地面和平台处的相互关系、楼梯踏步的基本尺寸和细部尺寸，平台梁的几何尺寸，楼地面、楼梯平台等处的标高。

栏杆详图可画在楼梯节点详图内，若构造复杂，也可单独画出。栏杆详图应包括栏杆本身外形、高度尺寸和细部尺寸，栏杆材料，扶手断面形状及几何尺寸，栏杆与梯段的连接构造等。

（三）门窗详图

门窗如果是选用各种标准门窗，可在施工图首页的门窗明细表中标明标准图集代号，可不必另画门窗详图而直接查阅。如果是属于非标准门窗时，就应画出门窗示意图或门窗详图。

门窗详图一般由门窗立面图和节点详图组成。

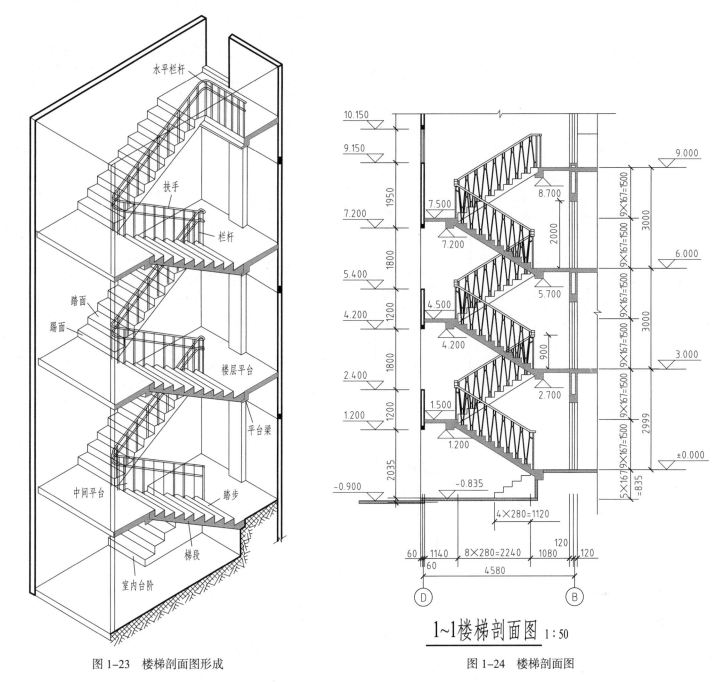

图1-23 楼梯剖面图形成

1~1楼梯剖面图 1:50

图1-24 楼梯剖面图

现以宿舍中的塑钢窗为例，介绍门窗详图的阅读方法。如图1-25所示。

1. 门窗立面图

门窗立面图主要表示门窗的外形、开启方式和方向，以及门窗的主要尺寸和节点索引符号等内容，见图1-25窗详图中的立面图。立面图上窗的高、宽方向一般应标注三道尺寸：第一道尺寸为窗洞口尺寸；第二道尺寸为窗框外包尺寸和窗与洞口缝隙尺寸；第三道尺寸为窗扇尺寸。门窗洞口尺寸应与建筑平、剖面图中的门窗洞口尺寸一致。框料与扇料尺寸均为净料尺寸。立面图中除外轮廓线用中实线外，其余均为细实线。窗节点索引符号，可在圆圈内直接编号，不必指出图纸编号。详图索引符号应排列整齐，如节点相同时可只画一个。

2. 节点详图

对于木窗各节点详图应按立面图中详图索引所指定的投影方向绘制，并应排列整齐，以便阅读。节点详图比例应大一些，框料、扇料等断面轮廓线用粗实线表示，其余均用细实线表示。节点详图还应标注必要的尺寸，断面尺寸可直接写在断面内，如75×40。缝隙、槽、裁口、斜面等尺寸，标在所在部位。除节点详图外，有的门窗详图中，还画出各框、扇料的断面图形，各构件用料表及五金零件表等。塑钢窗和铝合金窗从门窗表中注明型才编号即可。

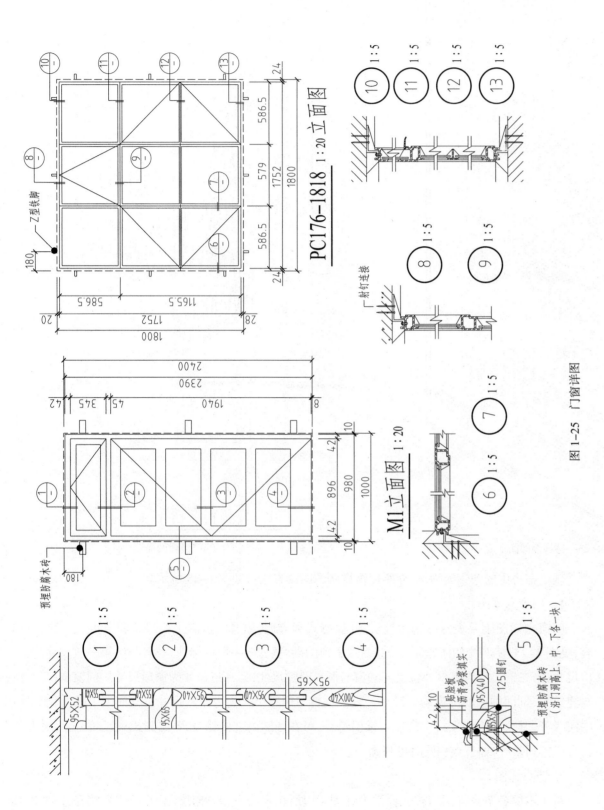

图 1-25 门窗详图

项目 3　结构施工图

房屋的结构施工图是根据房屋建筑中的承重构件进行结构设计后画出的图样。结构施工图描述的主要内容是关于结构构件:基础、梁、柱、墙(承重墙)、板等。结构施工图的识读必须与建筑施工图密切配合,且这两个施工图之间不能有矛盾。

结构施工图与建筑施工图一样,是施工的依据,主要用于挖基槽(基坑)、安装模板、配钢筋、浇灌混凝土等施工过程,也是计算工程量、编制预算和施工进度计划的依据。

常见的房屋结构形式按承重构件的材料可分为:

(1)砖混结构。砖(砌块)砌筑墙体,水平方向承重构件为钢筋混凝土构件的结构。

(2)钢筋混凝土结构。所有结构构件均为钢筋混凝土构件的结构。

(3)砖木结构。砖(砌块)砌筑墙体,主要水平方向承重构件为木材的结构。

(4)钢结构。结构构件全部为钢材

(5)木结构。结构构件全部为木材

我国建造的民用建筑广泛采用砖混、钢筋混凝土结构形式,而工业建筑和部分民用建筑则广泛采用钢结构形式。本节将着重介绍钢筋混凝土构件的识图,并对钢结构施工图作简要介绍。

绘制结构图的基本方法是正投影法,并以《建筑结构制图标准》(GB/T 50105—2010)为准,辅以各种图例和符号,说明建筑结构构件的布置和做法。

一、结施图的内容

结构施工图所描述的对象是建筑的结构构件,主要有基础、承重墙、柱、梁、板等构件,针对它的任务,一套结施图主要分为以下几部分:

(一)结构设计总说明

结构设计总说明(图 1-26)主要包括:

(1)设计依据。如采用何种规范规程,采用何种岩土工程勘察报告等。

(2)建筑概况。包括建筑结构类型、功能类型、建筑结构重要性类别、地区抗震设防烈度、地震加速度取值、场地类别、建筑抗震重要性类别、使用年限、风力作用等内容。

(3)结构设计荷载取值。限定在施工和使用过程中的荷载,避免荷载超限影响建筑正常使用甚至造成安全事故。

(4)材料表。说明工程中使用的混凝土、砖、钢筋、钢材的类别、等级等信息,以及图纸中对这些材料的简化标注。

(5)通用图集的选用。

(6)施工注意事项。

(7)其他注意事项。

它在整套结施图的第一页,这一页常常有结施图图纸目录。

(二)结构平面布置图

以平面图的形式绘制的结构构件布置图。它包括:

1. 基础平面布置图

基础是位于墙和柱下的承重构件,绘制基础平面布置图的投影原理是以 ±0.000 的位置作一水平剖图,此时墙柱在图上为断面,基础轮廓可见。基础平面布置图中应注明基础的定位和基础的编号(另作详图说明制作方法)。如图 1-27 所示(图中细实线为基础梁,由于基础梁梁面标高为 –0.060,故未剖到,以细实线绘制)。

结 构 设 计 总 说 明

一、设计依据

1.本工程设计依据国家现行规范：

　建筑结构可靠度设计统一标准(GB 50068—2001)

　建筑结构荷载规范(GB 50009—2001)

　建筑地基基础设计规范(GB 50007—2002)

　混凝土结构设计规范(GB 50010—2002)

　建筑抗震设计规范(GB 50011—2001)

　砌体结构设计规范(GB 50003—2001)

　建筑结构制图标准(GB/T50105—2001)

　建筑地基处理技术规范(JGJ79—2002 J220—2002)

2.甲方提供的岩土工程勘察报告。

二、工程概述

1.本工程为住宅楼五层,底框(一层)-砖混(四层)结构。

2.本工程结构设计的±0.000绝对标高同建筑设计的±0.000绝对标高。

3.本工程标高以m为单位,其余尺寸以mm为单位。

4.基本风压为0.3kN/m²,地面粗糙度为B类。

5.建筑抗震设防烈度为6度,场地类别为Ⅱ类,设计地震分组第1组,设计基本地震加速度值0.05 g。

6.建筑结构抗震重要性类别为丙类。

7.本工程的结构安全等级为二级。

8.砌体施工等级为B级。

9.±0.000以下混凝土所处环境类别为二( )类级,±0.000以上混凝土所处环境类别为一类。

10.地基基础设计等级为丙级。

11.本工程结构设计使用年限为50年。

12.未经鉴定或设计许可不得改变房屋的使用功能和环境。

三、使用和施工荷载限制

本工程使用和施工荷载标准值(kN/m²)不得大于下表设计取值：

序号	部位	活载标准值	序号	部位	活载标准值
1	客厅、餐厅	2.000	5	楼梯	2.000
2	居室	2.000	6	不上人屋面	0.500
3	厨厕	2.000			
4	阳台	2.500			

图1-26　结构设计总说明(节选)

四、材料和保护层

1.混凝土强度等级：

序号	部位或构件	混凝土强度
1	基础垫层	C10
2	底框,混凝土梁板柱	C30
3	扩展基础	C25
4	其余构件	C20

2.钢筋:Ф(HPB235)(热轧钢筋)、Φ(HRB335热轧钢筋),图中Ф6钢筋均为Ф6.5。

3.焊条:HPB235钢筋采用E43型,HRB335采用E50型。

4.予埋钢板采用Q235级钢。

5.砌体材料(砖: ±0.000以上实心页岩砖)：

砌体标高范围	砖强度等级	砂浆强度等级
±0.000以下	MU15	M15
±0000至二层楼面	MU15	M15
二层楼面至三层楼面	MU15	M15
三层楼面以上	MU15	M15

(附注：防潮层以下为水泥砂浆;防潮层以上为混合砂浆)

6.受力筋保护层厚度见下表：

序号	部位或构件	保护层厚度
1	现浇板	20
2	梁柱及圈梁	30
3	构造柱	30
4	基础	40

五、基础

1.根据地勘报告采用灌浆处理地基作为基础持力层,基底标高-1.750,地基承载力按f_{ak}=300KPa。

2.回填土要分层夯实,其回填后土的压实系数不小于0.95。

3.防潮层用1:2水泥砂浆掺5%水泥重量的防水剂,厚20。

六、楼屋面

1.图中未注明现浇板分布筋为Ф6@250。

2.现浇楼板的各工种预留洞口见各工种施工图,板开孔宽度(直径)小于300则板钢筋弯绕洞口板;开孔宽度(直径)在300~800

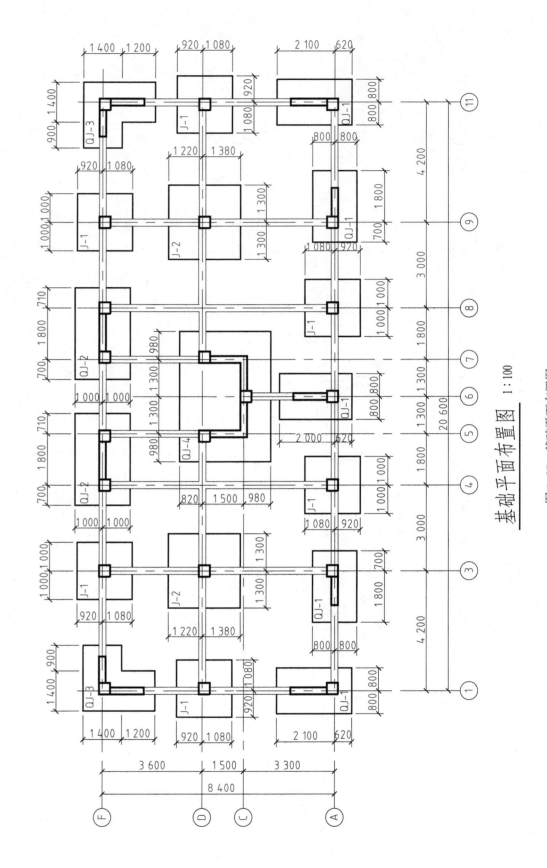

基础平面布置图 1:100

图1-27　基础平面布置图

2. 楼层结构布置平面图、屋顶结构布置平面图。

结构布置平面图中理论上应包括一个结构标准层中的所有结构构件。但如果将所有结构构件在一张图中画完的话,其标注的文字很密,图面难以识读。故通常将构件分类并单独绘制。如框架平面中梁、柱各画一张,砖混平面中楼板单独画一张,其余结构构件再另外画一张。

楼层结构布置平面图请看图1-28 ～图1-32,详细的图样参见后续项目。

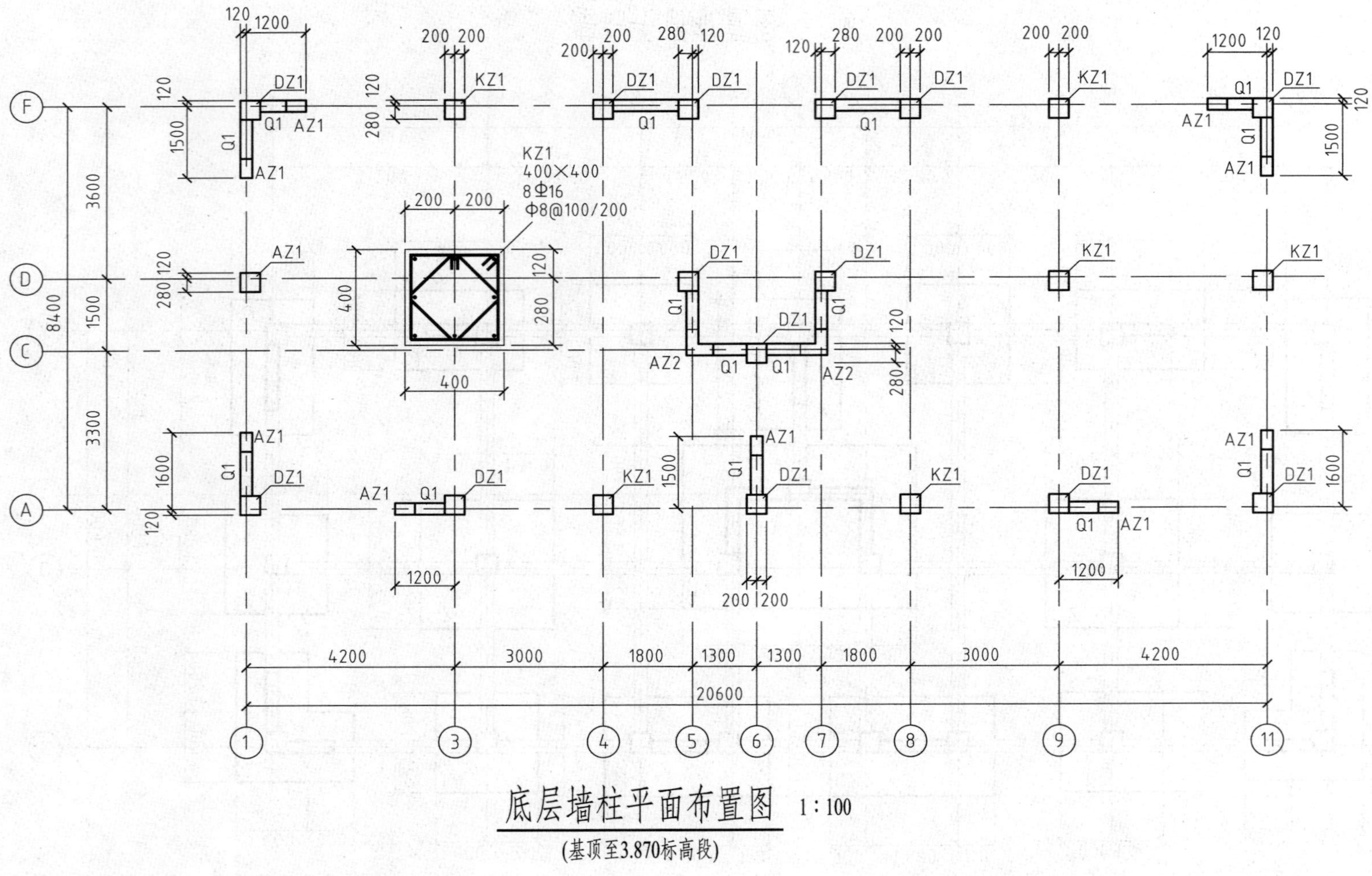

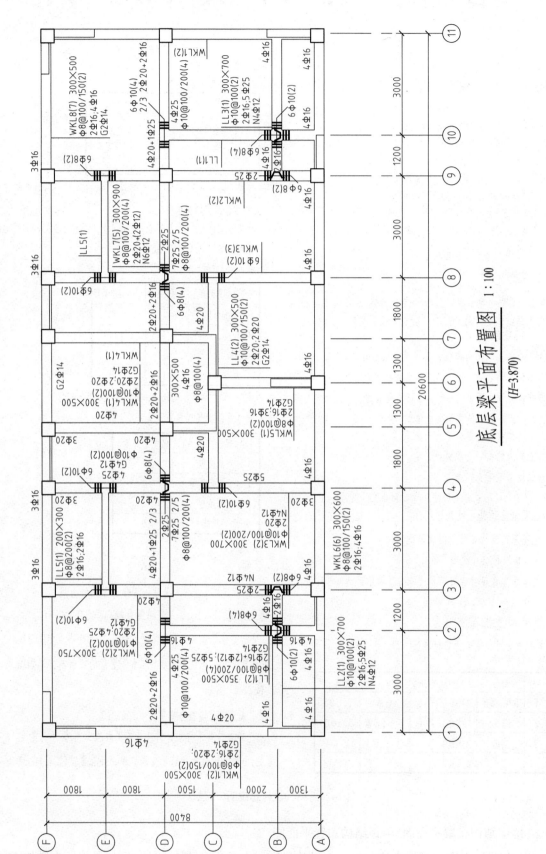

底层墙柱平面布置图 1:100
（基顶至3.870标高段）

图1-28 底层墙柱平面布置图

底层梁平面布置图 1:100
（H=3.870）

图1-29 底层梁平面布置图

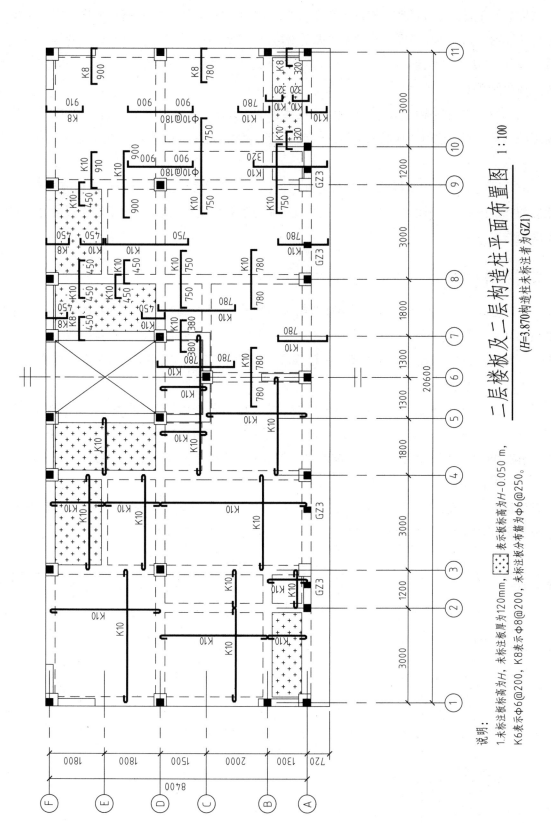

说明:
1.未标注板顶高为H,未标注板厚为120mm,
K6表示Φ6@200,K8表示Φ8@200,未标注板分布筋为Φ6@250。

二层楼板及二层构造柱平面布置图 1:100

(H=3.870构造柱未标注者为GZ1)

图1-30 二层楼板及二层构造柱平面布置图

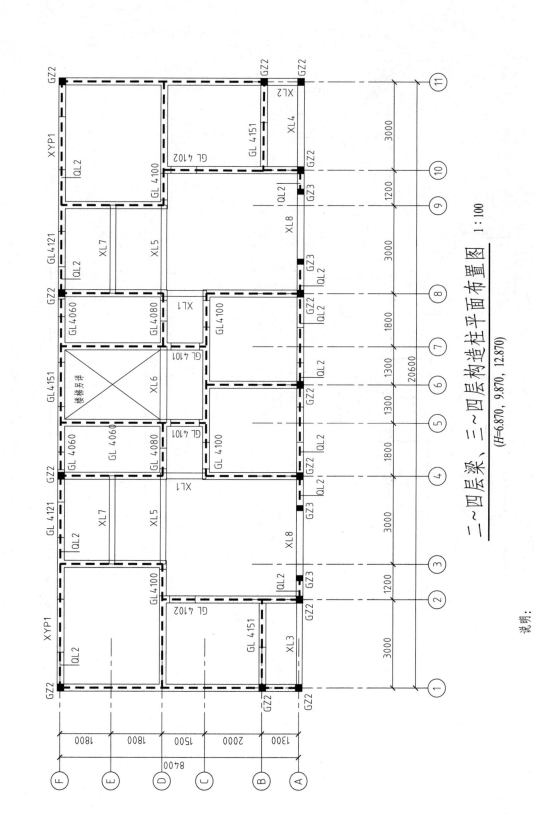

说明:
1.未标注梁位置与轴线对中;
2.过梁选择自《03G322-1》图集;
3.未标注圈梁为QL1;
4.预制板后加b表示长度减200 mm,加b表示长度减100 mm

二~四层梁、三~四层构造柱平面布置图 1:100

(H=6.870, 9.870, 12.870)

图1-31 砖混楼层结构平面布置图

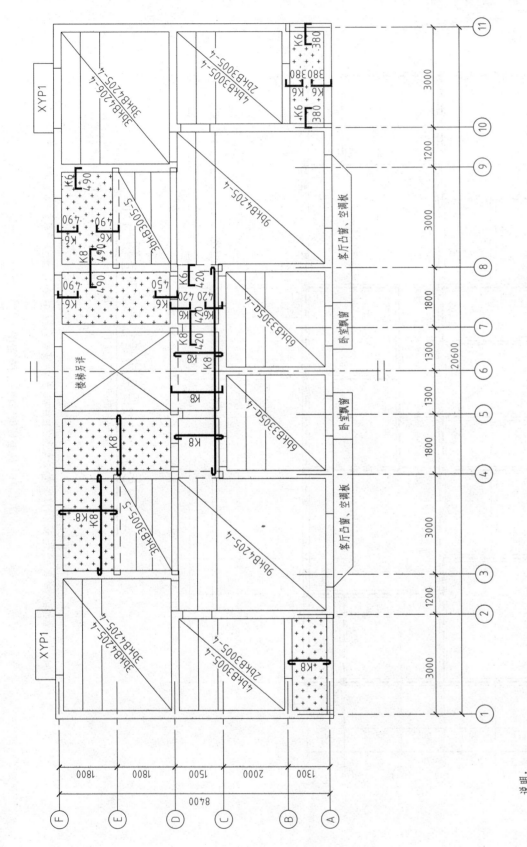

说明：
1.未标注板标高为H，未标注板厚为80 mm，□表示板标高为H−0.050 m，
K6表示Φ6@200，K8表示Φ8@200，未标注板分布筋为Φ6@250。

三~五层楼板平面布置图 1:100
(H=6.870,9.870,12.870)

图1-32 砖混楼板平面布置图

3. 结构详图

结构详图分为构件详图和节点详图。当然很多时候是无法准确将它们分清楚的,分开也没有实际的意义。

结构平面布置图中只说明了构件的布置,构件的做法(如基础、梁、柱等)需另作详图。这些详图就是构件详图。如何体现详图与平面布置图的对应关系呢？平面布置图中需要说明的构件都有一个编号,对同样做法的构件,编号也是相同的,构件详图的图名通常采用构件的编号,读图时应结合平面布置图和构件详图。

为描述构件之间的连接做法而绘制的详图称为节点详图。节点详图的图名则可以采用剖面图、断面图的编号法则或索引 − 详图的编号法则或直接写明如"梁柱节点详图"、"楼面梁构造柱节点"等具体的名称。

标准详图(如过梁、预制板、空心板板缝处理、楼板与墙体的拉接、梁柱节点、墙柱节点等)一般都有相应的标准图集,需引用的图集需在总说明或各页分说明中交待,施工过程中制作过梁时则应按此标准图集施工。

二、构件代号

上一标题说到平面布置图与详图中都有构件的编号,构件的编号有一套约定的规则。构件的编号由前缀和后缀组成,前缀为字母,通常为构件中文名拼音字母缩写,后缀为阿拉伯数字。同属一类但做法不同的构件编号前缀相同,后缀不同。如Z1(Z−1)和Z2(Z−2),均为柱子,但这两根柱子的尺寸或者配筋可能不同。

对于标准构件,查询制作方法时应翻阅标准图集。每个标准图集对构件的编号另有规定,读图时应仔细阅读标准图集的说明。如03G322−1中的过梁GL4080,后缀中第一位"4"表示240墙的过梁,第二、三位"08"表示洞口宽度为800,第四位"0"表示过梁荷载等级为0级。03G322−1图集中有过梁GL4080的构件详图。

常用构件的前缀编号法则在GB/T 50105—2010中有规定,如表1-4所示,表中没有规定的构件,可自行规定,但图纸说明中应交待清楚。

表1-4 常用构件代号

序号	名称	代号	序号	名称	代号	序号	名称	代号
1	板	B	19	圈梁	QL	37	承台	CT
2	屋面板	WB	20	过梁	GL	38	设备基础	SJ
3	空心板	KB	21	连系梁	LL	39	桩	ZH
4	槽形板	CB	22	基础梁	JL	40	挡土墙	DQ
5	折板	ZB	23	楼梯梁	TL	41	地沟	DG
6	密肋板	MB	24	框架梁	KL	42	柱间支撑	ZC
7	楼梯板	TB	25	框支梁	KZL	43	垂直支撑	CC
8	盖板	GB	26	屋面框架梁	WKL	44	水平支撑	SC
9	挡雨板	YB	27	檩条	LT	45	梯	T
10	吊车安全走道板	DB	28	屋架	WJ	46	雨篷	YP
11	墙板	QB	29	托架	TJ	47	阳台	YT
12	天沟板	TGB	30	天窗架	CJ	48	梁垫	LD
13	梁	L	31	框架	KJ	49	预埋件	M
14	屋面梁	WL	32	刚架	GJ	50	天窗端壁	TD
15	吊车梁	DL	33	支架	ZJ	51	钢筋网	W
16	单轨吊车梁	DDL	34	柱	Z	52	钢筋骨架	G
17	轨道连接	DGL	35	框架柱	KZ	53	基础	J
18	车挡	CD	36	构造柱	GZ	54	暗柱	AZ

三、钢筋混凝土构件详图

钢筋混凝土构件是建筑中最常用的构件。混凝土是刚性材料,抗压强度高,但抗拉剪强度较低,所以需在混凝土受拉、剪区域用钢筋来承受拉应力、剪应力,这就是钢筋混凝土。混凝土在浇筑的过程中要用到模板来控制其形状,所以描述混凝土构件外形的图叫做模板图;另外还需交待钢筋的配置状况(大小、数量、长度、钢筋种类等),称为配筋图。对于简单的钢筋混凝土构件常常将模板图和配筋图画在一起。另外,为了预算、下料和施工的方便,还常常将钢筋编号汇总绘制成钢筋表。

(一)钢筋

1. 钢筋的表示方法

钢筋在下料过程中常常要弯曲制作成各种形状,构件中钢筋用粗实线绘制,混凝土轮廓用细实线绘制(包括断面轮廓),根据正投影的方法可以判断出钢筋的形状和方向。一般钢筋图例见表1-5。

表1-5 一般钢筋图例

序号	名称	图例	说明
1	钢筋横断面		
2	无弯钩的钢筋端部		下图表示长、短钢筋投影重叠时,短钢筋的端部用45°斜画线表示
3	带半圆形弯钩的钢筋端部		
4	带直钩的钢筋端部		
5	带螺纹的钢筋端部		
6	无弯钩的钢筋搭接		
7	带半圆弯钩的钢筋搭接		
8	带直钩的钢筋搭接		
9	花篮螺纹钢筋接头		
10	机械连接的钢筋接头		用文字说明机械连接的方式
11	钢筋混凝土墙体配双层钢筋时,在配筋立面图上,远面钢筋的弯钩应向左或向上,近面钢筋的弯钩应向右或向下。(JM近面;YM远面)		
12	结构平面图中配双层钢筋时,底层钢筋的弯钩应向左或向上,顶层钢筋的弯钩应向右或向下。		

除了钢筋的形状外,还应标出钢筋的种类和直径。有两种简化标注方法:

(1)对于构件中等间距布置的众多数量的钢筋,通常只画一根(已说明清楚形状),并用文字标注钢筋的种类、直径和间距,如图1-33所示。

图1-33 钢筋简化标注方法

(2)对于数量较少的相同类别、相同大小的钢筋,则有几根画几根,并引出集中标注数量(有几根,到图中去数根数显然欠妥)、种类和直径,如图1-34所示。

图1-34 钢筋的文字标注内容

钢筋根据所用钢材、处理方法和表面纹路的不同可以分为很多种类,各种钢筋的力学性能不一样,图中的ф便是 HPB300——热轧光圆钢筋种类的简化标注。自住建部发文《混凝土结构设计规范》(GB 50010—2010)2011年7月1日实施以来就废弃了一二三四级的称呼,改为按屈服强度标准值直接称呼。即规范称呼:HPB300——热轧光圆;HRB335——热轧带肋;HRB400——热轧带肋;HRB500——热轧带肋。普通钢筋强度标准值及符号如表1-6所示。

表1-6 普通钢筋强度标准值

牌号	符号	公称直径 d/mm	屈服强度标准值 f_{yk}	极限强度标准值 f_{stk}
HPB300	Φ	6 ~ 22	300	420
HRP335 HRBF335	Φ ΦF	6 ~ 50	335	455
HRB400 HRBF400 RRB400	Φ ΦF ΦR	6 ~ 50	400	540
HRB500 HRBF500	Φ ΦF	6 ~ 50	500	630

2. 混凝土构件中钢筋的分类

钢筋在混凝土中也并不一定是明确受力的,有些钢筋起到其他的作用,根据钢筋作用的不同可以将钢筋大概分为如下几类(图1-35):

(1)受力筋。承受拉力或压力的钢筋,在梁板柱等各种钢筋混凝土构件中都有配置。

(2)架立筋。一般在梁中使用,与受力筋、箍筋一起形成钢筋骨架,用以固定钢筋位置。

(3)箍筋。一般用于梁、柱中,用来抗剪和组成钢筋骨架。

(4)分布筋。一般用于板内,与板内受力钢筋垂直,用以固定受力筋的位置,与受力筋构成钢筋网,使力均匀分布给受力筋,并抵抗热胀冷缩产生的温度应力。

(5)构造筋。因构件在构造上的要求(承担难以计算的拉剪应力,配筋以实验和经验为依据)或施工安装过程中需要(如构件起吊的吊环)而配置的钢筋。

3. 钢筋的弯钩

钢筋在构件工作时收拉,和混凝土必须要有一定的黏结力,否则钢筋和混凝土之间会产生滑移,使钢筋作用降低甚至失效。有时靠混凝土和钢筋的表面黏结力是不够的,需要在钢筋的端部加弯钩。

这是一种"锚固"措施。对于光面钢筋,需加 180° 弯钩,对于带肋(表面有纹路)钢筋,不需加弯钩,但当"锚固"作用不足时,应加 90° 的直钩,如图 1-35 所示。

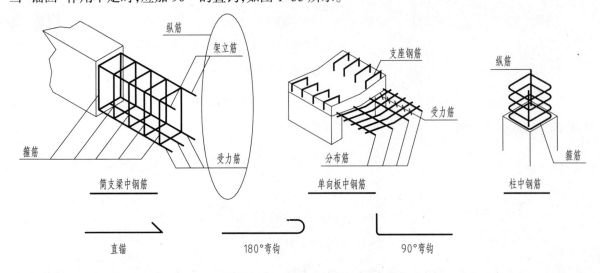

图 1-35　构件中钢筋的分类及钢筋的弯钩

应注意第一个图中的钢筋并未加 135° 弯钩,末端为截断线,表示钢筋在此截断。

4. 钢筋的编号

构件中的钢筋,凡等级、直径、形状、长度等要素不同的,一般均应编号,并将数字写在直径为 6 mm 的细实线圆中,且将编号圆绘在引出线的端部,如图 1-36 所示。

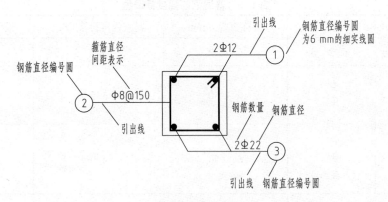

图 1-36　钢筋的编号

5. 钢筋的保护层

为了防止钢筋锈蚀,增强钢筋和混凝土的黏结力,构件内的钢筋应留有一定厚度的保护层。混凝土结构设计规范规定:钢筋保护层,是最外层钢筋外边缘至混凝土表面的距离。在室内正常环境下,各种构件的保护层应满足表 1-7:

表 1-7　混凝土保护层的最小厚度　　　　　　　　　　　　　mm

环境等级	板墙壳	梁柱
一	15	20
二 a	20	25
二 b	25	35
三 a	30	40
三 b	40	50

注:1. 混凝土强度等级不大于 C25 时,表中保护层厚度数值应增加 5 mm。
　　2. 钢筋混凝土基础宜设置混凝土垫层,其受力钢筋的混凝土保护层厚度应从垫层顶面算起,且不应小于 40 mm。

(二)钢筋混凝土构件的表示方法

钢筋混凝土构件图是加工制作钢筋、浇筑混凝土的依据,为表达清楚,构件通常分为模板图和配筋图,有时为便于编造施工预算、统计用料,也可画出钢筋表。

1. 模板图

为交待混凝土构件的外形而画出的构件的视图。模板图构件的轮廓用中粗线表示。但一般简单的构件只需将构件尺寸标注于配筋图中即可,无须另作模板图。

如图 1-37a 所示为预制踏步板构件模板图。

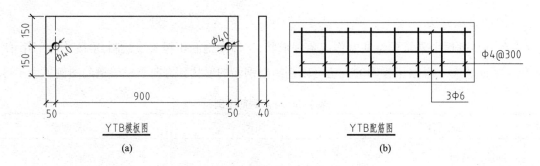

图 1-37　钢筋混凝土构件模板图和配筋图

2. 配筋图

交待构件中钢筋的形状、位置、数量、直径和钢筋等级等信息的图。不论采用视图或剖面图的形式,混凝土轮廓均用细实线绘制(图 1-37b)。

3. 钢筋表

对配筋复杂的构件,或为方便施工预算,结施图中可对钢筋编号,每种编号的钢筋形状大小应完全相同,并绘制表格统计出各种钢筋的数量、长度和质量,如图 1-38 所示。

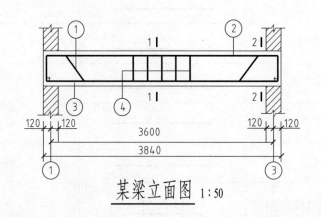

某梁立面图 1:50

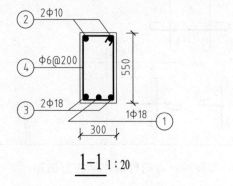

1-1 1:20

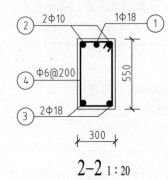

2-2 1:20

编号	简图	直径	长度	根数	备注
①	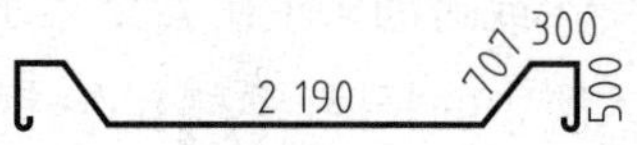 (简图)	φ18	5430	1	
②	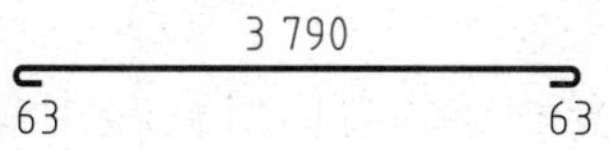 (简图)	φ10	3916	2	
③	 (简图)	φ18	4016	2	
④	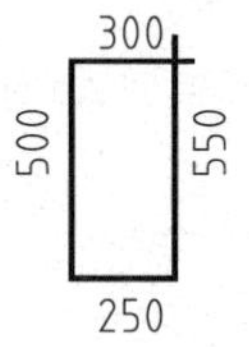 (简图)	φ6	1600	20	

图 1-38　现浇梁的构件详图

（三）常见构件的表示方法

1. 钢筋混凝土简支梁。

砖混结构中两端搁置在砖墙上的单跨梁多为简支梁。这种梁上部纵筋（纵向钢筋的简称）为架立筋，下部纵筋为受力筋，横向为间距均匀或不等的矩形箍箍筋。其构件详图为非标准构件，需在结施图中画出。

简支梁构件详图一般分为立面图和断面图，因构件简单，故均为模板配筋混合图。

立面图中可以读出梁的长度、各段箍筋配筋和纵向钢筋总体布置；断面图中可以读出断面尺寸和断面配筋。视梁的复杂程度考虑作一个或多个断面图，如图 1-38 所示。

这种形状较简单的梁一般无需另作模板图，只需在配筋图上画出外形尺寸即可。要交待清楚梁的形状和配筋，一般需要作一个立面图、一个断面图。当然，当梁沿长度方向配筋变化很大时需作几个断面图，而梁非常简单时也可省去立面图。在设计时应灵活运用，以交待清楚梁的形状、配筋为基本要求。在识图时也应仔细看清梁的每一个图。

此梁形状和配筋在纵向并无变化，因此也可只画出 1-1 断面图（但图名应为"XL1"），如无钢筋表的话，编号也可不编。

2. 钢筋混凝土板

现浇板的配筋和形状是以俯视图的方式表示的。板的钢筋前面已经介绍过了，总体分为上部筋和下部筋，分布筋在图中通常不画出，而另用说明交待。

严格按投影原理来绘制的话，虽然上部筋和下部筋均有弯钩，但在平面图中只能看到一条直线。而为了表示方便，应人为画出钢筋端部的弯钩，或没有弯钩的钢筋画出截断线。按照作图识图的习惯（在下方和右方作图和识图），弯钩和截断线朝右朝下表示上部筋，朝左朝上表示下部筋，如图 1-39 所示。

因为是矩形板，所以模板图很简单。只需标注板的平面尺寸和厚度即可，厚度用"*h=x*"表示（*x* 为板厚，单位为 mm）。另需标注板的标高，以确定模板的位置。板的标高通常在平面范围内用标高符号标注板上表面标高。

如图 1-39 所示，通过弯钩朝向判断①、②是下部筋，③是上部钢筋。③钢筋下（右）标注的长度是支座钢筋伸向跨中的长度，是简化标法。图中方框框起来的

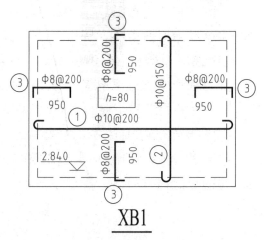

XB1

图 1-39　板的构件详图

"*h*=80"表示板厚为 80 mm；标高 2.840 是板面结构标高。

3. 钢筋混凝土柱

柱的施工图也包括模板图和配筋图。对于形状复杂的柱，如厂房中的排架柱，有牛腿、变截面、预埋件多，有必要作立面图和多个断面图，如图 1-40 所示；而简单的柱，如框架结构中的等截面柱，只需作出一个断面即可，节点引用标准图集。但完整的柱子详图包括立面图和断面图。学习如何识读，是今后工作学习中的基本技能。

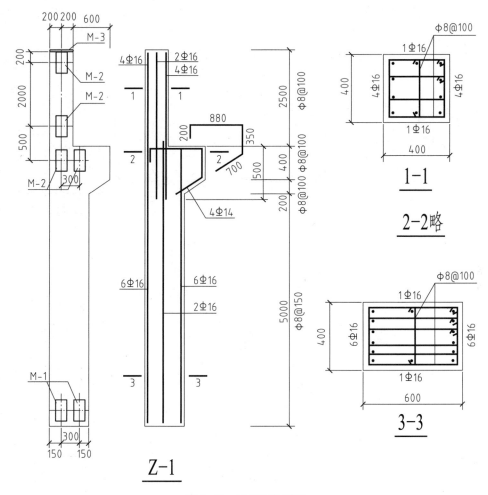

图 1-40　柱子构件详图

（四）混凝土结构施工图平面整体表示方法简介

传统的施工图绘制方法在表达混凝土框架结构梁和柱的时候，通常是将空间框架分解成若干榀平面框架和联系平面框架的梁来绘制，它包括平面布置图、框架立面图、梁立面图及若干断面图，制图工作量大、效率低。以下将要介绍的是在我国已广泛使用的混凝土结构施工图平面整体表示方法，简称平法。

平法施工图将梁、柱、混凝土墙简化在平面图中表达，加以各种代号、图例标注，配合国家标准图集 11G101《混凝土结构施工图平面整体表示方法制图规则和构造详图》系列，可以用简洁的施工图交待清楚混凝土结构构件。平法施工图大大减少了图纸数量，也大大减少了设计人员的重复机械劳动，提高了生产效率。

1. 柱平法

（1）柱平法施工图系在柱平面布置图上采用列表方式或截面注写方式表达。

（2）截面注写方式系在分标准层绘制的柱平面布置图上，分别在同一编号的柱中选择一个截面，并将此截面在原位放大，以直接注写截面尺寸和配筋具体数值。图 1-41 所示为采用截面注写方式表达柱平法施工图的内容。

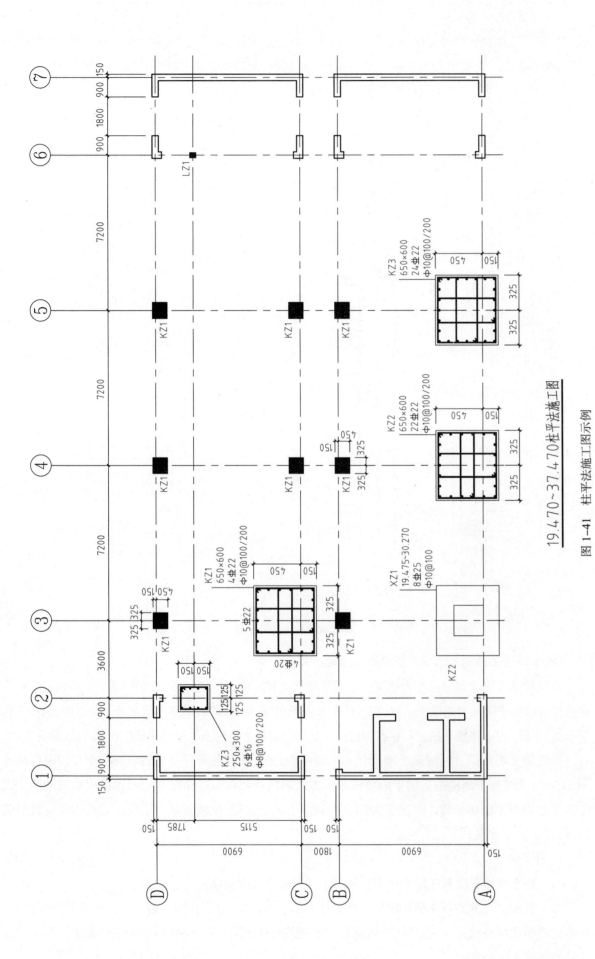

图 1-41 19.470~37.470 柱平法施工图示例

2. 梁平法

梁的基本信息主要有：截面大小、梁面标高、箍筋、纵筋、腰筋（或扭筋）、主次梁交叉处的加密箍筋和吊筋。这些信息在梁平法施工图中均用简化标注。负筋伸入跨中的长度、梁柱节点、钢筋的锚固长度等有一定的通用性，故在施工时可查阅 11G101 系列图集。

梁的平法标注分集中标注和原位标注。集中标注是交待整根梁的总体信息，包括梁编号、跨数、梁截面、梁通筋箍筋、梁腰筋、梁标高等；原位标注是标注梁局部的钢筋、截面、箍筋、上部下部钢筋等。当集中标注和原位标注不一致时，以原位标注为准。如图 1-42、图 1-43 为梁的平法表示，图 1-44 为用传统配筋图表示的梁的配筋。

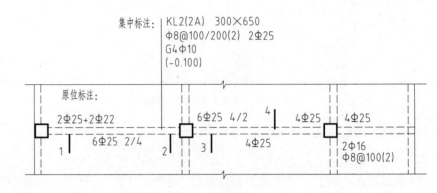

图 1-42 梁平面注写方式示例

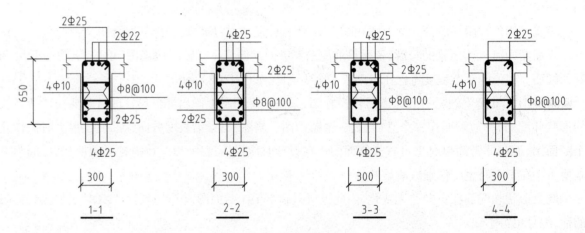

图 1-43 梁的截面配筋图

（五）钢结构结施图简介

钢结构的结施图同样也由结构总说明、基础平面图、各层平面图等图组成，构件编号与前述相同，但结构构件和节点详图需另外学习。

钢结构构件是由型钢零件通过各种连接方式组合在一起的，节点详图中也包括型钢和连接构造。常见的型钢有圆钢、角钢、槽钢、工字钢、H 型钢、圆管、方管、C 型钢、Z 型钢等，将钢材加工成型钢的加工方法有轧制和冷弯等。连接方法有栓接（螺栓连接）、焊接（焊缝连接）、铆接（铆钉连接）等，螺栓又有普通螺栓、高强螺栓等，焊缝又有对接焊缝、角焊缝、坡口焊缝等。

（1）钢结构型钢的标注方法，见表 1-8。

（2）钢结构连接标注方法，见表 1-9。

钢结构详图需要钢结构专业知识作基础，在此仅以由三块钢板焊接而成的焊接组合工字梁为例以供识读，如图 1-45 所示。

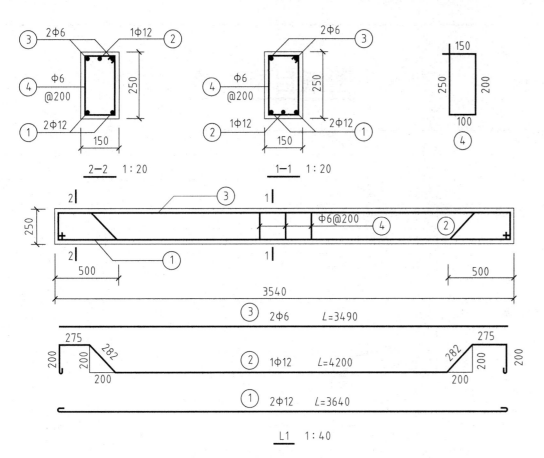

图 1-44 钢筋混凝土梁结构详图

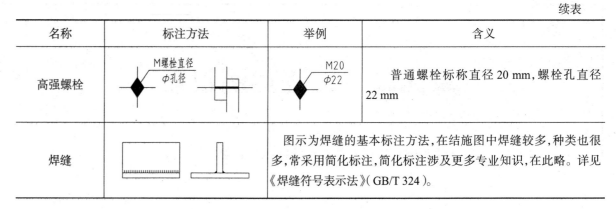

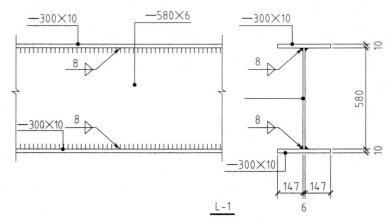

图 1-45 组合工字钢梁

表 1-8 钢结构型钢的标注方法

断面	型钢名称	标注方法	举例	含义
∟	等边角钢	∟边长 × 壁厚	∟ 60 × 2	等边角钢边长 60 mm,壁厚 2 mm
∟	不等边角钢	∟长边长 × 短边长 × 壁厚	∟ 93 × 60 × 2	不等边角钢长边长 93 mm、60 mm,壁厚 2 mm
⊏	槽钢	⊏槽钢型号 (轻型槽钢前加 Q)	Q⊏ 16a	轻型槽钢 16a,国标型钢库中查询
—	钢板	$\dfrac{-宽 \times 厚}{长}$	$\dfrac{-300 \times 4}{600}$	钢板 300 mm × 600 mm,厚 4 mm
⊘	圆钢	ϕ 直径数值	ϕ 10	直径为 10 mm 的圆钢
◯	钢管	D 外径 × 壁厚 或 $\dfrac{DN 内径}{外径 \times 壁厚}$	$BD32 \times 1.5$	外径 32 mm、壁厚 1.5 mm 的钢管(薄壁型钢前加 B)
⊏	钢管	C 高 × 宽 × (卷边长 ×)壁厚	C120 × 60 × 20 × 2.5	

注:钢板在标注时可在图中用尺寸线标注出长宽而只标厚度

表 1-9 钢结构连接标注方法

名称	标注方法	举例	含义
普通螺栓	M螺栓直径 / ϕ孔径	M12 / ϕ14	普通螺栓标称直径 12 mm,螺栓孔直径 14 mm

续表

名称	标注方法	举例	含义
高强螺栓	M螺栓直径 / ϕ孔径	M20 / ϕ22	普通螺栓标称直径 20 mm,螺栓孔直径 22 mm
焊缝			图示为焊缝的基本标注方法,在结施图中焊缝较多,种类也很多,常采用简化标注,简化标注涉及更多专业知识,在此略。详见《焊缝符号表示法》(GB/T 324)。

单元二 工程实例识读

项目1 砖混结构施工图识读

1. 项目概述:本项目是××统建安置小区二期 6# 住宅楼的建筑施工图,包括建筑设计说明、节能计算、套图等内容,图纸采用标准 A2 图纸(节能设计说明(二)采用的是标准的 A2 加长 1/4 的图纸),因条件所限,本书均采用 A3 幅面。

2. 学习目标:

(1)掌握建筑施工图的分类。

(2)掌握施工图首页的构成及作用。

(3)掌握建筑总平面图的图示内容及作用。

(4)掌握建筑平面图、建筑立面图、建筑剖面图的作用、图示内容及画法与识读方法。

(5)掌握建筑详图的作用、图示内容及画法与识读方法。

3. 学习重点:建筑总平面图、平面图、立面图、剖面图、详图的作用、图示内容及画法与识读方法。

4. 教学建议:本项目的学习方法应该是教师讲解与学生实践相结合。首先课堂上教师对整套图纸的内容包括文字部分、尺寸标注部分和符号表示部分做详细的讲述,其次学生在教师导学之后对整套图纸或者图纸中的部分进行手工抄绘,来熟悉项目当中的细节部分所表达的含义。

图纸目录汇总

图别	图纸目录		
	序号	图纸名称	页数
建施	1	建筑设计说明(一)	1/18
	2	建筑设计说明(二)	2/18
	3	建筑节能设计说明(一)	3/18
	4	建筑节能设计说明(二)	4/18
	5	建筑节能设计说明(三)	5/18
	6	总平面图	6/18
	7	底层平面图	7/18
	8	二~四层平面图	8/18
	9	五~六层平面图	9/18
	10	屋顶平面图 屋面节点大样	10/18
	11	⑬~①立面图	11/18
	12	①~⑬立面图	12/18
	13	⑭~Ⓐ立面图	13/18
	14	1-1 剖面图	14/18
	15	节点大样	15/18
	16	墙身节点大样	16/18
	17	卫生间大样 厨房大样	17/18
	18	门窗大样	18/18
	序号	图纸名称	页数
结施	1	结构设计总说明一	1/8
	2	结构设计总说明二 图纸目录	2/8
	3	结构设计总说明三	3/8
	4	基础平面布置图	4/8
	5	D型二~四层结构平面图	5/8
	6	D型五、六层结构平面图	6/8
	7	D型屋面层结构平面图/D型构架层结构平面图	7/8
	8	D型楼梯详图	8/8

建筑设计说明（一）

一、设计依据

1. ××规划局对本工程建设方案设计批复。

2. 建设单位提供的方案及各设计阶段修改意见。

3. 建设单位和设计单位签定的工程设计合同。

4. 建设单位提供的红线图、地形图、勘察资料和设计要求。

5. 国家颁布实施的现行规范、规程及规定，主要规范如下：

《民用建筑设计通则》(GB 50352—2005)《住宅厨房设施功能标准》(DB 51/5020—2000)

《建筑设计防火规范》(GB 50016—2006)《住宅卫生间设施功能标准》(DB 51/5022—2000)

《住宅设计规范》(GB 50096—2014)《住宅厨房设施尺度标准》(DB51/T 5021—2000)

《住宅建筑规范》(GB 50368—2012)《住宅卫生间设施尺度标准》(DB 51/5023—2000)

《屋面工程技术规范》(GB 50345—2012)

《民用建筑热工设计规范》(GB 50176—93)《夏热冬冷地区居住建筑节能设计标准》(JGJ 134—2010)

二、工程概况

1. 本工程为××县人民政府××街道办事处××统建安置小区二期。

2. 本子项为二期的6#住宅楼，层数为六层，建筑高度18.9 m，建筑面积为1 386.9m²。

3. 工程设计等级为民用建筑三级，建筑耐久年限50年，耐火等级二级，屋面防水层等级三级，抗震设防烈度为7度，结构形式为砖混结构。

三、设计范围

本工程施工图设计包括建筑设计、结构设计、给排水设计、电气设计，不含二次装设计。

四、施工要求

1. 本工程设计标高±0.000相对于绝对标高参详建施总平面图，各栋定位以轴交点坐标定位，施工放线若与现场不符，施工单位应与设计单位协商解决。

本工程设计除高程标高和总平面尺寸以m为单位外，其余尺寸标注均以mm为单位。

2. 本工程采用的建筑材料及设备产品应符合国家有关法规及技术标准规定的质量要求，颜色的确定须经设计认可，建设方同意后方可施工。施工单位除按本施工图施工外还必须严格执行国家有关现行施工及验收规范，并提供准确的技术资料档案。

3. 施工图交付施工前应会同设计单位进行技术交底及图纸会审后方能施工。在施工的全过程中必须按施工工程规程进行，土建施工应与其他工种密切配合。预留洞口、预埋铁件、管道穿墙预埋套管除按土建图标明外，应结合设备专业图纸核对预留，预埋件尺寸及标高，不得在土建施工后随意打洞，影响工程质量。

4. 为确保工程质量，任何单位和个人未经设计同意，不得擅自修改。如果发现设计文件有错误、遗漏、交待不清时，应提前通知设计单位，并按设计单位提供的变更通知单或技术核定单。按照《建筑地面设计规范》(GB 50037—96)和《建筑地面工程施工验收规范》(GB 50209—95)相关章节执行。

五、墙体工程

1. 本工程框架填充墙采用实心黏土砖砌筑。内外墙除标注外均为240厚，内外墙除标注外墙体均为轴线居中，门垛宽除标注外均为120 mm（靠门轴一边距墙边）。

2. 室内墙面、柱面的阳角和门窗洞口的阳角用1：2水泥砂浆护角，每侧宽度为50，高为1 800，厚度为20。

3. 所有砌块尺寸尽量要求准确、统一，砌筑时砂浆应饱满，不得有垂直通缝现象。

4. 所有厨房、卫生间内墙体底部现浇200高（除门洞外）与楼板相同等级混凝土翻边。墙与地面在做面层前先作防水处理，管道、孔洞处用防水油膏嵌实。防水材料为1.5厚双组分环保型聚氨酯防水涂膜，楼地面满铺，墙面防水层高度在楼地面面层以上，厨房内高300，卫生间内高1 500，转角处应加强处理，门洞处的翻边宽度不应小于300宽。

5. 女儿墙构造柱的位置、间距及具体构造配筋详结构设计。

六、屋面工程

1. 本工程屋面防水等级为Ⅱ级，两道防水设防，耐久年限15年。

2. 本工程严格按《屋面工程质量验收规范》(GB 50207—2002)执行，在施工过程中必须严格遵守操作程序及规程，保证屋面各层厚度和紧密结合，确保屋面不渗漏。屋面分格缝必须严格按照有关规定要求施工。

3. 本工程上人屋面防水层采用两道4 mm厚改性沥青防水卷材;屋面坡度为2%，雨水斗四周500范围内坡度为5%，屋面做法平屋顶参西南03J201-1第17页2205a，防水卷材二道，保温材料改为30厚挤塑聚苯保温板。水落斗、水落管应安装牢固，在转角处及接缝处应附加一层防水卷材，非上人平屋面参西南03J201-1第17页2205b。

4. 本工程坡屋面部分，做法参西南03J201-2第8页2515a～e及其他相关章节详细说明。防水和保温层材料同平屋顶，详细构造造法详见本图纸之构造大样图。

5. 保温屋面在施工过程中，保温层必须干燥后才能进行下道工序施工，若保温隔热材料湿度大，干燥有困难须采取排汽干燥措施。保温屋面排气道及排气孔应严格按相关规程施工。

七、门窗

1. 所有门窗按照国家现行技术规范及设计要求制作安装。

2. 住宅楼各户入户门为特殊防盗门，其他外门窗除特殊说明外均为塑钢玻璃门窗和夹板门。塑钢型材甲方定，玻璃颜色以节能设计为准。住户内门窗由用户自理，门窗立面具体分隔及式样由有相应资质的专业厂家设计，各门窗产品须由持有产品合格证的厂家提供方可施工安装。夹板门安装详西南04J611。

3. 单元入口门另留门洞，各户入户门采用防盗门，产品须由持有产品合格证的厂家提供。其施工安装图及有关技术资

注 册 执 业 栏

姓　名：

注册证书号码：

注册印章号码：

设 计 号：

工程名称： ××统建安置小区

子项名称： 二期-6#楼

建设单位：
××县人民政府××街道办事处

图　名：

建筑设计说明（一）

单 位	mm	图别	建施
比 例		图号	1/18
日 期	×年×月	版本	A

专业负责人	
设计总负责人	
审　核	
审　定	
制　图	
设　计	
校　对	

××建筑设计公司

工程设计资质证书编号：

25

料由厂家提供。

4. 门窗玻璃材质及厚度选用按照《建筑玻璃技术规程》(JGJ 113—2003)执行,施工要求按照《建筑装饰装修工程质量验收规范》(GB 50210—2001)执行。大于 1.5 m² 的单块玻璃及外门窗玻璃应采用安全玻璃。

5. 图中所有门窗均应以现场实际尺寸为准,并现场复核门窗数量和开启方向和方式后方能下料制作。门窗型材大小、五金配件及制作安装等由生产厂据有关行业标准进行计算确定。图中所有门窗立面形式仅供门窗厂家参考,具体门窗形式及分隔样式可由具有专业资质的门窗厂家提供多种样式,经建设方及设计单位确认后方可制作安装。

6. 所有外窗及阳台门的气密性,不应低于现行国家标准《建筑外窗空气渗透性能分级及其检测方法》(GB 7107)规定的Ⅲ级水平。

7. 底层处窗阳台门应有防护措施详《住宅设计规范》3.9.2条,用户自理。

八、装饰工程

1. 各种装饰材料应符合行业标准和环卫标准。

2. 二装室内部分应严格按照《建筑内部装修设计防火规范》(GB 50222—95)(2001年版)执行,选材应符合装修材料燃烧性能等级要求,装修施工时不得随意修改、移动、遮蔽消防设施,且不得降低原建筑设计的耐火等级。

3. 凡有找坡要求的楼地面应按 0.5% 坡向排水口。

4. 外墙抹灰应在找平层砂浆内渗入 3% ~ 5% 防水剂(或另抹其他防水材料)以提高外墙面防雨水渗透性能。

5. 不同墙体材料交接处应加挂 250 宽钢丝网再抹灰,防止墙体裂缝。

6. 门窗洞口缝隙应严密封堵,特别注意窗台处窗框与窗洞口底面应留足距离以满足窗台向外找坡要求,避免雨水倒灌。

7. 外门、窗洞口上沿,所有外出挑构件的下沿均应按相关规程做好滴水。滴水做法参西南 04J516—J/4,且应根据建筑外饰面材的不同作相应调整。

8. 油漆、刷浆等参西南 04J312 相关章节。

九、其他

1. 楼地面所注标高以建筑面层为准,结构层的标高应扣除建筑面层与垫层厚度(统一按 50 mm 考虑),特殊情况另见具体设计。

2. 厨房、卫生间等有水房间及部位,除标注外楼(地)面标高完成后应低于相邻室内无水房间楼(地)面 50 mm,阳台除标注外低于相邻室内无水楼(地)面 50 mm。

3. 屋面雨落水管和空调冷凝水管等为白色 UPVC 管,其外表面应漆刷与其背景同质或同色的油漆。

4. 所有散水和暗沟表面标高低于室外地坪 100,做完后覆土植草坪。其周边雨水口及雨水箅子不应被遮蔽和覆盖。

5. 楼梯踏步及防滑做法详西南 04J412—7/60。

6. 室内栏杆:户内钢(木)楼梯及栏杆详二装,其他护窗栏杆做法参西南 04J412—2/53。临空栏杆从可踏面起 1 050 高,其垂直杆件间净距应 ≤ 110。

7. 室外栏杆:外廊等室外栏杆和非封闭阳台栏杆为深绿灰色钢栏杆,高度以可踏面算起为 1 050,其垂直杆件间距应 ≤ 110,并应采取防止儿童攀爬的措施。室外栏杆由有专业资质的厂家提供产品样式,经建设方和设计方同意方可制作安装。

8. 本工程所有钢、木构件均须根据规范要求做防火、防锈、防腐处理。

9. 建筑室内、外墙面装饰,各房间地坪、顶棚(吊顶)等详见装修表,装修材料如成品防盗门均由施工方提供样品给建设方认可后,方能施工。

10. 本工程施工图设计选用主要图集为《西南地区建筑标准设计通用图》合订本(1)、(2)、《住宅排气道》(02J916—1)、《坡屋面建筑构造》(00J202—1)等。

十、如图纸与所索引大样不符,应以大样为准;如图纸与说明不符,应以说明为准;本工程设计如有未尽事宜,均按国家现行设计施工及验收规范执行。

十一、建筑节能设计参详每栋建筑节能设计报表及节能设计。

出图记录

版 本	日 期	设 计

注 册 执 业 栏

姓 名:
注册证书号码:
注册印章号码:
设计号:
工程名称: ××统建安置小区
子项名称: 二期-6#楼
建设单位:
××县人民政府××街道办事处

图 名:

建筑设计说明(一)

单 位	mm	图别	建施
比 例		图号	1/18
日 期	×年×月	版本	A

专业负责人	
设计总负责人	
审 核	
审 定	
制 图	
设 计	
校 对	

××建筑设计公司

工程设计资质证书编号:

建筑设计说明（二）

门 窗 表

类型		设计编号	洞口尺寸(mm×mm)	数量	备注
门		DJM1521	1 500×2 100	1	对讲单元门
		FDM1021	1 000×2 100	13	防盗门
		M0821	800×2 100	24	夹板木门
		M0921	900×2 100	·36	夹板木门
		TLM0821	800×2 100	12	塑钢推拉门
		TLM2124	2 100×2 100	12	塑钢推拉门
门联窗		MCL1524	1 500×2 400	12	塑钢门连窗
窗		C1512	1 500×1 500	6	塑钢窗
		GC0609	660×900	12	塑钢窗
		GC0906	900×600	12	塑钢窗
凸窗		TC1518	1 500×1 800	24	塑钢凸窗
		TC2118	2 100×1 800	12	塑钢凸窗

注：门窗立面形式参照建筑立面图中门窗形式或按建设方设计进行造型或定做；塑钢为银白色；所有门窗玻璃均为白玻，其材质及厚度选用按照由建设方和专业厂商选定并经设计方同意方可使用；门窗过梁详见结构设计。

本页解读：

本页包括了门窗表、图纸目录、室内和室外的一些构造做法和本图采用的一些标准图集名称。

1. 门窗表是对整套图纸当中所用到得门窗的数量和要求的一个统计。作为施工单位的一个参考。图纸部分还有门窗大样作为补充。

2. 图纸目录是对整套图所有的图纸名称和页码的编辑。便于翻阅图纸的人查找需要的内容。

室内装修表

楼(地)面	厨卫、楼梯间	水泥砂浆地面	西南 04J312—3103、3105、3107	
	其余所有房间	水泥砂浆地面	西南 04J312—3102a、3104	
墙面	厨房、卫生间	水泥砂浆墙面	西南 04J515 $\frac{N07}{4}$	去掉面层
	客厅、其他房间	水泥砂浆墙面	西南 04J515 $\frac{N07}{4}$	
	阳台	水泥砂浆墙面	西南 04J515 $\frac{N07}{4}$	
	楼梯间	水泥砂浆墙面(刷钢化涂料)	西南 04J515 $\frac{N07}{4}$	涂料由甲方定
顶棚	所有房间	水泥砂浆顶棚	西南 04J515 $\frac{P05}{12}$	去掉面层

室外

地面		室外踏步及平台	水泥砂浆地面	西南 04J312—3102a、3104	有景观要求的详景观设计
墙面	墙1	外墙面砖墙面		西南 04J516 68 页 5407、5408	饰面部位及颜色详建筑立面图，施工时由本院提供颜色样板。
屋面	屋面1	非上人屋面		西南 03J201—1 第 17 页 2204	防水材料改为聚氯乙烯合成高分子防水卷材两道，总厚 2.4。
	屋面2	上人屋面		西南 03J201—1 第 17 页 2205A	
	屋面3	坡屋面		西南 03J201—2 第 5 页 2508c	

注：住宅室内将另做二装，住宅所有室内(楼)地面水泥砂浆找平压光，有防水要求的(楼)地面防水相关内容另见设计说明或详图大样。

标准图集目录

序号	图集名称	备注
1	西南 03J201—1、23 西南 04J112—西南 04J812	
2	屋面	西南 03J201—1、2、3
3	夏热冬冷地区节能建筑屋面	川 02J201
4	夏热冬冷地区节能建筑门窗	川 02J605/705
5	《夏热冬冷地区节能建筑墙体、楼地面构造》	川 02J106
6	《ZL 胶粉聚苯颗粒外墙外保温隔热节能构造图集》	川 03J109

上页解读：

1. 本页是建筑设计总说明，是对后面的建筑图中的有关做法用文字加以说明和解释。比如整个工程的工程概况、门窗的要求。装饰工程的要求等，还包括了参考图集的范围等。

2. 建筑标准图集，即将各个构件和部位的做法画在一起的图样，这样设计人员在进行设计的时候就可以直接采用图集上的一些做法，不需要在图纸上画出详图，比较省事。进行施工时，施工员也需要查询相应的图集进行施工参考。但是当标准图上没有我们需要的详图时，就必须在图中画出构造的节点详图。建筑当中的各个专业都有相应的标准图集，制定的单位从国家到地方都有，甚至一些比较大的设计院也有自己编制的图集。本图当中采用的图集都是西南统编的。

出图记录		
版 本	日 期	设 计

注 册 执 业 栏

姓 名：
注册证书号码：
注册印章号码：
设计号：
工程名称：××统建安置小区
子项名称：二期-6#楼
建设单位：××县人民政府××街道办事处

图 名：

建筑设计说明（二）

单 位	mm	图 别	建施
比 例		图 号	2/18
日 期	×年×月	版 本	A

专业负责人
设计总负责人
审 核
审 定
制 图
设 计
校 对

××建筑设计公司

工程设计资质证书编号：

建筑节能设计说明（一）

一、工程概况

项目名称：××统建安置小区二期

项目地址：四川省××县

建设单位：××县人民政府××街道办事处

设计单位：四川××建筑设计有限公司

二、建筑节能设计依据

1. 《民用建筑节能设计标准》（采暖居住建筑部分）（JGJ 26—2010）。
2. 《夏热冬冷地区居住建筑节能设计标准》（JGJ 134—2010）。
3. 《公共建筑节能设计标准》（GB 50189—2005）。
4. 《民用建筑热工设计规范》（GB 50176—93）。
5. 《建筑外窗空气渗透性能分级及检测方法》（GB 7107）。

三、建筑概况

本工程为××县人民政府××街道办事处××统建安置小区二期6#楼。依照全国建筑热工设计分区，属于亚热带季风气候，属夏热冬冷气候。夏季炎热，月平均温25.5℃，极端最高温度37.3℃，平均相对湿度85%。

冬季最冷月平均温度5.4℃，极端最低温度-5.5℃，平均相对湿度80%，冬季日照率19%。常年主导风向NNE，风频11%。

（1）夏季空调室内热环境设计指标：宿舍内设计温度取26～28℃，换气次数取1.0次/h。

（2）冬季采暖室内热环境设计指标：宿舍内设计温度取16～18℃，换气次数取1.0次/h。

建筑名称	朝向	外表面积/m²	体积/m³	建筑节能面积/m²	体型系数(S)
					条式建筑
6#楼	南	2 890.41	10 240.46	3 052.76	0.24<0.35
					满足要求

四、建筑节能设计指标

建筑外门窗节能设计：外窗框选用塑钢，空调房间玻璃采用5 mm+9A mm+5 mm普通中空玻璃。单玻璃采用5 mm；外门采用节能外门。

具体参数的计算如下：

门窗类型	规格型号	窗墙比	朝向	传热系数K限值/(W/m²·K)	气密性1～6层	气密性7层及以上	K限值/(W/m²·K)
1	塑钢单框普通中空玻璃窗	0.22	北	2.84	3	4	≤4.7

满足夏热冬冷地区居住建筑节能设计标准1.0.8条的要求。

3	塑钢单框普通中空玻璃窗	0.15	西	2.84	3	4	≤4.7

满足夏热冬冷地区居住建筑节能设计标准1.0.8条的要求。

4	塑钢单框普通中空玻璃窗	0.24	南	2.84	3	4	≤3.20

满足夏热冬冷地区居住建筑节能设计标准1.0.8条的要求。

1	塑钢单框普通中空玻璃窗	0.14	东	2.84	3	4	≤4.7

满足夏热冬冷地区居住建筑节能设计标准1.0.8条的要求。

户门类型	门名称	传热系数/(W/m²·K)	传热限值/(W/m²·K)
1	节能外门	2.47	3.00

满足夏热冬冷地区居住建筑节能设计标准4.0.8条K≤3.0 W/m²·K的要求。

五、住宅楼节能设计

5.1 墙体保温节能设计：具体构造做法及相应的热工指标如下：

5.1.1 建筑外墙内保温设计：具体构造做法及相应的热工指标如下表：

序号	材料名称	干密度/(kg/m³)	材料层厚度/m	材料导热系数/(W/m·K)	材料层热阻/(m²·K/W)	材料蓄热系数/(W/m²·K)	材料层惰性指标 D=RS
1	外墙外饰面层						
2	水泥砂浆抹灰	1 800	0.02	0.93	0.02	11.37	0.23
3	页岩多孔砖	1 400	0.24	0.58	0.41	7.92	3.24
4	水泥砂浆抹灰	1 800	0.02	0.93	0.02	11.37	0.23
5	专用黏结石膏	1 800	0.003	0.35	0.01	5.28	0.05
6	挤塑聚苯板	30	0.02	0.028	0.71	0.28	0.2
7	粉刷石膏		0.001	0.35	0.03	5.28	0.16
	各层之和		0.313		1.2		4.11

外墙构造传热阻：1.35　　　　　外墙传热阻：0.04+1.2+0.11=1.35

外墙传热系数：1/1.35=0.74　　　D=4.11≥2.5（外墙惰性指标限值）

注：上表中将乳胶漆+内墙腻子，外贴涂料，聚合物砂浆压入网格布，柔性腻子的热阻和热惰性指标未记入作安全余量考虑。

5.1.2 典型墙体平均传热系数的计算数据如下：

外墙主体厚度/mm	计算单元外墙面积(不含窗)/m²	外墙各部位面积/m²		备注
		主墙体	热桥面积	
313	2.48	2.20	0.28	
各部位的传热系数/(W/m²·C)		0.74	0.71	

外墙平均传热系数 K_m=0.73 W/m²·K	外墙的热惰性指标 D=4.1
外墙内表面最高温度 T_{max}=33.00	
外墙传热系数限值/(W/m²·K) 1.50	外墙内表面温度限值/℃ 34.40

外墙满足夏热冬冷地区建筑节能设计标准4.0.8条的要求。

出图记录		
版本	日期	设计

注册执业栏

姓名：
注册证书号码：
注册印章号码：
设计号：
工程名称：××统建安置小区
子项名称：二期-6#楼
建设单位：××县人民政府××街道办事处
图名：建筑节能设计说明（一）

单位	mm	图别	建施
比例		图号	3/18
日期	×年×月	版本	A

专业负责人
设计总负责人
审核
审定
制图
设计
校对

××建筑设计公司

工程设计资质证书编号：

建筑节能设计说明（二）

5.2 屋顶保温节能设计：具体构造做法及相应的热工指标如下：

5.2.1 屋顶1（平屋顶）

层次	材料名称	材料层厚度 d /m	材料导热系数 λ /(W/m·K)	材料层热阻 /(m²K/W) $R=d/\lambda$	蓄热系数 /(W/m²·K)	材料层惰性指标 $D=RS$
1	细石混凝土	0.04	1.28	0.03	14.03	0.44
2	水泥砂浆	0.02	0.93	0.02	11.37	0.23
3	聚苯乙烯挤塑板	0.03	0.03	1.07	0.28	0.30
4	改性沥青防水卷材					
5	水泥砂浆	0.02	0.93	0.02	11.37	0.23
6	水泥炉渣找坡	0.06	0.93	0.10	8.9	0.85
7	钢筋混凝土屋面结构层	0.10	1.74	0.06	17.2	1.03
8	水泥砂浆	0.02	0.93	0.02	11.37	0.23
	各层之和	0.31		1.32		3.34
	热阻	$R_O=R_i+\sum R+R_e=0.11+1.32+0.04=1.47$				
	传热系数	$K=1/R_O=1/1.47=0.68$				
	惰性指标	$D=3.271 \geq 2.5$（屋面惰性指标限值），满足规范要求。				

5.2.2 屋顶2（坡屋顶）：

屋面2（坡屋面）每层材料名称	厚度 /mm	导热系数 /(W/m·K)	蓄热系数 /(W/m²·K)	热阻值 /(m²·K/W)	热惰性指数 $D=R·S$	导热系数修正系数
水泥彩瓦		不计入				
挂瓦条		不计入				
顺水条		不计入				
细石混凝土	20	1.51	15.24	0.01	0.02	1.00
挤塑聚苯板	30	0.03	0.26	1.00	0.26	1.00
水泥砂浆	20	0.93	11.31	0.02	0.23	1.00
防水层		不计入				
水泥砂浆	20	0.93	11.31	0.02	0.23	1.00
钢筋混凝土	100	1.74	17.20	0.06	1.03	1.00
水泥砂浆	20	0.87	10.62	0.02	0.21	1.00
屋顶各层之和	210			1.13	2.16	
屋顶热阻 $R_O=R_i+\sum R+R_e=1.28$ m²·K/W						
屋顶传热系数	0.88 W/(m²·K)					

不满足夏热冬冷地区居住建筑节能设计标准4.0.8条 K《1.0 D》3.0的要求，但坡屋面内表面最高温度为36.02度，小于规范要求的36.10度的夏季室外最高计算温度。符合规范要求。

5.3 楼地面节能设计如下：

层次	材料名称	材料层厚度 d /m	材料导热系数 λ /(W/m·K)	材料层热阻 /(m²K/W) $R=d/\lambda$	蓄热系数 /(W/m²·K)	材料层惰性指标 $D=RS$
1	混合砂浆	0.02	0.93	0.02	11.37	0.24
2	钢筋混凝土结构层	0.10	1.74	0.06	17.2	1.03
3	水泥砂浆找平层	0.02	0.93	0.02	11.37	0.24
	各层之和			0.10		1.51
	热阻	$R_O=R_i+\sum R+R_e=0.11+1.51+0.04=1.66$				
	传热系数	$K=1/R_O=1/1.66=0.60$				
	惰性指标	$D=1.51 \geq 2.5$（屋面惰性指标限值），不满足规范要求。				

5.4 住宅分户墙及分户楼板节能设计：

5.4.1 住宅分户墙具体构造做法及相应的热工指标如下：

层次	材料名称	材料层厚度 d /m	材料导热系数 λ /(W/m·K)	材料层热阻 $R=d/\lambda$ m²K/W	蓄热系数 /(W/m²·K)	材料层惰性指标 $D=RS$
1	水泥砂浆	0.02	0.93	0.02	11.37	0.23
2	页岩多孔砖	0.24	0.58	0.41	7.92	3.24
3	水泥砂浆	0.02	0.93	0.02	11.37	0.23
	各层之和	0.28		0.45		3.7
	热阻	$R=R_i+\sum R+R_e=0.11+0.45+0.04=0.6$				
	传热系数	$K=1/R=1/0.6=1.67$ W/(m²·K)（≤2W/m·K），满足规范要求。				

上页、本页及下页解读：

1. 在《公共建筑节能设计标准》（GB 50189—2005）中，根据建筑所处城市的建筑气候分区，将围护结构的热工性能列为强制性条文，必须严格执行。并将全国范围按气候特点分为：严寒地区 A 区、严寒地区 B 区、寒冷地区、夏热冬冷地区、夏热冬暖地区。再根据不同的分区严格控制窗墙面积比。

2. 规范中明确要求，凡是作为民用建筑范畴的所有建筑，均应做建筑节能设计，以实现节能型的建筑。具体要求建筑的外围构件的构造层次必须根据要求做保温隔热，并且根据要求计算全年耗电量，要求不得超出全年耗电量指标限定值。

本建筑外墙及屋面采用的是挤塑聚苯板，厚度查表得知，比如，墙面的挤塑聚苯板的厚度为0.02 m。本建筑的全年耗电量为39.13 kWh/m²，全年耗电量指标限定值39.520 kWh/m²，符合规范要求。

注册执业栏

姓　名：
注册证书号：
注册印章号：
设计号：
工程名称：
××统建安置小区
子项名称：
二期-6#楼
建设单位：
××县人民政府××街道办事处

图名：
建筑节能设计说明（二）

单位	mm	图别	建施
比例		图号	4/18
日期	×年×月	版本	A

专业负责人
设计总负责人
审核
审定
制图
设计
校对

××建筑设计公司

工程设计资质证书编号：

建筑节能设计说明(三)

5.4.2 分户楼板保温隔热构造措施与热工参数

根据四川省建筑标准图集《夏热冬冷地区节能建筑墙体、楼地面构造图》(川 02J106)第 77 页构造 5 做法,选用 30 mm 厚珍珠岩板保温层,传热系数 $K=1.75$ W/($m^2 \cdot K$)< 2.0 W/($m^2 \cdot K$)(规范限值),能够达到节能要求

5.5 宿舍户门的节能设计:

按前述的国家行业标准要求,节能设计要求住宅户门的传热系数≤ 3.0 W/$m^2 \cdot K$,可选用双面金属门板加填充即满足其要求。

六、该建筑维护结构部分指标不满足《夏热冬冷地区居住建筑节能设计标准》第四章的相应要求。

根据本标准第五章的要求必须进行节能综合指标——全年采暖空调年耗电量指标进行动态计算。

建筑物节能综合指标的计算与分析:

计算城市:成都

气象数据文件:CHENGTY3.BIN

节能综合指标计算条件:

居室室内计算温度:冬季全天为 18℃,夏季全天为 26℃。

室外气象计算参数采用典型气象年。

采暖和空调时,换气次数为 1.0 次/h。

采暖、空调设备为家用气源热泵空调器,空调额定能效比取 2.3,采暖额定能效比取 1.9。

室内照明得热为每平方米每天 0.014 1 kWh,室内其他得热平均强度为 4.3 W/m^2。

经计算(详节能设计计算报告)得:

全年耗电量 =39.13 kWh/m^2

全年耗电量指标限定值 =39.520 kWh/m^2

结论:符合规范 JGJ 134—2010 第 5.0.5 条的要求。

七、节能计算综合结果

要求对该建筑物节能综合指标——采暖和空调年耗电量进行全年的动态计算后,结果其全年耗电量小于《夏热冬冷地区居住建筑节能设计标准》,该建筑的静态指标虽然部分不满足《夏热冬冷地区居住建筑节能设计标准》第四章的相应要求,但是根据标准第五章的节能综合指标——全年采暖空调年耗电量指标计算,满足要求。

八、本工程采取的主要节能措施,符合标准规定的建筑节能设计要求。

1. 上人平屋面:屋面隔热保温材料采用 30 厚聚苯乙烯挤塑板,节能设计指标:$K<0.7$ W/($m^2 \cdot K$),$K_m<1.0$ W/($m^2 \cdot K$)。

2. 门窗气密性等级:根据 GB 7107,公建门窗为 4 级,玻璃幕墙的气密性等级不低于《建筑玻璃幕墙物理性能分级》

(GB/T 15225)规定的 3 级。

九、其他

1. 本工程以钢化玻璃作为安全玻璃,门、窗玻璃厚度和种类同时不应低于《建筑玻璃应用技术规程》(JGJ 113—97)的相应规定。

2. 保温系统由专业队伍施工。选用的保温材料应具有合格的证明文件。

3. 玻璃幕墙的安装要严格按照《玻璃幕墙工程技术规范》规定的施工要求安装。质量检测部门认证,同时尚应使完成的保温系统各控制参数满足设计控制参数的要求。

十、本工程日照分析根据《城市居住区规划设计规范》要求,日照时数为大寒日,底层满窗不低于 2 小时,满足要求。

注 册 执 业 栏

姓 名:

注册证书号码:

注册印章号码:

设计号:

工程名称: ××统建安置小区

子项名称: 二期-6#楼

建设单位:

××县人民政府××街道办事处

图 名:

建筑节能设计说明(三)

单 位	mm	图 别	建施
比 例		图 号	5/18
日 期	×年×月	版 本	A

专业负责人	
设计总负责人	
审 核	
审 定	
制 图	
设 计	
校 对	

××建筑设计公司

工程设计资质证书编号:

30

设计说明

1. 本工程位于成都××县××镇,规划净用地9 070.90 m²。

2. 施工放线:建筑放线之前要对四周的道路、控制点的标高、坐标核实无误后才能进行。以图中的定位坐标为放线基准点,总图中建筑定位的尺寸均为建筑轴线尺寸。

3. 单体建筑的±0.000标高相当于绝对标高499.50,均以总图上所注的标高为准。绝对标高H=499.500 m。

4. 沿市政道路的建筑,地面雨水排除利用地面坡度就近排入市政道路边沟;沿小区内侧建筑,地面雨水通过排水沟经汇集后,由雨水井排入附近雨水管网。

5. 挖方回填土要分层夯实,压实密度为0.9以上。

6. 凡要更改设计处,必须要同设计单位商定后方能施工。

7. 车行通道转弯半径除标注外均为R=3.0 m。

8. 厂区人行通道结合小区绿化工程设计施工。

本页解读:

1. 本页表达的是该项目所处的平面环境。包括小区的其他同期建筑、道路关系、楼间距、绿化、地面车位、风玫瑰图等。

2. 一般每栋房屋都有四个坐标定位点,为建筑施工放线提供确切依据。

3. 小区内道路的施工节点。

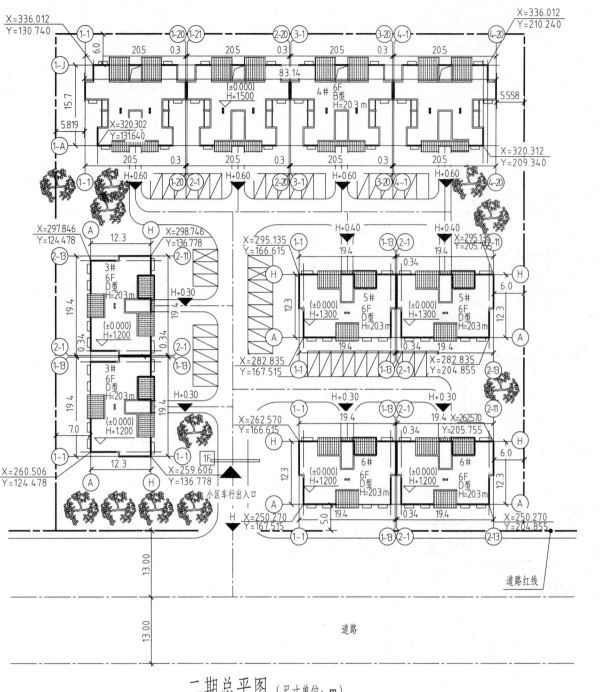

二期总平图 (尺寸单位: m)

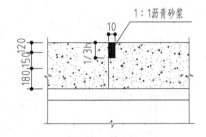

① 缩缝(每6m路面缩缝) 1:10

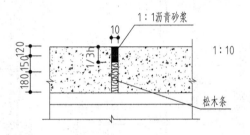

② 伸缝(每6米路面伸缝) 1:10
(道路交叉口设伸缝)

日照分析结论:
应用软件:天正建筑7
日照日期:大寒日(早上8点—下午16点)
结论:本小区二期共有住户444户,均满足有一个卧室或起居室满足最少2小时有效日照时间。

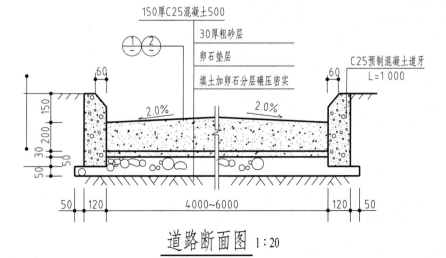

道路断面图 1:20

图 例

―――――	道路中心线		新建道路	▢	新建房屋
―――――	红线	500.080(±0.000)	室内标高	▭	拟建建筑
🌳	绿 化	499.500	室外标高	▭	已建建筑
▱	停车位	X=2021.669 Y=1132.281	坐 标		

出图记录		
版 本	日 期	设 计

注 册 执 业 栏

姓 名:	
注册证书号码:	
注册印章号码:	
设计号:	

工程名称:	××统建安置小区
子项名称:	二期-6#楼
建设单位:	××县人民政府××街道办事处

图名: 总平面图 图例 日照结论说明

单 位	mm	图别	建施
比 例		图号	6/18
日 期	×年×月	版本	A

专业负责人	
设计总负责人	
审 核	
审 定	
制 图	
设 计	
校 对	

××建筑设计公司

工程设计资质证书编号:

31

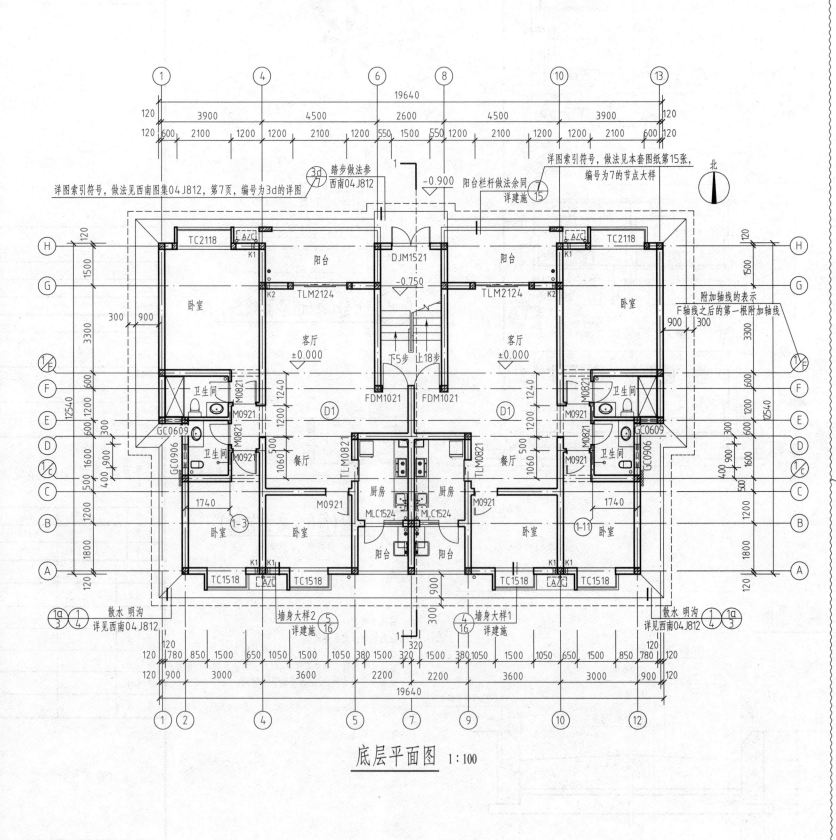

底层平面图 1:100

本页说明：
1. 除标注尺寸外，门垛宽度均为120 mm。
2. 除特殊标注外蹲便卫生间比同层标高降300，完成面降50，厨房、坐便卫生间、阳台、露台、不上人屋面比同层标高降50并找坡2%，阳台和卫生间找坡1%，坡向地漏。厨、卫设施均选用成品，二装定。本设计仅做到管网到位。
3. 阳台采用有组织排水，坡度1%坡向地漏，详水施。
4. 墙柱定位尺寸除个别标注外均标至墙中，柱子大小定位详施。
5. 所有窗台低于距楼面地面900 mm的凸窗飘窗加设从可踏面起高1 100 mm的护窗栏杆。
6. 本图所示墙体除特殊标注外均为240 mm厚KP1页岩多孔砖，隔墙为120 mm厚页岩空心砖。
7. 本图所示标高除特殊标注外均为建筑完成面标高。
8. 留洞
（1）厨房卫生间选用变压式烟道，板上留洞:厨房风道390×350。
（2）K1墙上留洞φ75,洞中心距地2 200，洞中心距墙100或250(空调洞用于卧室)。
（3）K2墙上留洞φ90,洞中心距地200，洞中心距墙100或250(空调洞用于客厅)。
（4）消火栓墙上留洞650×800×200(宽×高×深)，底距地960，位置详水施。

9. 图例：

▭ 页岩实心墙
A/C 空调   🚽 成品蹲便器   ▭ 成品热水器
▭ 成品炉盘   ◠ 成品洗脸盆
◻ 成品洗碗盆   ◻ 淋浴房   🚽 成品坐便器
● 地漏   ▨ 厨房排烟道

本页解读：
1. 阅读图名和所注比例，了解图样和实物之间的比例关系。底层平面图的比例为1：100。仔细阅读本图的文字说明部分，以便于了解图上的相关尺寸和图例表示的含义。
2. 借助于指北针了解建筑物的朝向。本建筑是坐南朝北。
3. 仔细阅读纵、横轴线的排列和编号，外围总体尺寸、轴间总体尺寸和细部尺寸，室内一些构造的定形、定位尺寸。本图的三道尺寸线表示的含义是：最外围的尺寸为总尺寸，中间尺寸为轴线间尺寸，最里面的尺寸为门窗洞口的细部尺寸。在图中横向定位轴线从①到⑬(见总平面图)，纵向定位轴线从Ⓐ到Ⓗ，两个单元，每单元一梯两户，左右对称。
4. 查看室内外相对标高（地面、楼梯间休息板面等），房间的名称功能、面积及布局等。本图，室内外高差为900 mm,阳台、卫生间、厨房与室内地面的高差在本图的文字说明中有详细的描述。
5. 阅读外墙、内墙及隔墙的位置和墙厚。本建筑结构为砖混结构，240 mm墙体承重，轴线居中布置，两边分别为120 mm。卫生间部分墙体采用非承重的120 mm隔墙。具体尺寸在卫生间大样上有详细标注。
6. 室内外门、窗洞口的位置、代号及门的开启方向。根据门、窗代号并联系门窗数量表可以了解到各门、窗的具体规格、尺寸、数量及对某些门、窗的特殊要求等。
7. 了解楼梯间的位置，楼梯踏步的步数及上、下楼梯的走向。卫生间的位置、室内各种设备的位置和门的开启方向。
8. 室外台阶、散水、暗沟、落水管等位置及相关的尺寸和做法，翻阅所采用的图集。
9. 阅读剖切位置线1-1所表示的剖切位置和投影方向及被剖切到的各个部位。楼梯间、卫生间等部位具体构造见大样图或详图。

出图记录
版本	日期	设计

注册执业栏

姓名：
注册证书号：
注册印章号：
设计号：
工程名称：××统建安置小区
子项名称：二期-6#楼
建设单位：××县人民政府××街道办事处
图名：

底层平面图

单位	mm	图别	建施
比例		图号	7/18
日期	×年×月	版本	A

专业负责人
设计总负责人
审核
审定
制图
设计
校对

××建筑设计公司

工程设计资质证书编号：

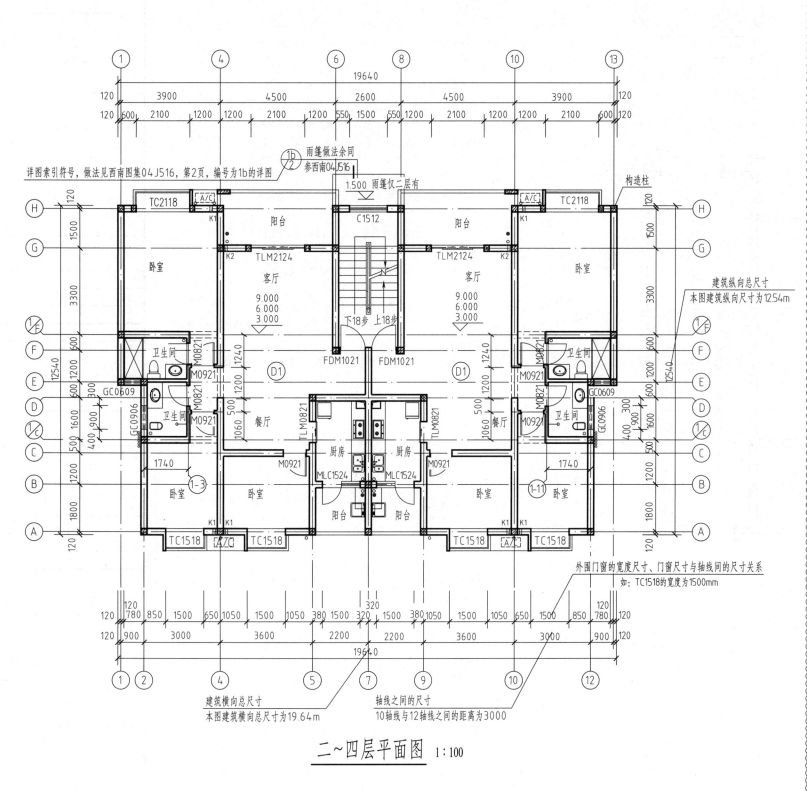

二~四层平面图 1:100

本页说明：

1. 除标注尺寸外，门垛宽度均为120 mm。

2. 除特殊标注外蹲便卫生间比同层标高降300，完成面降50，厨房、坐便卫生间、阳台、露台、不上人屋面比同层标高降50并找坡2%，阳台和卫生间找坡1%，坡向地漏。厨、卫设施均选用成品，二装定。本设计仅做到管网到位。

3. 阳台采用有组织排水，坡度1%坡向地漏，详水施。

4. 墙柱定位尺寸除个别注标外均标至墙中，柱子大小定位详结施。

5. 所有窗台低于距楼地面900 mm的凸窗飘窗加设从可踏面起高1 100 mm的护窗栏杆。

6. 本图所示墙体除特殊标注外均为240 mm厚KP1页岩多孔砖，隔墙为120 mm厚页岩空心砖。

7. 本图所示标高除特殊标注外为建筑完成面标高。

8. 留洞

（1）厨房卫生间选用变压式烟道，板上留洞：厨房风道390×350。

（2）K1墙上留洞φ75，洞中心距地2 200，洞中心距墙100或250（空调洞用于卧室）。

（3）K2墙上留洞φ90，洞中心距地200，洞中心距墙100或250（空调洞用于客厅）。

（4）消火栓墙上留洞650×800×200(宽×高×深)，底距地960，位置详水施。

9. 图例：

▬ 页岩实心墙	
A/C 空调	成品蹲便器	成品热水器
成品炉盘	成品洗脸盆	成品坐便器
成品洗碗盆	淋浴房	厨房排烟道
● 地漏		

本页解读：

1. 阅读图名和所示比例，了解图样和实物之间的比例关系。本图图名为：二~四层平面图，比例为1：100。

2. 本层平面图的阅读方法和顺序基本同首层平面图，但要着重阅读属于本层所表现的一些部位。比如：

首层外围的散水等本层没有表示；

标高的变化，本图表示了三个标准层的图，所以用标高来表示，并且通过标高来计算。本建筑的层高通过计算为3m。

H轴线上，5和7轴线之间与区别于一层的变化。DJM1521变成了C1512，并加设了雨篷。

3. 仔细阅读纵、横轴线的排列和编号，外围总体尺寸、轴间总体尺寸和细部尺寸，室内一些构造的定形、定位尺寸，各个关键部位（地面、楼梯间地面和休息平台、窗台等）的标高，房间的名称、面积及布局等。房间分别标有名称。

4. 阅读外墙、内墙及隔墙的位置和墙厚。承重外墙的定位轴线与外墙外缘距离为120mm，承重内墙是对称的。

5. 室内门、窗洞口的位置、代号及门的开启方向。根据门、窗代号并联系门窗数量表可以了解到各种门、窗的具体规格、尺寸、数量以及对某些门、窗的特殊要求等。

6. 了解楼梯间的位置，楼梯踏步的步数及上、下楼梯的走向。卫生间的位置，室内各种设备的位置和门的开启方向等。

出图记录

版 本	日 期	设 计

注 册 执 业 栏

姓　名：
注册证书号码：
注册印章号码：
设计号：
工程名称：ＸＸ统建安置小区
子项名称：二期-6#楼
建设单位：ＸＸ县人民政府**街道办事处

图 名：二~四层平面图

单 位	mm	图 别	建施
比 例		图 号	8/18
日 期	Ｘ年Ｘ月	版 本	A

专业负责人	
设计总负责人	
审 核	
审 定	
制 图	
设 计	
校 对	

ＸＸ建筑设计公司

工程设计资质证书编号：

详图索引符号，做法见西南图集04J516，第2页，编号为1b的详图

雨篷做法余同参西南04J516

构造柱

建筑纵向总尺寸 本建筑纵向尺寸为12.54m

建筑横向总尺寸 本图建筑横向尺寸为19.64m

轴线之间的尺寸 10轴线与12轴线之间的距离为3000

外围门窗的宽度尺寸、门窗尺寸与轴线间的尺寸关系 如：TC1518的宽度为1500mm

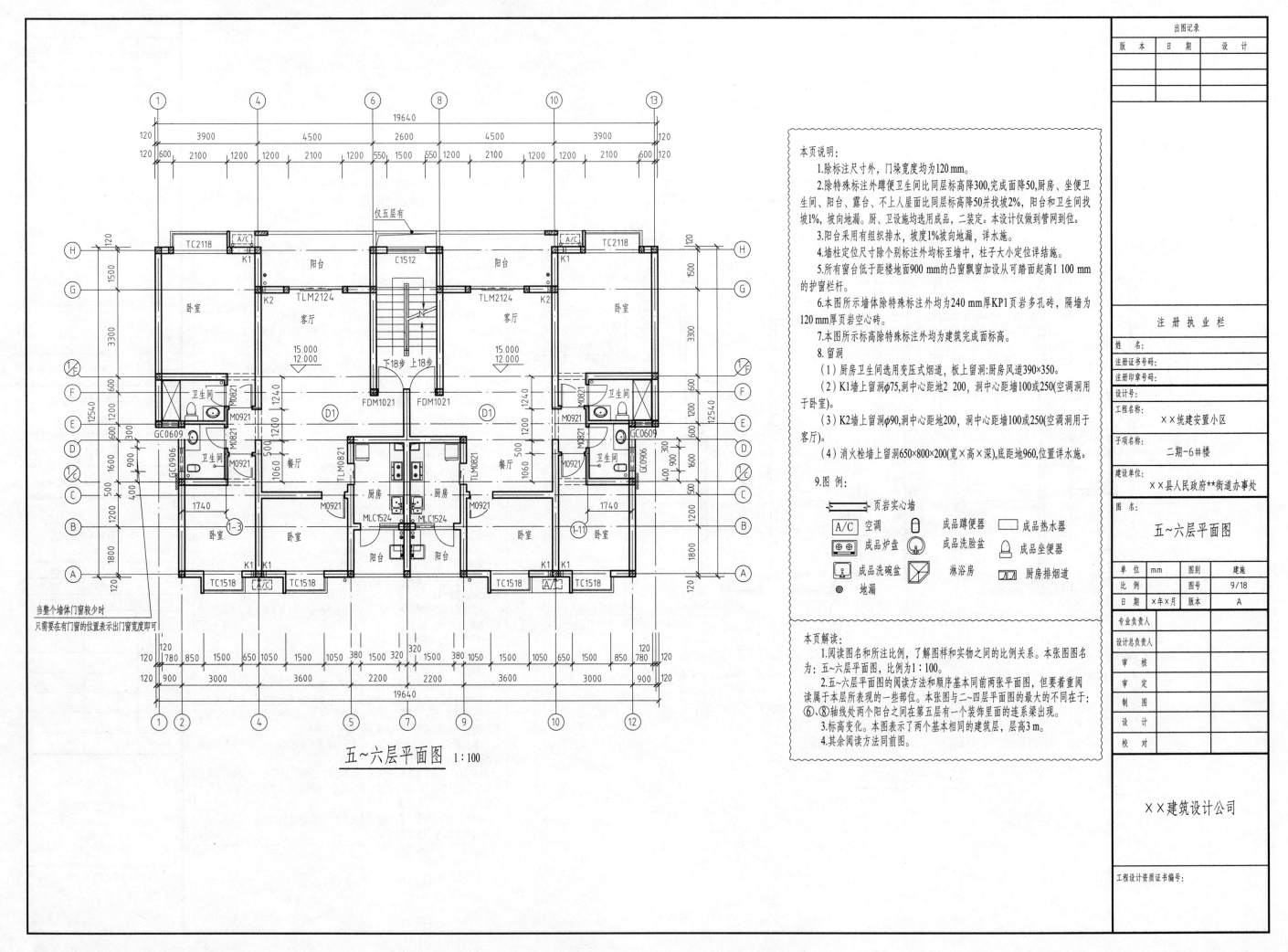

本页说明:
1. 除标注尺寸外,门垛宽度均为120 mm。
2. 除特殊标注外蹲便卫生间比同层标高降300,完成面降50,厨房、坐便卫生间、阳台、露台、不上人屋面比同层标高降50并找坡2%,阳台和卫生间找坡1%,坡向地漏。厨、卫设施均选用成品,二装定。本设计仅做到管网到位。
3. 阳台采用有组织排水,坡度1%坡向地漏,详水施。
4. 墙柱定位尺寸除个别标注外均标至墙中,柱子大小定位详施。
5. 所有窗台低于距楼地面900 mm的凸窗飘窗应加设从可踏面起高1 100 mm的护窗栏杆。
6. 本图所示墙体除特殊标注外均为240 mm厚KP1页岩多孔砖,隔墙为120 mm厚页岩空心砖。
7. 本图所示标高除特殊标注外均为建筑完成面标高。
8. 留洞
(1) 厨房卫生间选用变压式烟道,板上留洞:厨房风道390×350。
(2) K1墙上留洞φ75,洞中心距地2 200,洞中心距墙100或250(空调洞用于卧室)。
(3) K2墙上留洞φ90,洞中心距地200,洞中心距墙100或250(空调洞用于客厅)。
(4) 消火栓墙上留洞650×800×200(宽×高×深),底距地960,位置详水施。

9. 图例:

页岩实心墙

A/C	空调		成品蹲便器		成品热水器
成品炉盘		成品洗脸盆		成品坐便器
成品洗碗盆		淋浴房		厨房排烟道
地漏

本页解读:
1. 阅读图名和所注比例,了解图样和实物之间的比例关系。本张图图名为:五~六层平面图,比例为1:100。
2. 五~六层平面图的阅读方法和顺序基本同前两张平面图,但要着重阅读属于本层所表现的一些部位。本张图与二~四层平面图的最大的不同在于:⑥、⑧轴线处两个阳台之间在第五层有一个装饰里面的连系梁出现。
3. 标高变化。本图表示了两个基本相同的建筑层,层高3 m。
4. 其余阅读方法同前图。

五~六层平面图 1:100

仅五层有

当整个墙体门窗较少时
只需要在有门窗的位置表示出门窗宽度即可

出图记录

版本	日期	设计

注 册 执 业 栏

姓 名:
注册证书号码:
注册印章号码:
设 计 号:
工程名称: ××统建安置小区
子项名称: 二期-6#楼
建设单位: ××县人民政府**街道办事处

图 名:
五~六层平面图

单 位	mm	图别	建施
比 例		图号	9/18
日 期	×年×月	版本	A

专业负责人
设计总负责人
审 核
审 定
制 图
设 计
校 对

××建筑设计公司

工程设计资质证书编号:

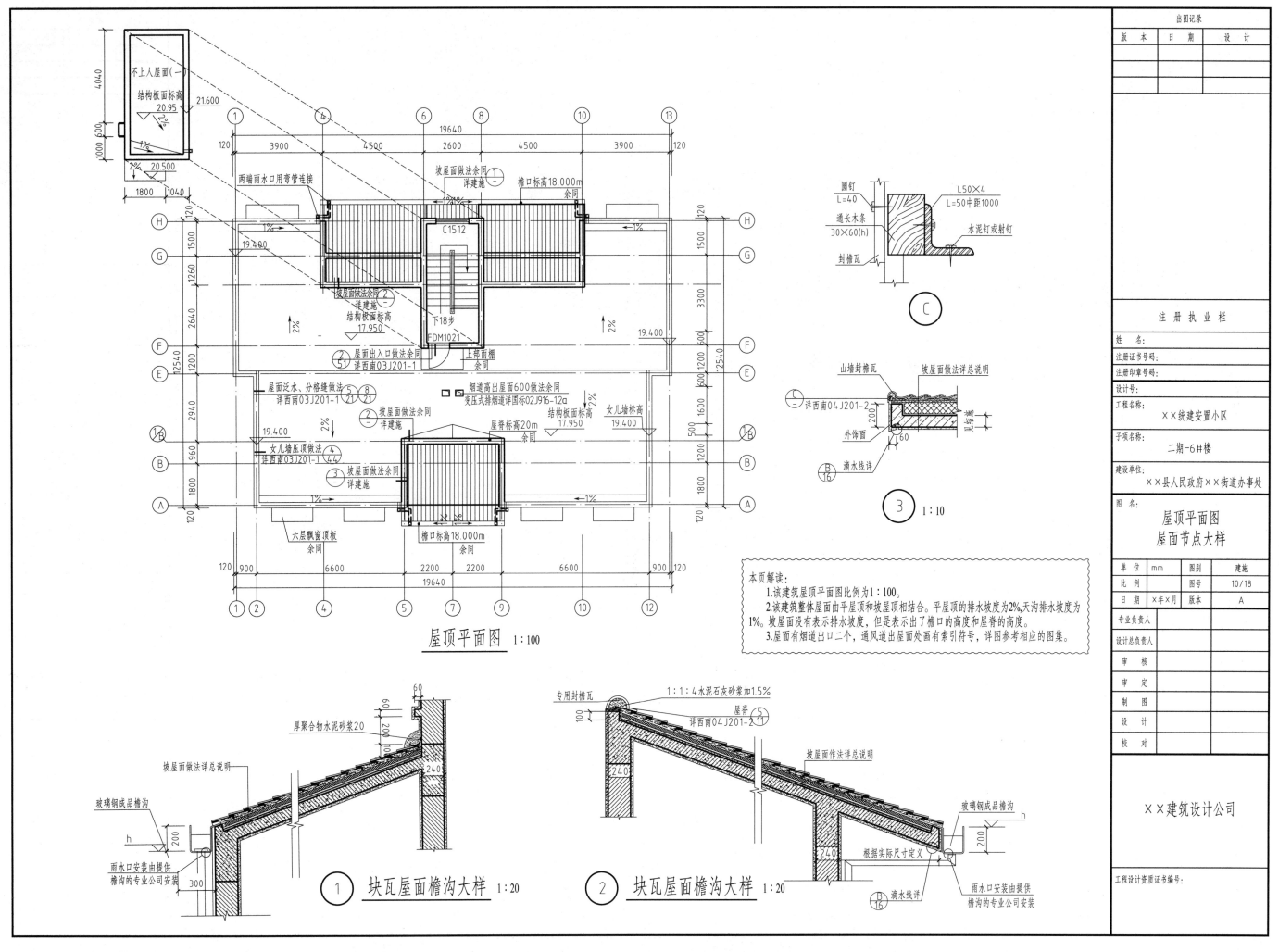

不上人屋面(一)

结构板面标高
20.95
21.600

20.500

1800 1040

19640
3900 4500 2600 4500 3900
120 120

坡屋面做法余同
详建施

檐口标高18.000m
余同

两端雨水口用弯管连接

C1512

1%

19.400

坡屋面做法余同
详建施
结构板面标高
17.950

下18步

FDM1021

屋面出入口做法余同
详西南03J201-1

上部雨棚
余同

屋面泛水、分格缝做法
详西南03J201-1

坡屋面做法余同
详建施

烟道高出屋面600做法余同
变压式排烟道详国标02J916-12a

结构板面标高
17.950

女儿墙标高
19.400

女儿墙压顶做法
详西南03J201-1

坡屋面做法余同
详建施

屋脊标高20m
余同

19.400

六层飘窗顶板
余同

檐口标高18.000m
余同

120 900 6600 2200 2200 6600 900 120
19640

屋顶平面图 1:100

C

圆钉
L=40

通长木条
30×60(h)

封檐瓦

L50×4
L=50中距1000

水泥钉或射钉

C 1:10

山墙封檐瓦

坡屋面做法详总说明

详西南04J201-2

外饰面

滴水线详
B/16

3 1:10

本页解读:
1.该建筑屋顶平面图比例为1:100。
2.该建筑整体屋面由平屋顶和坡屋顶相结合。平屋顶的排水坡度为2%,天沟排水坡度为1%。坡屋面没有表示排水坡度,但是表示出了檐口的高度和屋脊的高度。
3.屋面有烟道出口二个,通风道出屋面处画有索引符号,详图参考相应的图集。

厚聚合物水泥砂浆20

坡屋面做法详总说明

玻璃钢成品檐沟

雨水口安装由提供
檐沟的专业公司安装

1 块瓦屋面檐沟大样 1:20

专用封檐瓦

1:1:4水泥石灰砂浆加1.5%

屋脊 5
详西南04J201-2/11

坡屋面作法详总说明

玻璃钢成品檐沟

根据实际尺寸定义

滴水线详 B/16

雨水口安装由提供
檐沟的专业公司安装

2 块瓦屋面檐沟大样 1:20

出图记录
版本 日期 设计

注册执业栏
姓名:
注册证书号码:
注册印章号码:
设计号:
工程名称:
××统建安置小区
子项名称:
二期-6#楼
建设单位:
××县人民政府××街道办事处
图名:
屋顶平面图
屋面节点大样

单位 mm 图别 建施
比例 图号 10/18
日期 ×年×月 版本 A

专业负责人
设计总负责人
审核
审定
制图
设计
校对

××建筑设计公司

工程设计资质证书编号:

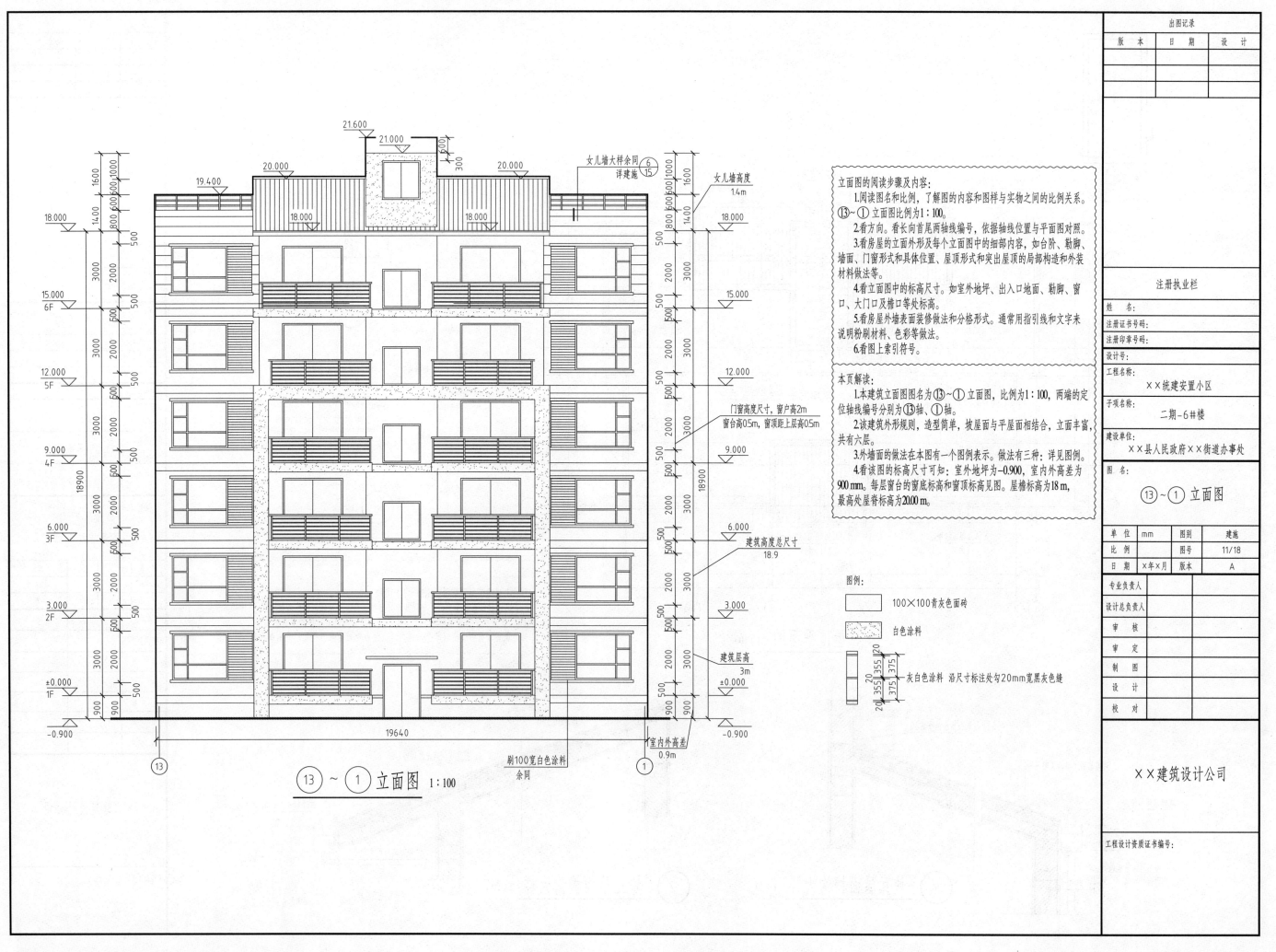

立面图的阅读步骤及内容:
1.阅读图名和比例,了解图的内容和图样与实物之间的比例关系。⑬~①立面图比例为1:100。
2.看方向。看长向首尾两轴线编号,依据轴线位置与平面图对照。
3.看房屋的立面外形及每个立面图中的细部内容,如台阶、勒脚、墙面、门窗形式和具体位置、屋顶形式和突出屋顶的局部构造和外装饰材料做法等。
4.看立面图中的标高尺寸。如室外地坪、出入口地面、勒脚、窗口、大门口及檐口等处标高。
5.看房屋外墙表面装修做法和分格形式。通常用指引线和文字来说明粉刷材料、色彩等做法。
6.看图上索引符号。

本页解读:
1.本建筑立面图图名为⑬~①立面图,比例为1:100,两端的定位轴线编号分别为⑬轴、①轴。
2.该建筑外形规则,造型简单,坡屋面与平屋面相结合,立面丰富,共有六层。
3.外墙面的做法在本图有一个图例表示。做法有三种,详见图例。
4.看读图的标高尺寸可知:室外地坪为−0.900,室内外高差为900 mm。每层窗台的窗底标高和窗顶标高见图。屋檐标高为18 m,最高处屋脊标高为20.00 m。

女儿墙大样余同
详建施 ⑥/15

女儿墙高度
1.4m

门窗高度尺寸,窗户高2m
窗台高0.5m,窗顶距上层高0.5m

建筑高度总尺寸
18.9

建筑层高
3m

建筑高度总尺寸
18.9

图例:
- 100×100青灰色面砖
- 白色涂料
- 灰白色涂料 沿尺寸标注处勾20mm宽黑灰色缝

刷100宽白色涂料
余同

室内外高差
0.9m

⑬ ~ ① 立面图 1:100

出图记录

版本	日期	设计

注册执业栏

姓　名:
注册证书号码:
注册印章号码:
设计号:
工程名称: ××统建安置小区
子项名称: 二期−6#楼
建设单位: ××县人民政府××街道办事处

图名:
⑬~① 立面图

单位	mm	图别	建施
比例		图号	11/18
日期	×年×月	版本	A

专业负责人	
设计总负责人	
审核	
审定	
制图	
设计	
校对	

××建筑设计公司

工程设计资质证书编号:

36

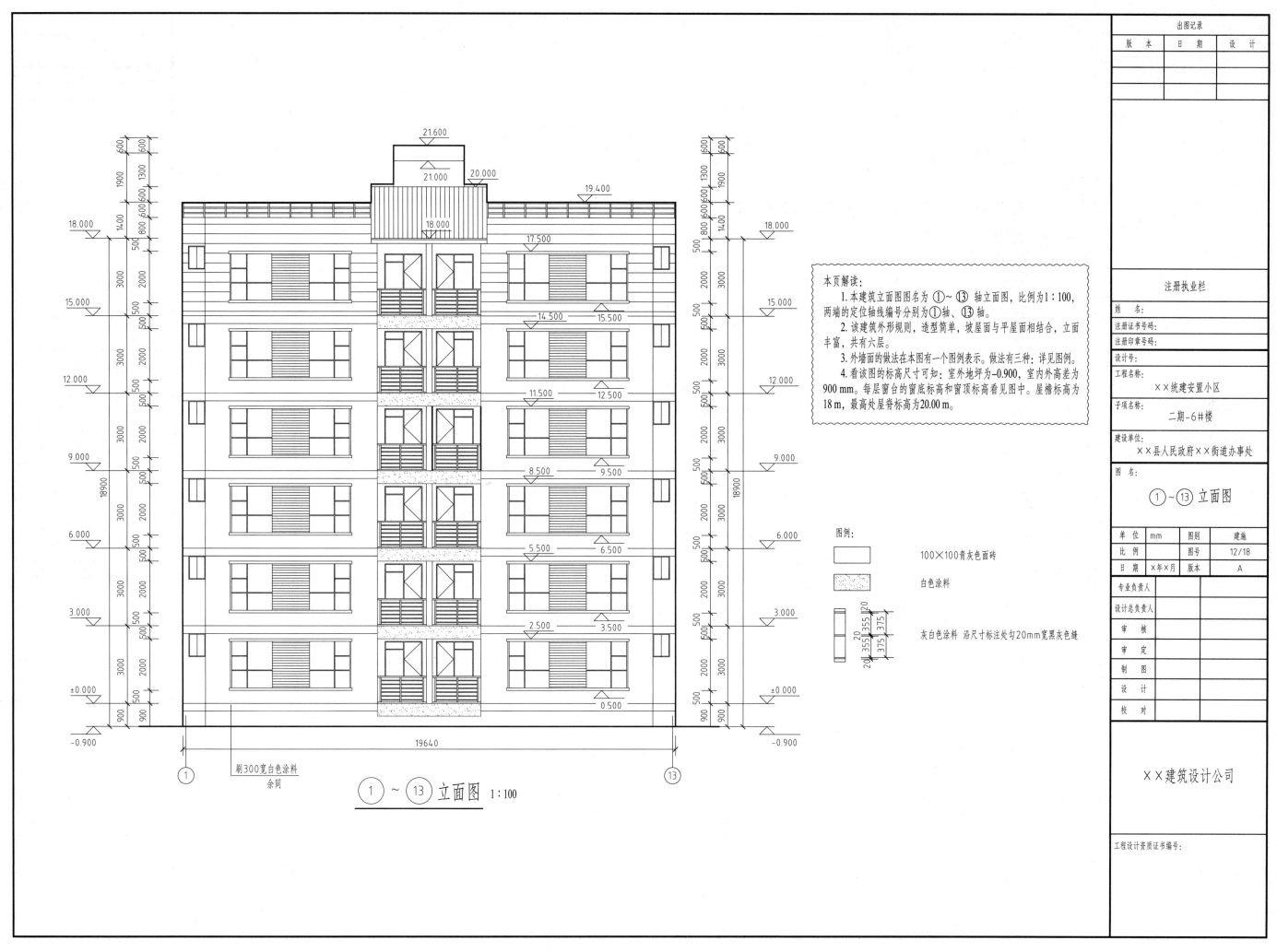

本页解读：
1. 本建筑立面图图名为 ①～⑬ 轴立面图，比例为1∶100，两端的定位轴线编号分别为①轴、⑬轴。
2. 该建筑外形规则，造型简单，坡屋面与平屋面相结合，立面丰富，共有六层。
3. 外墙面的做法在本图有一个图例表示。做法有三种；详见图例。
4. 看该图的标高尺寸可知：室外地坪为-0.900，室内外高差为900 mm。每层窗台的窗底标高和窗顶标高看见图中。屋檐标高为18 m，最高处屋脊标高为20.00 m。

图例：

100×100青灰色面砖

白色涂料

灰白色涂料 沿尺寸标注处勾20mm宽黑灰色缝

刷300宽白色涂料
余同

①～⑬ 立面图 1∶100

出图记录

版 本	日 期	设 计

注册执业栏

姓 名：
注册证书号码：
注册印章号码：
设计号：
工程名称：××统建安置小区
子项名称：二期-6#楼
建设单位：××县人民政府××街道办事处
图 名：

①～⑬ 立面图

单 位	mm	图 别	建施
比 例		图 号	12/18
日 期	×年×月	版本	A

专业负责人	
设计总负责人	
审 核	
审 定	
制 图	
设 计	
校 对	

××建筑设计公司

工程设计资质证书编号：

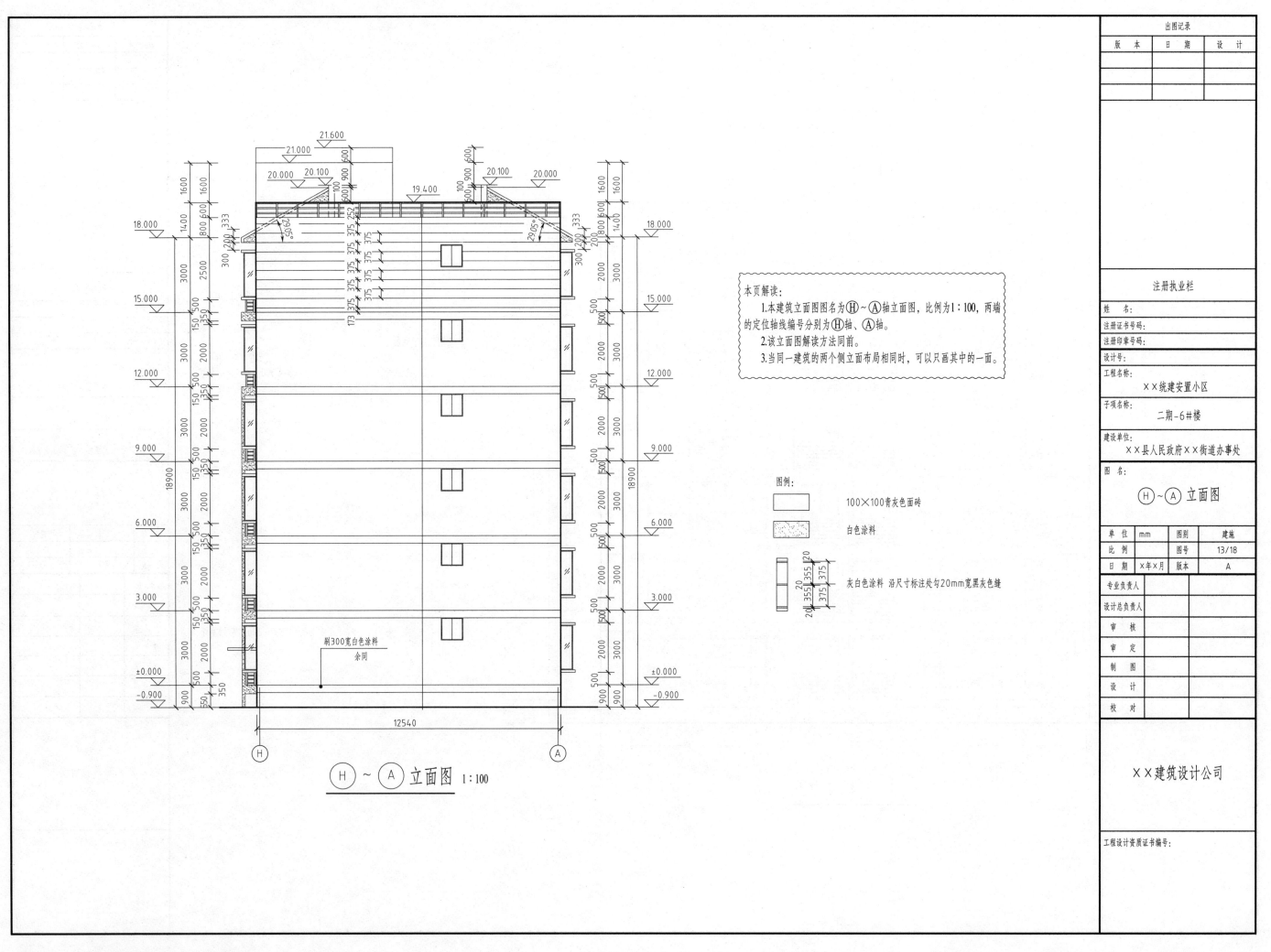

本页解读：
　1.本建筑立面图图名为Ⓗ～Ⓐ轴立面图，比例为1：100，两端的定位轴线编号分别为Ⓗ轴、Ⓐ轴。
　2.该立面图解读方法同前。
　3.当同一建筑的两个侧立面布局相同时，可以只画其中的一面。

图例：

| | 100×100青灰色面砖 |

白色涂料

灰白色涂料 沿尺寸标注处勾20mm宽黑灰色缝

Ⓗ～Ⓐ 立面图 1:100

刷300宽白色涂料
余同

出图记录

版 本	日 期	设 计

注册执业栏

姓　名：
注册证书号码：
注册印章号码：
设计号：
工程名称：ＸＸ统建安置小区
子项名称：二期-6#楼
建设单位：ＸＸ县人民政府ＸＸ街道办事处

图名：
Ⓗ～Ⓐ 立面图

单 位	mm	图 别	建施
比 例		图 号	13/18
日 期	Ｘ年Ｘ月	版 本	A

专业负责人	
设计总负责人	
审 核	
审 定	
制 图	
设 计	
校 对	

ＸＸ建筑设计公司

工程设计资质证书编号：

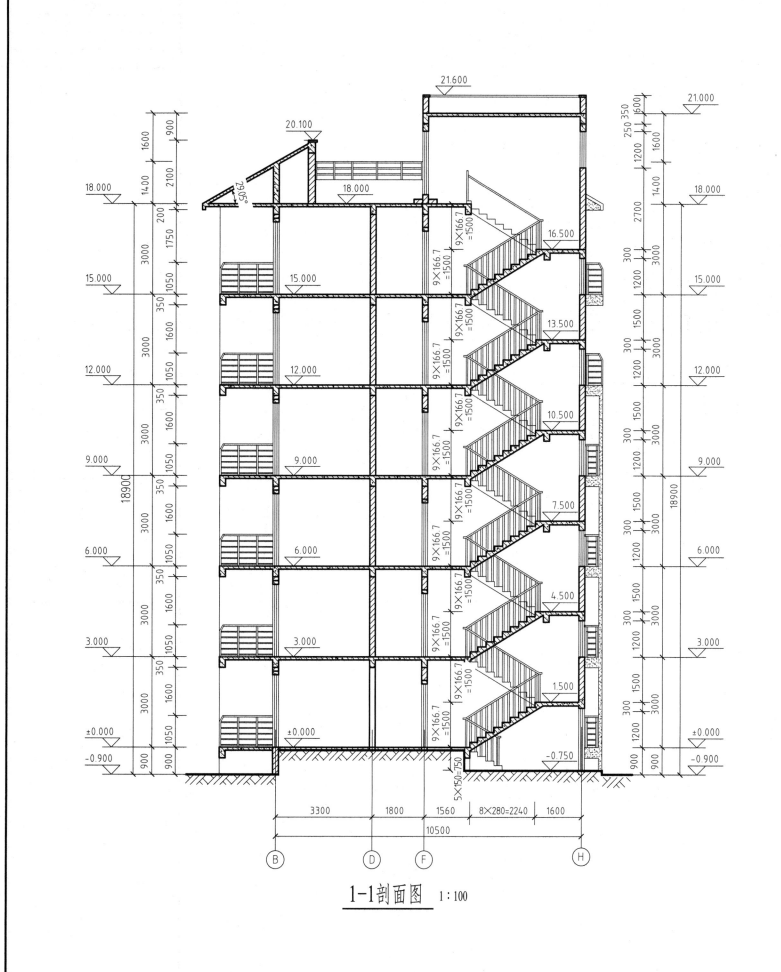

建筑剖面图的识读

1. 本页是1—1剖面图，比例为1：100，具体剖切到得位置见本套图的底层平面图。

2. 图的左右两边为楼层标高：可知层高是3 m，室内外高差为0.9 m。

3. 第一道尺寸线为：建筑的总高度18.9 m；
   第二道尺寸线为：楼层间的高度3 m；
   第三道尺寸线为：细部尺寸。

4. ⒡到Ⓗ轴线之间为楼梯间的剖切。由尺寸标注可知：楼梯踏步的高度为166.7 mm，宽度为280 mm，每层踏步数为16个。室内外高差的900 mm处：踏步的高度为150 mm，宽度为280 mm，踏步数位6个。

5. Ⓑ轴线左边最上面剖屋顶的坡度是29.05°。

1—1剖面图 1：100

出图记录

版 本	日 期	设 计

注册执业栏

姓 名：	
注册证书号码：	
注册印章号码：	
设计号：	
工程名称：	××统建安置小区
子项名称：	二期-6#楼
建设单位：	××县人民政府××街道办事处

图 名：

1—1剖面图

单 位	mm	图 别	建施
比 例		图 号	14/18
日 期	×年×月	版本	A

专业负责人	
设计总负责人	
审 核	
审 定	
制 图	
设 计	
校 对	

××建筑设计公司

工程设计资质证书编号：

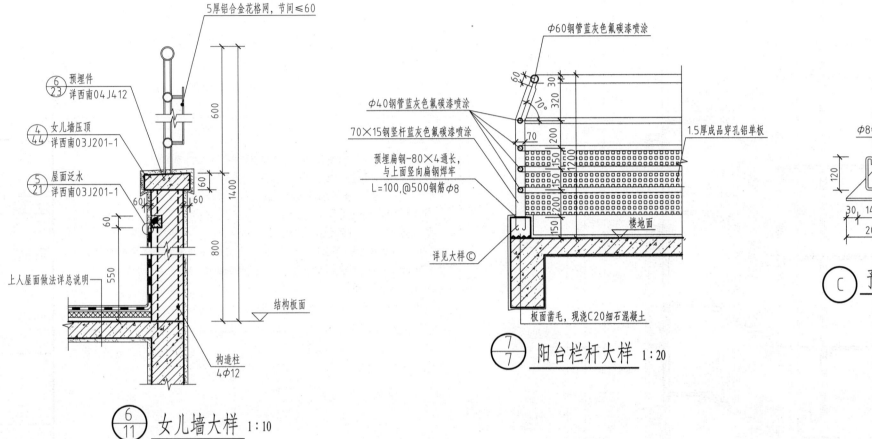

5厚铝合金花格网,节间≤60

Φ60钢管蓝灰色氟碳漆喷涂

⑥ 预埋件
23 详西南04J412

Φ40钢管蓝灰色氟碳漆喷涂

70×15钢竖杆蓝灰色氟碳漆喷涂

④ 女儿墙压顶
44 详西南03J201-1

⑤ 屋面泛水
21 详西南03J201-1

预埋扁钢-80×4通长,
与上面竖向扁钢焊牢
L=100,@500钢筋Φ8

上人屋面做法详总说明

结构板面

构造柱
4Φ12

1.5厚成品穿孔铝单板

楼地面

详见大样ⓒ

板面凿毛,现浇C20细石混凝土

⑥ 女儿墙大样 1:10
11

⑦ 阳台栏杆大样 1:20
7

Φ8钢筋

用T42焊条焊接
-200×200×6

ⓒ 预埋件 1:10

节点大样(详图)的内容和作用:
　　1.节点详图的内容
　　节点详图一般包括:外墙身详图、楼梯详图、门窗详图以及需要用大样表示做法的构造节点详图。
　　2.节点详图的作用:
　　当建筑物的某些细部及构配件的详细都无法在平、立、剖图上表示清楚的时候,就不能满足施工的要求。所以,需要扩大这些细部部位的绘图比例,对建筑物细部的形状、大小、材料和做法加以补充说明。

本页及下页解读:
　　1.本页包括了两个墙身节点大样。下页包括女儿墙节点大样和阳台栏杆大样。比例分别为1:50,1:20,1:10。
　　2.墙身节点大样的具体剖切位置详见本套图的各层平面图。墙身大样1主要反映了阳台下方空调外置器的放置位置和进出关系。墙身大样2主要反映两个阳台中间的空调外置器的放置位置和进出关系。
　　3.女儿墙大样和阳台栏杆大样主要反映了一些具体构造的做法。一般来说:如果这个构造做法可以在相应的图集当中选用,则看直接标注选用图集的名称及页数。采用图集当中没有的大样时,需要详细画出构造的做法。

出图记录

版本	日期	设计

注册执业栏

姓　名:
注册证书号码:
注册印章号码:
设计号:
工程名称:
　　××统建安置小区
子项名称:
　　二期-6#楼
建设单位:
　　××县人民政府××街道办事处
图　名:

节点大样

单　位	mm	图别	建施
比　例		图号	15/18
日　期	×年×月	版本	A

专业负责人	
设计总负责人	
审　核	
审　定	
制　图	
设　计	
校　对	

××建筑设计公司

工程设计资质证书编号:

40

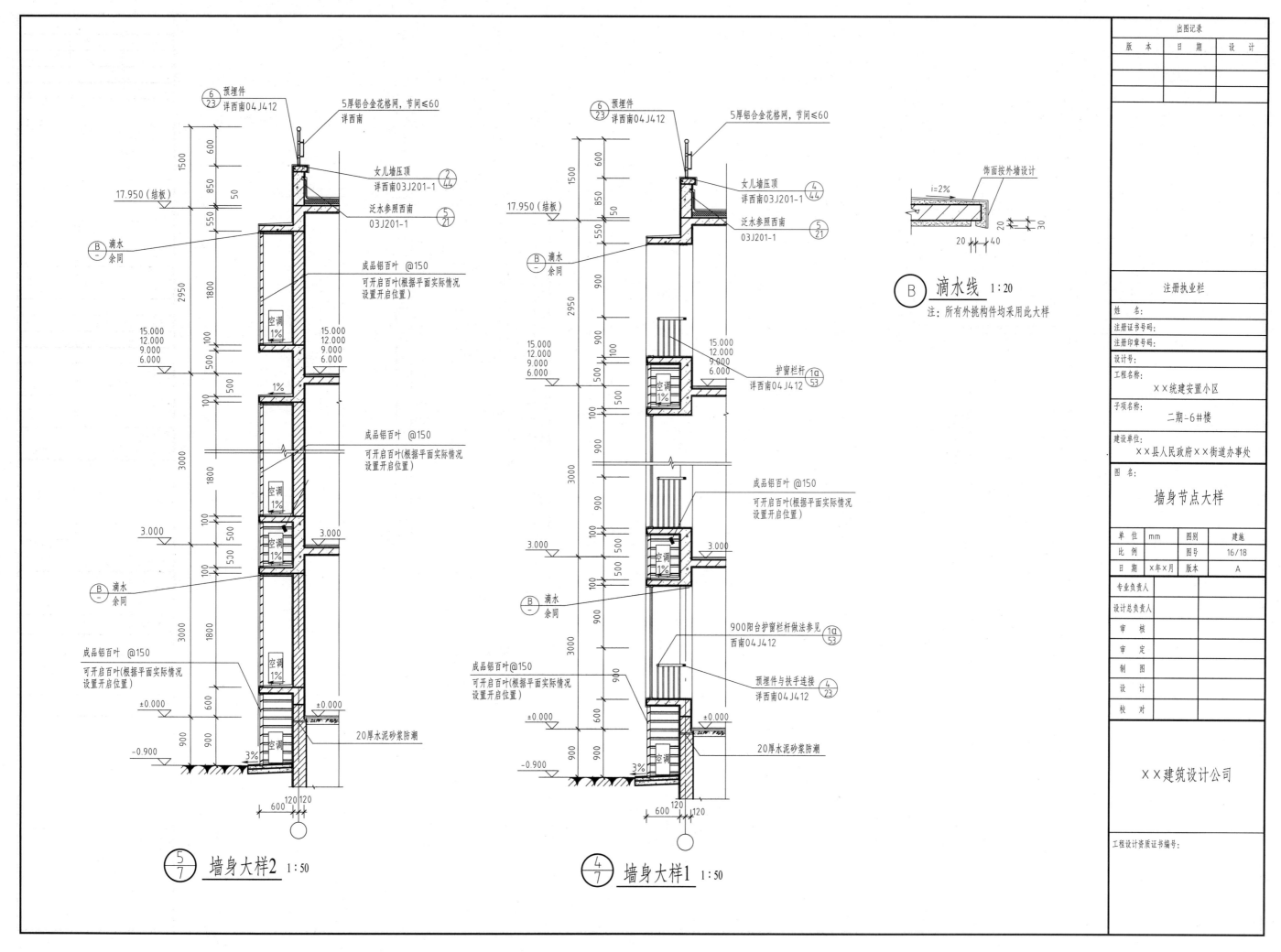

预埋件
⑥/23 详西南04J412

5厚铝合金花格网，节间≤60
详西南

17.950（结板）

女儿墙压顶
②/44 详西南03J201-1

泛水参照西南
⑤/21 03J201-1

B —
滴水
余同

成品铝百叶 @150
可开启百叶(根据平面实际情况
设置开启位置)

1500 600
850 50
550
2950 1800

15.000
12.000
9.000
6.000

15.000
12.000
9.000
6.000

500 100

空调
1%

1%

成品铝百叶 @150
可开启百叶(根据平面实际情况
设置开启位置)

3000 1800

空调
1%

100

B —
滴水
余同

500

100

成品铝百叶 @150
可开启百叶(根据平面实际情况
设置开启位置)

3000 1800

空调
1%

±0.000

±0.000

900 900 600

-0.900

空调

20厚水泥砂浆防潮

3%

600 120 120

⑤/7 墙身大样2 1:50

预埋件
⑥/23 详西南04J412

5厚铝合金花格网，节间≤60

17.950（结板）

女儿墙压顶
④/44 详西南03J201-1

泛水参照西南
⑤/21 03J201-1

B —
滴水
余同

1500 600
850 50
550
2950 900

护窗栏杆
①/53 详西南04J412

15.000
12.000
9.000
6.000

15.000
12.000
9.000
6.000

900 500

空调
1%

100

成品铝百叶 @150
可开启百叶(根据平面实际情况
设置开启位置)

900

3000 900

500

空调
1%

100

B —
滴水
余同

900

3.000

3.000

500 100

空调
1%

3000 900

900

900 护窗栏杆做法参见
①/53 西南04J412

成品铝百叶 @150
可开启百叶(根据平面实际情况
设置开启位置)

预埋件与扶手连接
④/23 详西南04J412

±0.000

±0.000

900 900 600

-0.900

空调

20厚水泥砂浆防潮

3%

600 120 120

④/7 墙身大样1 1:50

饰面按外墙设计

i=2%

20 30

20 40

B 滴水线 1:20
注：所有外挑构件均采用此大样

出图记录

版 本	日 期	设 计

注册执业栏

姓　名：
注册证书号码：
注册印章号码：
设计号：
工程名称：
××统建安置小区
子项名称：
二期-6#楼
建设单位：
××县人民政府××街道办事处
图名：

墙身节点大样

单 位	mm	图别	建施
比 例		图号	16/18
日 期	×年×月	版本	A

专业负责人	
设计总负责人	
审 核	
审 定	
制 图	
设 计	
校 对	

××建筑设计公司

工程设计资质证书编号：

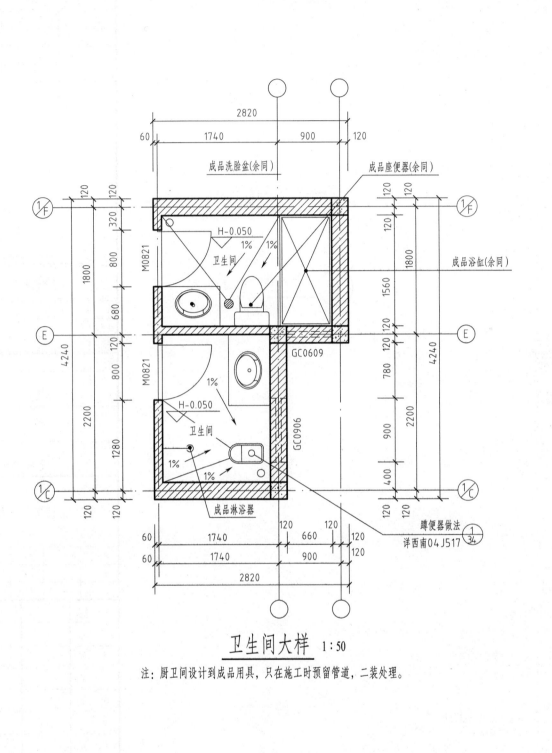

卫生间大样 1:50

注: 厨卫间设计到成品用具, 只在施工时预留管道, 二装处理。

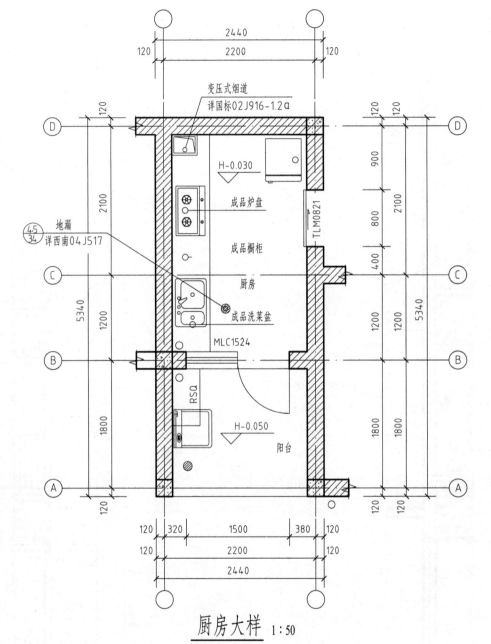

厨房大样 1:50

注: 厨卫间设计到得成品用具, 只在施工时预留管道, 二装处理。

本页及下页解读:
1. 本页包括了卫生间大样、厨房大样。下页包括门窗大样, 比例为1:50。
2. 每个门窗大样下方都有门窗的名称和比例。比如: M0921, 比例为1:50。其中, M表示门, 09表示这个门的高度为900mm, 21表示这个门的宽度为2100mm。
再比如: C1521, 表示这个窗户的宽度是1500mm, 高度是2100mm。这是目前最常用的一种门窗编号的方法, 可以直观地在编号中看出门窗的宽度和高度。
3. 在1:50的门窗大样中表示出了门窗的具体细部尺寸, 为门窗厂生产、安装门窗提供依据。总的门窗表详见建施2/18。
4. 卫生间的厨房大样主要是为了表示地面的标高, 具体器具采用的图集和做法, 地面地漏的位置等。地面的排水坡度和走向见水施。

出图记录

版 本	日 期	设 计

注册执业栏

姓 名:
注册证书号码:
注册印章号码:
设计号:
工程名称: ××统建安置小区
子项名称: 二期-6#楼
建设单位: ××县人民政府××街道办事处

图名:
卫生间大样 厨房大样

单 位	mm	图别	建施
比 例		图号	17/18
日 期	×年×月	版本	A

专业负责人
设计总负责人
审 核
审 定
制 图
设 计
校 对

××建筑设计公司

工程设计资质证书编号:

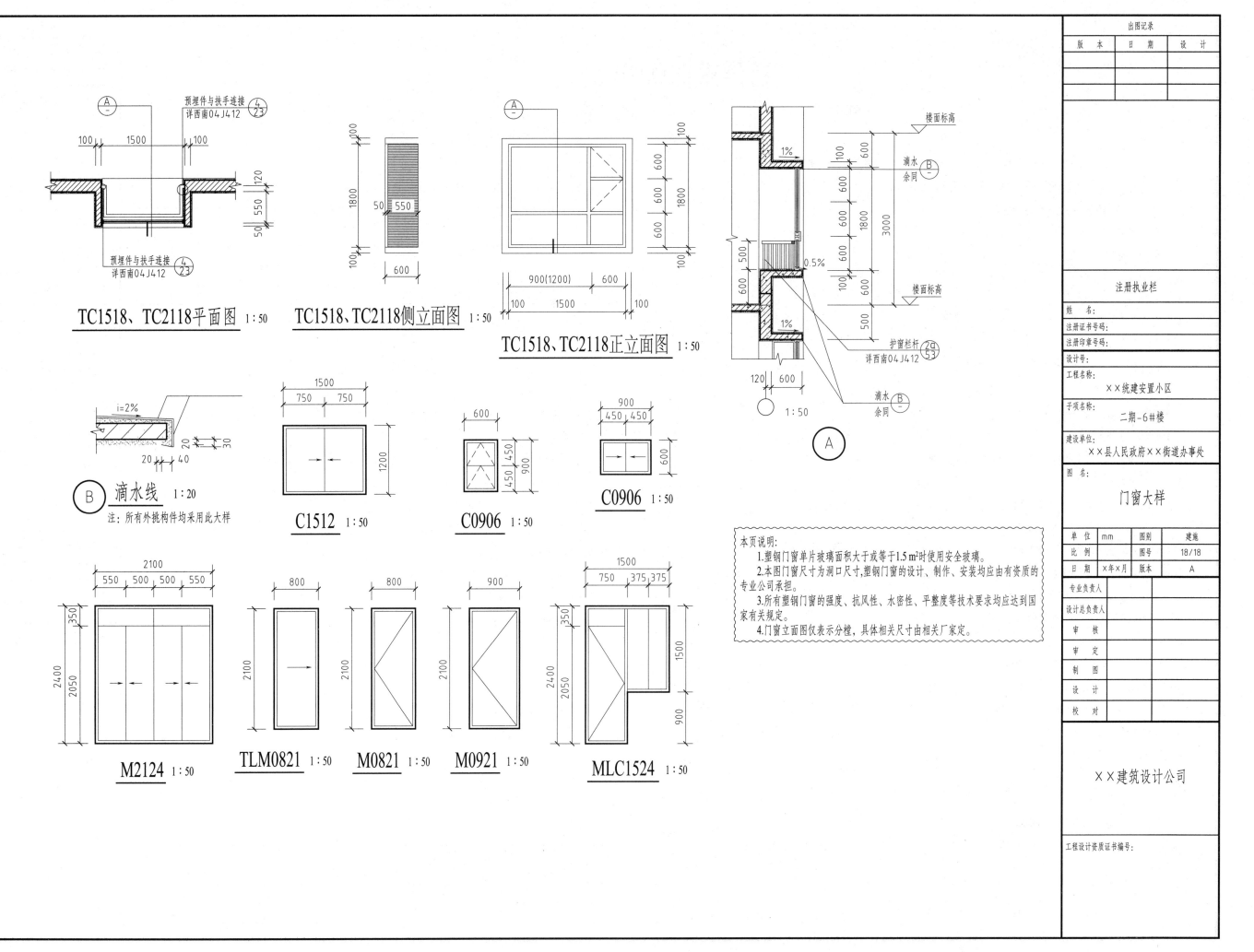

TC1518、TC2118平面图 1:50

TC1518、TC2118侧立面图 1:50

TC1518、TC2118正立面图 1:50

预埋件与扶手连接
详西南04J412

护窗栏杆
详西南04J412

楼面标高
滴水
余同

楼面标高
滴水
余同

B 滴水线 1:20
注：所有外挑构件均采用此大样

C1512 1:50

C0906 1:50

C0906 1:50

M2124 1:50

TLM0821 1:50

M0821 1:50

M0921 1:50

MLC1524 1:50

本页说明：
1.塑钢门窗单片玻璃面积大于或等于1.5 m²时使用安全玻璃。
2.本图门窗尺寸为洞口尺寸,塑钢门窗的设计、制作、安装均应由有资质的专业公司承担。
3.所有塑钢门窗的强度、抗风性、水密性、平整度等技术要求均应达到国家有关规定。
4.门窗立面图仅表示分樘,具体相关尺寸由相关厂家定。

出图记录

版 本	日 期	设 计

注册执业栏

姓　名：
注册证书号码：
注册印章号码：
设计号：
工程名称：
××统建安置小区
子项名称：
二期-6#楼
建设单位：
××县人民政府××街道办事处
图　名：

门窗大样

单 位	mm	图 别	建施
比 例		图 号	18/18
日 期	×年×月	版本	A

专业负责人
设计总负责人
审　核
审　定
制　图
设　计
校　对

××建筑设计公司

工程设计资质证书编号：

结构设计说明(一)

一、工程概述

1. 本工程为××街道办××统建安置小区6#楼。该建筑物层数为6层;结构总高为20.30 m;使用性质为住宅楼。

2. 本工程主体结构形式为砖混结构,地基采用复合地基,基础形式为条形基础。

二、建筑结构的安全等级、设计使用年限及抗震等级

1. 建筑结构安全等级:二级。

2. 结构设计安全使用年限:50年。

3. 建筑耐火等级:二级。

4. 地基基础设计等级:丙级。

5. 建筑抗震设防类别:丙类。

6. 砌体施工等级:B级。

三、自然条件

1. 基本风压:$w_0=0.30$ kN/m²

2. 基本雪压:$s=0.10$ kN/m²,地面粗糙度类别:B类。

3. 建筑场地类别:Ⅱ类。

4. 地震基本烈度:7度;抗震设防烈度:7度(0.10 g);设计地震分组:第一组。

5. 场地的工程地质及地下水条件:

(1) 本工程根据业主提供的××岩土工程勘察报告进行设计。

(2) 本工程地基土的工程地质特征详见地勘报告。

(3) 本工程地基地下水埋深为5.7~6.2 m。

(4) 地勘表明,地下水、地基土对混凝土及钢筋混凝土中的钢筋无腐蚀作用。

四、结构设计的±0.000绝对标高同建筑设计的±0.000绝对标高。

五、本工程结构设计遵循的标准规范及规程

1.《建筑结构可靠度设计统一标准》(GB 50068—2001)

2.《建筑抗震设防分类标准》(GB 50223—2004)

3.《建筑地基基础设计规范》(GB 50007—2002)

4.《建筑结构荷载规范》(GB 50009—2001)(2006年版)

5.《混凝土结构设计规范》(GB 50010—2002)

6.《建筑抗震设计规范》(GB 50011—2001)

7.《砌体结构设计规范》(GB 50003—2001)

8.《冷轧带肋钢筋混凝土结构技术规程》(JGJ 95—2003)

9.《建筑结构制图标准》(GB/T 50105—2001)

本工程按现行国家设计标准进行设计,施工时除应遵守本说明及各设计图纸说明外,尚应严格执行现行国家及工程所在地区的有关规范或规程。

六、设计计算程序

1. 结构整体分析计算:建筑结构平面计算机设计软件PKPM,版本2006年5月。

2. 基础计算:PKPM系列基础设计软件JCCAD。

七、使用和施工荷载限制

1. 本工程使用和施工荷载标准值(kN/m²)不得大于下表(恒载均不包含结构自重)

序号	功能房间	恒载标准值	活载标准值	序号	功能房间	恒载标准值	活载标准值
1	客、餐厅	1.70	2.5	5	阳台	1.70	2.5
2	卧室	1.50	2.0	6	楼梯间	1.50	2.0
3	厨房 主卫	1.70	2.5	7	非上人屋面	2.70	0.5
4	坐式卫生间	1.70	2.5	8	上人屋面	3.60	2.0

2. 楼梯、阳台、上人屋面栏杆应选用标准图中顶部能承受水平荷载为0.5 kN/m的栏杆。

八、地基、基础

1. 基础方案:本工程采用墙下条形基础,采用振冲碎石桩人工复合地基作为基础持力层。复合地基承载力特征值$f_{ak}>220$ kPa,压缩模量不小于13,地基承载力应通过检测确定。

2. 施工开挖基坑时应注意边坡稳定,定期观测基坑对周围道路市政设施和建筑物有无不利影响,非自然放坡开挖时基坑护壁应做专门设计。

3. 基坑开挖时严禁超挖相邻建筑物、构筑物基础,且应有可靠措施确保基坑边坡稳定安全。

4. 基础施工前应进行坑探、验槽,如发现土质与勘察报告不符时,须会同建设、勘察、设计、施工及监理各单位共同协商研究处理。验槽通过后,应立即进行下道工序,防止暴晒或雨水浸泡造成基土破坏。

5. 基坑回填土及位于设备基础、地面、散水、踏步等基础之下的回填土采用素土(或灰土)分层对称回填压实,每层厚度≤200mm,压实系数≥0.94。

6. 防潮层用1:2水泥砂浆掺5%水泥质量的防水剂,厚20mm。

7. 底层内隔墙、非承重墙(高度≤4 000 mm)可直接砌筑在混凝土地面上,做法见(图一)。

8. 除本说明外,尚应满足本工程勘察报告的其他要求。

9. 本工程应进行沉降观测,应按《建筑变形测量规程》(JGJ/T8—97)中的有关要求执行,且应由有相应资质的单位承担。

九、主要结构材料(详图中注明除外)

1. 钢筋及钢材:

(1) 钢筋采用HPB235级钢筋Φ、HRB335级钢筋Φ、HRB400级钢筋Φ、冷轧带肋钢筋CRB550Φ^R。

(2) 钢板、型钢采用Q235B级钢。

(3) 预埋钢板采用Q235B级钢。

(4) 结构用钢材应具有抗拉强度、屈服强度、伸长率和硫、磷含量的合格保证;对焊接结构用钢材,尚应具有碳含量、冷弯试验的合格保证。

2. 混凝土强度等级:

序号	构件或部位	混凝土强度等级	序号	构件或部位	混凝土强度等级
1	素混凝土条基	C15	4	过梁	C25
2	现浇梁、现浇板	C25	5	其他未注现浇构件	C25
3	构造柱	C25			

出图记录

版本	日期	设计

注册执业栏

姓　名:
注册证书号码:
注册印章号码:
设计号:
工程名称:××统建安置小区
子项名称:二期-6#楼
建设单位:××县人民政府××街道办事处
图名:

结构设计总说明一

单位	mm	图别	建施
比例		图号	1/8
日期	×年×月	版本	A

专业负责人
设计总负责人
审核
审定
制图
设计
校对

××建筑设计公司

工程设计资质证书编号:

44

3. 砌体(烧结页岩多孔砖):

砌体标高范围	砖强度等级	砂浆强度等级	砌体标高范围	砖强度等级	砂浆强度等级
2.970 以下	MU15	M10	零星砌体	MU10	M5
2.970 至 8.970	MU10	M7.5			
8.970 以上	MU10	M5			

备注:防潮层以下为水泥砂浆,防潮层以上为混合砂浆,标高±0.000 以下采用实心砖。

4. 所有结构材料的强度标准值应具有不低于 95% 的保证率。

5. 混凝土结构环境类别及耐久性的基本要求:

(1) 混凝土结构环境类别:±0.00 以下为二(a)类;±0.00 以上为一类。

(2) 混凝土结构耐久性的基本要求见下表:

一类、二类、三类环境中,使用年限为 50 年的结构混凝土耐久性的基本要求

环境类别		最大水灰比	最小水泥用量 / (kg/m²)	最大氯离子含量 /%	最大碱含量 / (kg/m²)
一		0.65	225	1.0	不限制
二	a	0.60	250	0.3	3.0
	b	0.55	275	0.2	3.0
三		0.50	300	0.1	3.0

6. 焊条:HPB235 级钢筋采用 E43XX 型,HRB335 级钢筋采用 E50XX 型,钢筋与型钢焊接随钢筋定焊条。

7. 油漆:所有外露的钢铁件表面(包括仅有装修面层包覆的钢表面)均应除锈后涂防腐漆、面漆两道,并经常注意维护。

8. 屋面找坡层:填充材料见建筑做法,容重 ≤ 14 kN/m³。

9. 结构构件的耐火极限

序号	部位或构件	耐火极限 /h	序号	部位或构件	耐火极限 /h
1	墙	2.50	4	现浇板	1.00
2	柱	2.50	5		
3	梁	1.50			

十、结构的构造要求

1. 受力筋保护层厚度见下表(单位:mm):

环境类别		墙、板、壳			梁			柱		
		≤ C20	C25 ~ C45	≥ C50	≤ C20	C25 ~ C45	≥ C50	≤ C20	C25 ~ C45	≥ C50
一		20	15	15	30	25	25	30	30	30
二	a	—	20	20	—	30	30	—	30	30
	b	—	20	20	—	35	30	—	35	30
三		—	30	25	—	40	35	—	40	35

基础受力筋保护层厚度为 40。

附注:(1) 板、墙中分布钢筋的保护层厚度为表中相应数值减 10mm,且不应小于 10mm。

(2) 梁、柱中箍筋的保护层厚度不应小于 15mm。

(3) 梁板中预埋管的保护层厚度 ≥ 40mm。

(4) 各构件中应采用不低于构件强度等级的素混凝土垫块来控制钢筋的保护层厚度。

2. 纵向受拉钢筋最小锚固及搭接长度

钢筋种类		受拉钢筋的最小锚固长度 l_a									
		C20		C25		C30		C35		≥ C40	
		$d ≤ 25$	$d>25$	$d ≤ 25$	$d>25$	$d ≤ 25$	$d>25$	$d ≤ 25$	$d>25$	$d ≤ 25$	$d>25$
HPB235	普通钢筋	31d	31d	27d	27d	24d	24d	22d	22d	20d	20d
HRB335	普通钢筋	39d	42d	34d	37d	30d	33d	27d	30d	25d	27d
	环氧树脂涂层钢筋	48d	53d	42d	46d	37d	44d	34d	37d	31d	34d
冷扎带肋钢筋	普通钢筋	46d	51d	40d	44d	36d	39d	33d	36d	30d	33d
HRB400	环氧树脂涂层钢筋	58d	63d	50d	55d	45d	49d	41d	45d	37d	41d

注:(1) 当弯锚时,有些部位的最小锚固长度为 ≥ 0.4l_a+15d,见各类构件的标准构造详图。

(2) 当钢筋在混凝土施工过程中易受扰动(如滑模施工)时,其锚固长度应乘以修正系数 1.1。

(3) 在任何情况下,锚固长度不得小于 250mm。

(4) HPB235 级钢筋为受拉时,其末端应做成 180° 钩,弯钩平直段长度不应小于 3d,当为受压时,可不做弯钩。

(5) 纵向受拉钢筋的抗震锚固长度 l_{aE},三级抗震等级时 l_{aE}=1.05l_a。

纵向受拉钢筋绑扎搭接长度 l_{LE}, l_l		1. 当不同直径的钢筋搭接时,l_{LE} 与 l_l 值按较小的直径计算。
抗震	非抗震	2. 在任何情况下 l_L 不得小于 300mm。
l_{LE}= ζ l_{aE}	l_L= ζ l_a	3. 式中 ζ 为搭接长度修正系数(见下表)

纵向受拉钢筋搭接接头面积百分率 /%	≤ 25	50	100
纵向受拉钢筋搭接长度修正系数 ζ	1.2	1.4	1.6

出图记录

版 本	日 期	设 计

注册执业栏

姓 名:
注册证书号码:
注册印章号码:
设计号:
工程名称: ××统建安置小区
子项名称: 二期-6#楼
建设单位: ××县人民政府××街道办事处
图 名:

结构设计总说明一

单 位	mm	图别	结施
比 例		图号	1/8
日 期	×年×月	版本	A

专业负责人
设计总负责人
审 核
审 定
制 图
设 计
校 对

××建筑设计公司

工程设计资质证书编号:

结构设计说明(二)

3. 钢筋接头应优先选用机械连接, 也可选用绑扎搭接或焊接, 受力钢筋接头应在受力较小处, 接头的类型及质量应符合《混凝土结构工程施工质量验收规范》(GB 50204—2002)及《钢筋机械连接通用技术规程》《钢筋焊接及验收规程》的有关规定。

4. 砖混结构的抗震构造按抗震构造用表选用标准图西南03G601相应节点并参照03G329-3施工。

5. 混凝土梁、过梁的构造要求:

(1) 现浇梁内严禁竖向穿水电管道, 水平垂直梁侧面穿管或预埋件须经设计许可, 并严格按设计图纸要求设置, 按图六施工且加设钢套管。

(2) 图中用剖面表示的梁其支座构造如图九所示, 当边支座为构造柱时, 梁钢筋应锚入构造柱并满足锚固长度。

(3) 主次梁相交处在主梁上的附加箍筋按图三施工, 附加箍筋肢数同主梁箍筋。

(4) 洞口小于800mm且未设过梁的做钢筋砖过梁, 配3φ18。

(5) 门窗过梁与其他构件相碰时, 过梁现浇(上部修改同下部钢筋), 过梁的标志长度按洞口实际宽度修改。

(6) 后砌隔墙的洞口过梁采用所选图集中相应洞口宽度的零级过梁, 梁宽同墙厚。

6. 楼板及屋面板的构造要求:

(1) 楼板顶面结构标高比同层建筑标高低30 mm。

(2) 图中现浇板底钢筋的布置为短向筋在下, 长向筋在上。

(3) 图中现浇板分布钢筋为φ6.5@250。

(4) 图中φ6的钢筋表示直径为φ6.5的钢筋。

(5) 现浇板钢筋在梁内的锚固及板面钢筋边支座锚固长度按图二进行。

(6) 现浇楼板的各工种预留洞口见各工种施工图, 板开孔宽度直径小于300 mm时板钢筋弯绕洞口; 板开孔宽度(直径)在300~800 mm时板附加筋见图五。

(7) 厨卫间在周边浇120 mm高素混凝土反口, 反口宽120 mm。

(8) 一层至屋面厨(卫)间现浇板排风道处构造如图四所示。

(9) 板内预埋管线时其预埋管道外径应<h/3 (h为板厚), 管道之间的净距离应大于80 mm, 铺设管线应放在板底钢筋之上和板上部负筋之下, 且管线的混凝土保护层应≥40 mm。当管线部无负筋时, 须在与预埋管道垂直的方向设置防裂筋网φ6@200, 且钢筋在管线两侧的伸出长度均不小于250, 设于板顶。

(10) 所有现浇板在240厚墙体支座处按图十三增设加强钢筋并应锚入构造柱内, 满足 l_a 或与相邻加强筋满足搭接长度。

(11) 外露的雨篷、挑檐、挑板、天沟应每隔10~15 m设一10 mm的缝, 钢筋不断, 缝用沥青麻丝塞填。

7. 砖墙内埋管的构造要求:

(1) 管径为40~100 mm的水电管线水平埋入墙内时采用图七构造。

(2) 水平暗埋直径<40 mm水管时预制同图十所示C20混凝土块, 双面水平暗埋按图十一预制, 当为两根水平管时, 用括号内尺寸。

(3) 管径为40~100 mm的水电管线竖直埋入墙内时采用图八构造, 且须先铺设管道后砌墙。

(4) 直径<40 mm水电管竖直埋入墙内时, 不多于3根按图八构造, 多于3根按图十二构造。

十一、施工、制作及其他

1. 必须严格按图纸及有关规范、规程施工。本结构施工图应与建筑、电气、给排水、通风、空调和动力等专业的施工图密切配合, 及时铺设各类管线及套管, 并核对留洞及预埋件位置是否准确。设备基础待设备到货经校对无误后方可施工。

2. 各楼层未特殊注明的墙要先砌墙后浇梁柱。

3. 施工期间应采取有效措施防止围护墙被风刮倒。

4. L>4 m的板, 要求支撑时起拱L/400 (L为板跨); L>4 m的梁, 要求支模时中起拱L/400 (L为梁跨); L>10 m的梁, 要求支撑时中起拱L/300 (L为梁跨); 悬挑长度L>2 m的挑梁, 要求支模时悬挑起拱L/200; 悬挑长度L>1.2 m的挑板, 要求

支模时悬挑起拱 L/200, 悬挑长度 L>4 m的挑梁, 要求支模时悬挑起拱 L/150。任何情况下起拱高度不小于20 mm。

5. 施工中各工种要密切配合, 各工种的预埋件和洞口见各工种施工图; 严禁在已施工完的结构构件上乱凿乱砸。

6. 柱与梁相交处(节点核心区)必须精心施工, 混凝土一定要振捣密实, 当顶部钢筋较密, 使用振捣器有困难时, 应用手工作仔细振捣。

7. 悬挑板必须待混凝土强度达到100%设计强度后, 方可拆除底模。

8. 钢筋、水泥除必须有出厂证明以外, 还须专门抽样检验, 质量合格方可使用, 并应做好试块的制作与试验及隐蔽工程的验收。

9. 雨季施工时, 须采取有效措施, 确保工程质量。

10. 若总说明中内容与详图中的内容不符或矛盾时, 以各详图为准。

11. 支撑钢筋的形式可用φ18钢筋制成几, 每平方米设置三个。

12. 凡下面有吊顶的混凝土板, 均须预留钢筋, 做法详见有关建施图。

13. 楼梯栏杆与混凝土梁板的连接及其预埋件, 详见有关建施图。

14. 本工程防雷部分应配合电气专业实施。凡作为防雷接地引下线用的主钢筋与避雷带和基础底板的主筋相连接时均应采用焊接接头, 以形成良好的电气回路。接地引下线位置及做法见电气施工图。

15. 未详事项依照国家现行的规范和规程执行。

16. 计量单位(除注明外):

(1) 长度: mm (毫米);

(2) 角度: ° (度);

(3) 标高: m (米);

(4) 强度: N/mm² (牛顿/平方毫米)

(5) 时间: h (小时)

17. 未交代的大样及建筑线条做法均见相关建筑图。施工时施工人员应对照建筑施工图相应节点施工, 凡在现浇构件上的建筑线条应同结构构件一次浇注。

18. 未经技术鉴定或设计许可, 不得改变结构的用途和使用环境。

19. 结构说明书的解释权在设计公司, 对本设计有疑问和不同建议者请与该工程专业负责人联系。

20. 本工程施工图必须通过施工图审查合格盖章后方可施工。

标准图集目录

序号	标准图集名称	图集号	序号	标准图集名称	图集号
1	建筑抗震构造详图(砖墙楼房)	03G329-3	3	钢筋混凝土过梁	川03G301
2	多层砖房抗震构造图集	西南03G601	4		

图纸目录

序号	图纸名称	编号
1	结构设计总说明一	1/8
2	结构设计总说明二 图纸目录	2/8
3	结构设计说明(三)	3/8
4	基础平面布置图	4/8
5	D型二~四层结构平面图	5/8
6	D型五、六层结构平面图	6/8
7	D型屋面层结构平面图/D型构架层结构平面图	7/8
8	D型楼梯详图	8/8

<table>
<tr><td colspan="3">出图记录</td></tr>
<tr><td>版 本</td><td>日 期</td><td>设 计</td></tr>
<tr><td></td><td></td><td></td></tr>
<tr><td></td><td></td><td></td></tr>
<tr><td></td><td></td><td></td></tr>
<tr><td></td><td></td><td></td></tr>
</table>

注册执业栏

姓 名:

注册证书号码:

注册印章号码:

设计号:

工程名称: ××统建安置小区

子项名称: 二期-6#楼

建设单位: ××县人民政府××街道办事处

图 名: 结构设计总说明二

单 位	mm	图 别	结施
比 例		图 号	2/8
日 期	×年×月	版 本	A

专业负责人

设计负责人

审 核

审 定

制 图

设 计

校 对

××建筑设计公司

工程设计资质证书编号:

46

结构设计说明（三）

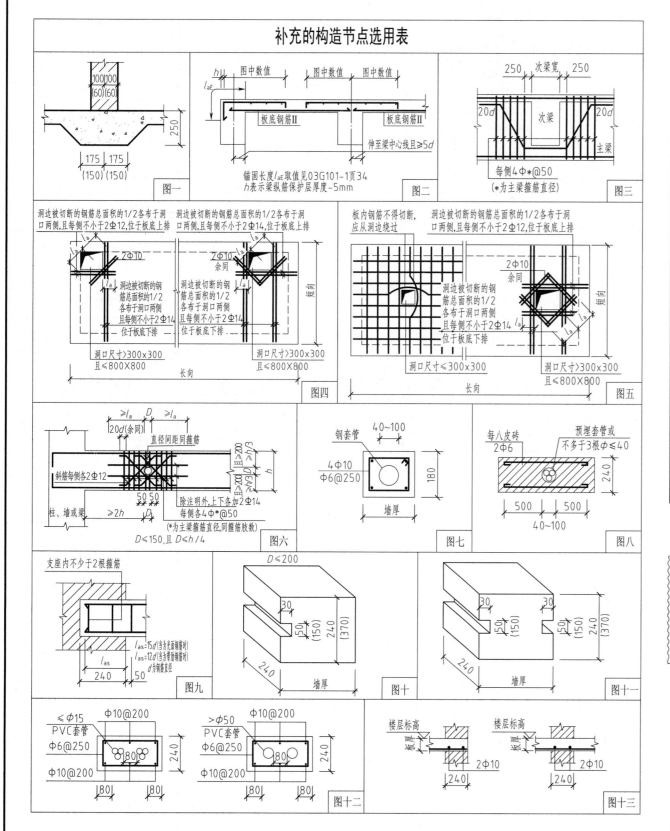

补充的构造节点选用表

图一: 100|100 (60)|(60) 250 175 175 (150)|(150)

图二: h/1 图中数值 图中数值 图中数值 板底钢筋II 板底钢筋II 伸至梁中心线且≥5d 锚固长度l_aE取值见03G101-1页34 h表示梁纵筋保护层厚度-5mm

图三: 250 次梁宽 250 20d 20d 次梁 每侧4Φ*@50 主梁 (*为主梁箍筋直径)

图四: 洞边被切断的钢筋总面积的1/2各布于洞口两侧,且每侧不小于2Φ12,位于板底上排 板内钢筋不得切断,应从洞边绕过 洞边被切断的钢筋总面积的1/2各布于洞口两侧,且每侧不小于2Φ14,位于板底上排 2Φ10 2Φ10 余同 洞边被切断的钢筋总面积的1/2各布于洞口两侧且每侧不小于2Φ14位于板底下排 洞口尺寸>300×300且≤800×800 长向

图五: 板内钢筋不得切断,应从洞边绕过 洞边被切断的钢筋总面积的1/2各布于洞口两侧,且每侧不小于2Φ12,位于板底上排 2Φ10 洞口尺寸>300×300 洞口尺寸>300×300且≤800×800 长向

图六: >l_a D >l_a 120d(余同) 直径间距同箍筋 50 50 除注明外,上下各加2Φ14 斜筋每侧各2Φ12 柱、墙或梁 ≥2h (*为主梁箍筋直径,同箍筋肢数) D≤150,且D≤h/4

图七: 钢套管 40~100 4Φ10 Φ6@250 墙厚

图八: 每八皮砖2Φ6 预埋套管或不多于3根Φ≤40 500 500 40~100 墙厚

图九: 支座内不少于2根箍筋 l_as=15d(当为光面钢筋时) l_as=12d(为带肋钢筋时) d为钢筋直径 240 50

图十: D≤200 240 (370) 墙厚

图十一: D≤200 240 (370) 墙厚

图十二: ≤Φ15 Φ10@200 PVC套管 Φ6@250 Φ10@200 >Φ50 Φ10@200 PVC套管 Φ6@250 Φ10@200 80 80 80 80 240 240

图十三: 楼层标高 楼层标高 2Φ10 2Φ10 240 240

抗震构造选用表

构造部位	详图结点	施工图选用节点	构造部位	详图结点	施工图选用节点
基础埋深不同时的处理	见17页		现浇板与墙体的连接	—/77	●
基础圈梁	13.5/17 14.6/17	●	板与圈梁,墙体的连接	78.79/80	●
<1000宽的窗间墙	17.3/20 4.5/20	●	>4800预制板与圈梁、墙体连接	—/81	
构造柱立面构造	—/22		<4800预制板与圈梁、墙体连接	—/83	
构造柱与地圈梁连接	23.24/— 44/—	●	4.8~12m梁与圈梁、墙体连接	84.85/—	●
构造柱与墙体连接	26.27/— 46.47/—	●	外廊横梁与圈梁、墙体连接	—/86	
构造柱与现浇梁连接	28.29/— 48.49/—	●	外廊挑梁与圈梁、墙体连接	85.77/87	●
构造柱与预制梁连接	30.31/— 50.51/—	●	天沟、挑檐与圈梁、墙体连接	—/89.90	●
构造柱与楼盖梁连接	33.34/— 35.36/— 15.16.17/37	●	女儿墙构造柱详图	91.93/—	●
构造柱与楼层圈梁连接	38.39/— 57.58/59	●	砖砌阳台栏板的连接	—/96	
构造柱与屋盖圈梁连接	38.39/— 60/59	●	砌块阳台栏板的连接	—/97	
构造柱在垫层上	5.6/— 42/—	●	外廊栏板的连接	—/98	
构造柱与上下圈梁连接	—/41		后砌砖墙连接	99.100/—	●
大洞口两侧构造柱	7/42	●	砌块隔墙连接	—/101	
大房间组合砖柱详图	—/71		石膏隔墙连接	—/102	
圈梁详图	74.75/—	●	聚苯乙烯夹芯板隔墙连接	—/103	
外墙角及内墙交接处配筋	—/18	●			

附注：施工过程中还存在二次选标准图结点的过程,其选用原则是依据本表选用的图集为建筑抗震构造详图(砖墙楼房)X03G329-3)
建筑和结构图所采用的材料、抗震烈度、部位和构件详图进行选用。

结构总说明解读：
1. 本页是对本套结构图的统一说明,用文字和图结合的方式对后面的结构图的详细做法加以概括式解释和说明。
2. 结构设计说明从工程概述、建筑结构的安全等级、设计使用年限及抗震等级、自然条件、标高、标准规范及规程、设计计算程序、使用和施工荷载限制、地基和基础、主要结构材料、结构的构造要求、施工、制作及其他等方面,对结构图加以解释和补充,简化了需要在图中表示的内容,使结构图的图面整洁清晰,更有利于施工方对图纸的学习。

出图记录
版本	日期	设计

注册执业栏
姓 名：
注册证书号码：
注册印章号码：

设计号：
工程名称：
××统建安置小区
子项名称：
二期-6#楼
建设单位：
××县人民政府××街道办事处

图 名：
结构设计总说明三

单位	mm	图别	结施
比例		图号	3/8
日期	×年×月	版本	A

专业负责人
设计总负责人
审 核
审 定
制 图
设 计
校 对

××建筑设计公司

工程设计资质证书编号：

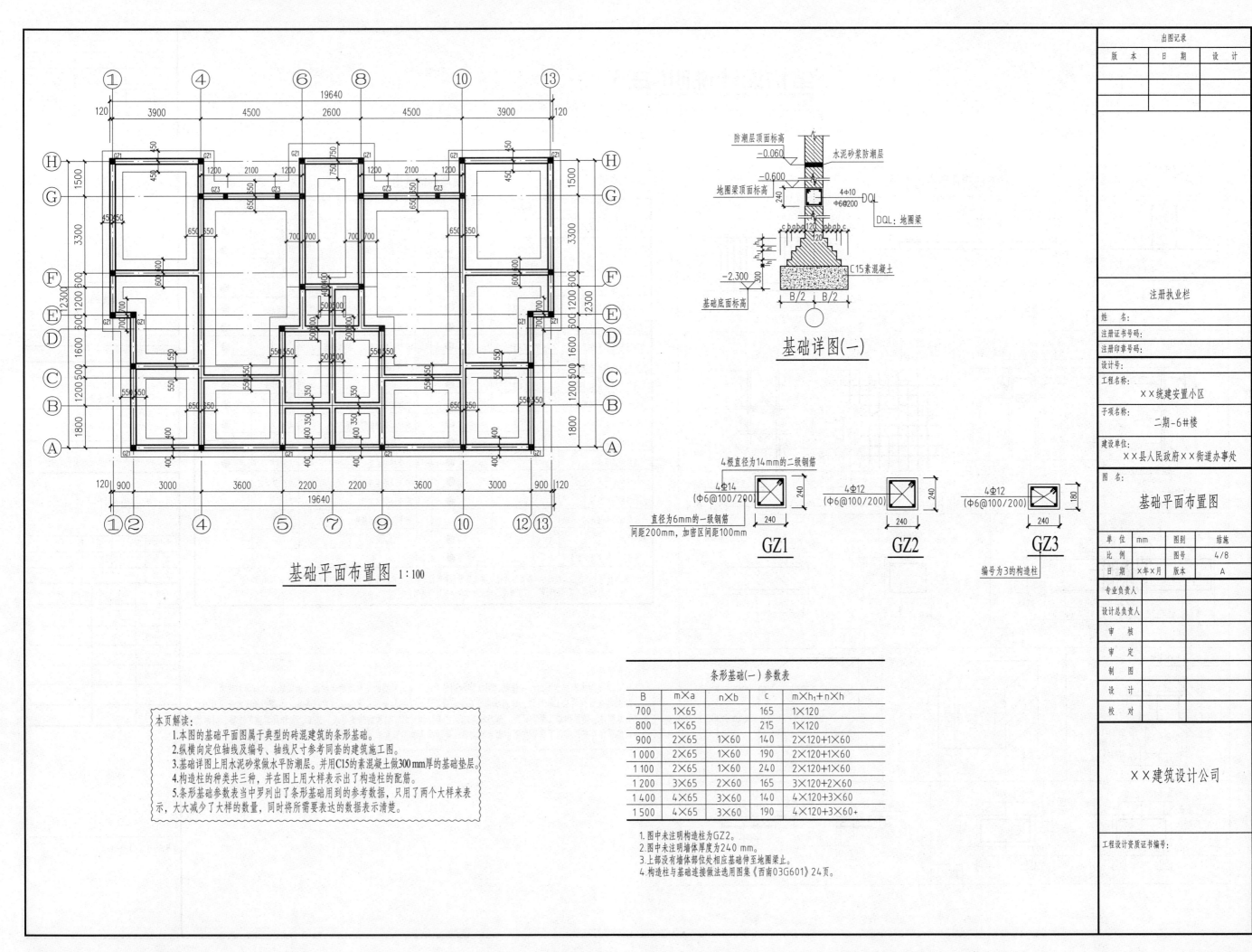

基础平面布置图 1:100

基础详图(一)

水泥砂浆防潮层

防潮层顶面标高 −0.060

地圈梁顶面标高 −0.600

4Φ10 DQL
Φ6@200 DQL:地圈梁

C15素混凝土

−2.300 基础底面标高

B/2 B/2

4根直径为14mm的二级钢筋

4Φ14
(Φ6@100/200)

240

240

直径为6mm的一级钢筋
间距200mm,加密区间距100mm

GZ1

4Φ12
(Φ6@100/200)

240

240

GZ2

4Φ12
(Φ6@100/200)

180

240

编号为3的构造柱

GZ3

条形基础(一)参数表

B	m×a	n×b	c	m×h₁+n×h
700	1×65		165	1×120
800	1×65		215	1×120
900	2×65	1×60	140	2×120+1×60
1 000	2×65	1×60	190	2×120+1×60
1 100	2×65	1×60	240	2×120+1×60
1 200	3×65	2×60	165	3×120+2×60
1 400	4×65	3×60	140	4×120+3×60
1 500	4×65	3×60	190	4×120+3×60+

1. 图中未注明构造柱为GZ2。
2. 图中未注明墙体厚度为240 mm。
3. 上部没有墙体部位处相应基础伸至地圈梁止。
4. 构造柱与基础连接做法选用图集《西南03G601》24页。

本页解读:
1.本图的基础平面图属于典型的砖混建筑的条形基础。
2.纵横向定位轴线及编号、轴线尺寸参考同套的建筑施工图。
3.基础详图上用水泥砂浆做水平防潮层。并用C15的素混凝土做300mm厚的基础垫层。
4.构造柱的种类共三种,并在图上用大样表示出了构造柱的配筋。
5.条形基础参数表当中罗列出了条形基础用到的参考数据,只用了两个大样来表示,大大减少了大样的数量,同时将所需要表达的数据表示清楚。

出图记录

版 本	日 期	设 计

注册执业栏

姓　名:	
注册证书号码:	
注册印章号码:	
设计号:	

工程名称:
××统建安置小区

子项名称:
二期-6#楼

建设单位:
××县人民政府××街道办事处

图　名:
基础平面布置图

单位	mm	图别	结施
比例		图号	4/8
日期	×年×月	版本	A

专业负责人	
设计总负责人	
审　核	
审　定	
制　图	
设　计	
校　对	

××建筑设计公司

工程设计资质证书编号:

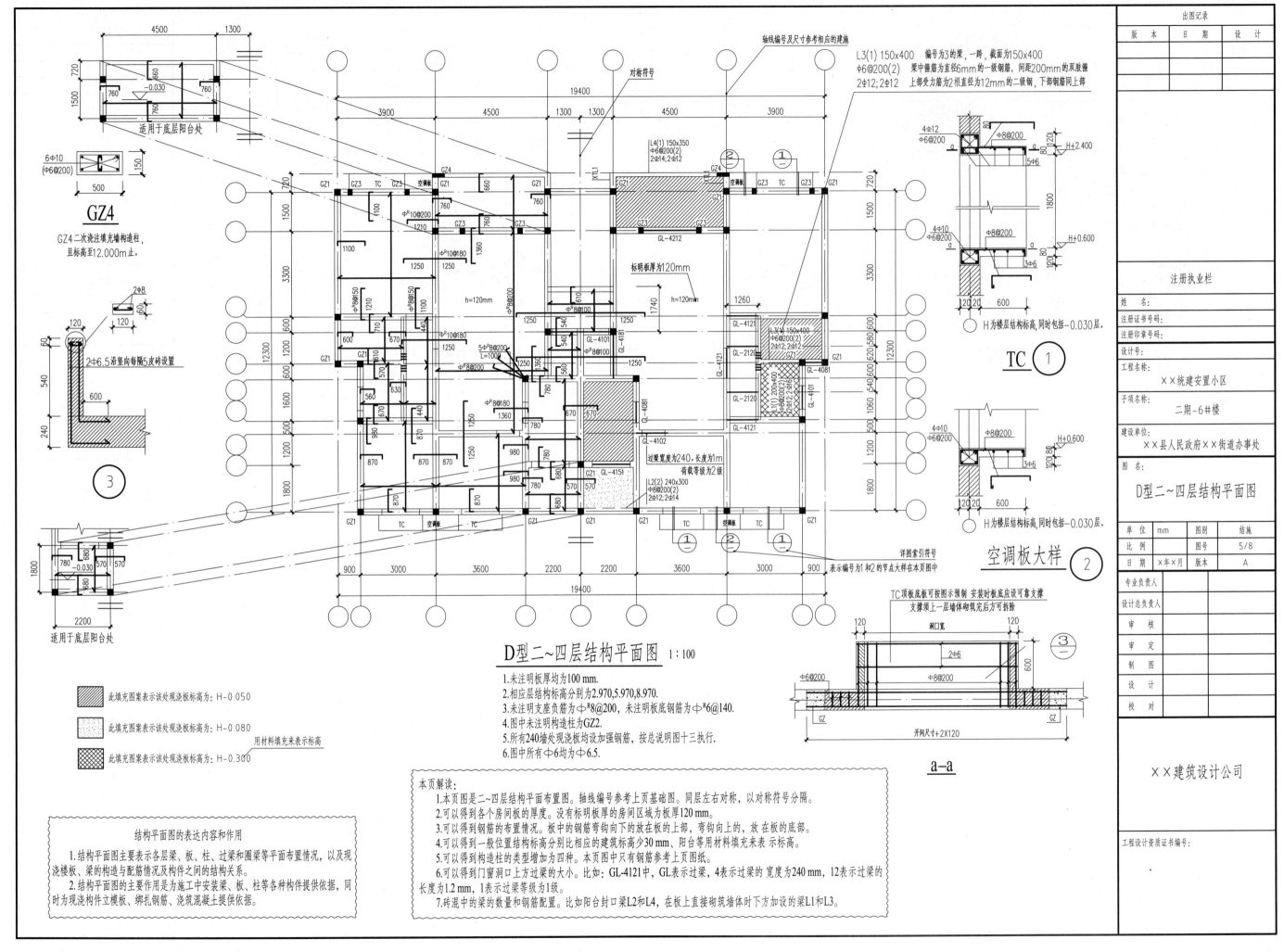

49

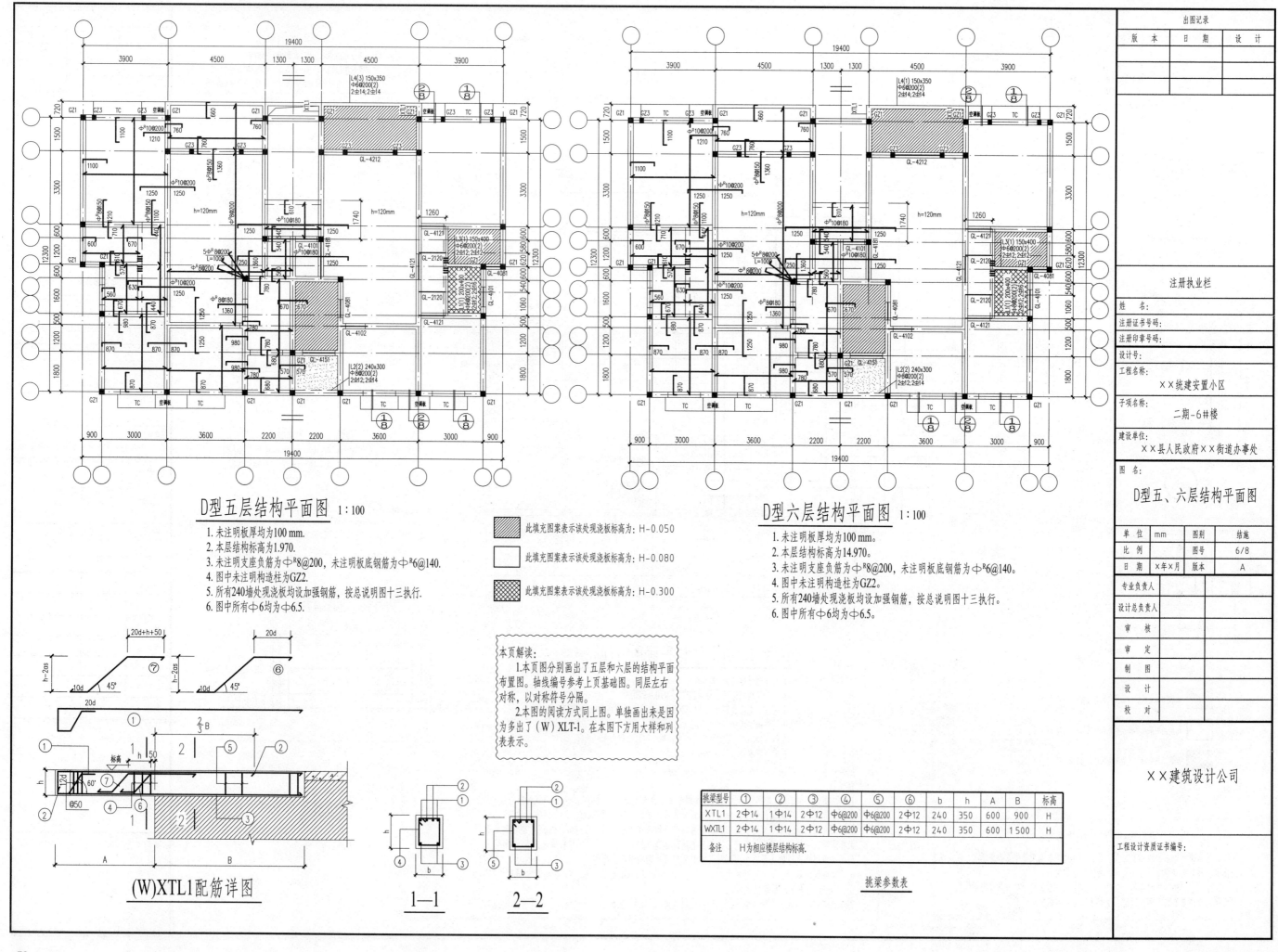

D型五层结构平面图 1:100

1. 未注明板厚均为100 mm.
2. 本层结构标高为1.970.
3. 未注明支座负筋为Φ R 8@200，未注明板底钢筋为Φ R 6@140.
4. 图中未注明构造柱为GZ2.
5. 所有240墙处现浇板均设加强钢筋，按总说明图十三执行.
6. 图中所有Φ6均为Φ6.5.

D型六层结构平面图 1:100

1. 未注明板厚均为100 mm。
2. 本层结构标高为14.970。
3. 未注明支座负筋为Φ R 8@200，未注明板底钢筋为Φ R 6@140。
4. 图中未注明构造柱为GZ2。
5. 所有240墙处现浇板均设加强钢筋，按总说明图十三执行。
6. 图中所有Φ6均为Φ6.5。

此填充图案表示该处现浇板标高为: H-0.050

此填充图案表示该处现浇板标高为: H-0.080

此填充图案表示该处现浇板标高为: H-0.300

本页解读:
1.本页图分别画出了五层和六层的结构平面布置图。轴线编号参考上页基础图。同层左右对称，以对称符号分隔。
2.本图的阅读方式同上图。单独画出来是因为多出了 (W) XLT-1。在本图下方用大样和列表表示。

(W)XTL1配筋详图

1-1   2-2

挑梁参数表

挑梁型号	①	②	③	④	⑤	⑥	b	h	A	B	标高
XTL1	2Φ14	1Φ14	2Φ12	Φ6@200	Φ6@200	2Φ12	240	350	600	900	H
WXTL1	2Φ14	1Φ14	2Φ12	Φ6@200	Φ6@200	2Φ12	240	350	600	1500	H
备注	H为相应楼层结构标高.										

出图记录

版 本	日 期	设 计

注册执业栏

姓 名:
注册证书号码:
注册印章号码:
设计号:
工程名称: ××统建安置小区
子项名称: 二期-6#楼
建设单位: ××县人民政府××街道办事处

图 名:
D型五、六层结构平面图

单 位	mm	图 别	结施
比 例		图 号	6/8
日 期	×年×月	版 本	A

专业负责人
设计总负责人
审 核
审 定
制 图
设 计
校 对

××建筑设计公司

工程设计资质证书编号:

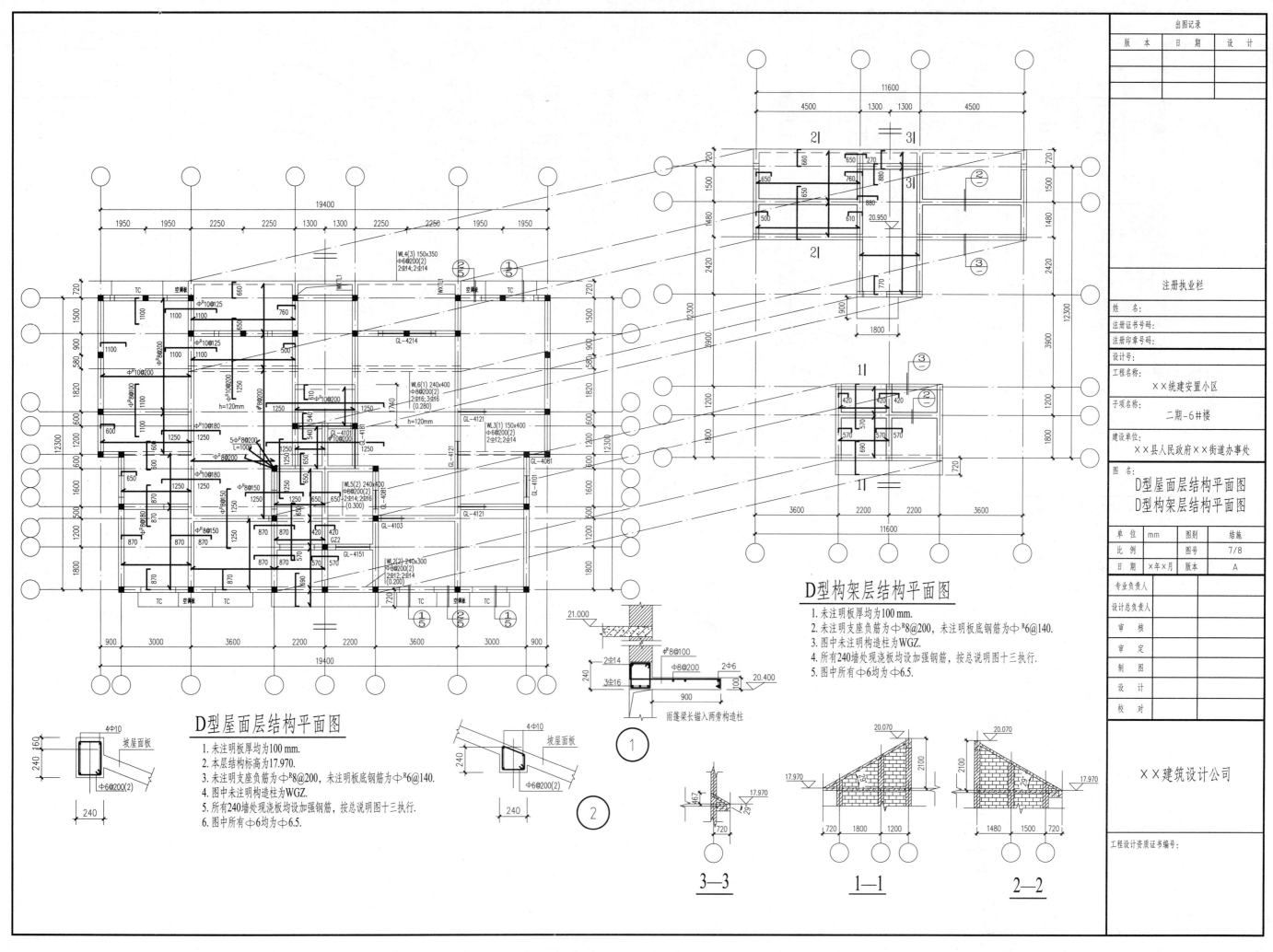

D型屋面层结构平面图
D型构架层结构平面图

D型构架层结构平面图
1. 未注明板厚均为100 mm.
2. 未注明支座负筋为Φ^R8@200，未注明板底钢筋为Φ^R6@140.
3. 图中未注明构造柱为WGZ.
4. 所有240墙处现浇板均设加强钢筋，按总说明图十三执行.
5. 图中所有Φ6均为Φ6.5.

D型屋面层结构平面图
1. 未注明板厚均为100 mm.
2. 本层结构标高为17.970.
3. 未注明支座负筋为Φ^R8@200，未注明板底钢筋为Φ^R6@140.
4. 图中未注明构造柱为WGZ.
5. 所有240墙处现浇板均设加强钢筋，按总说明图十三执行.
6. 图中所有Φ6均为Φ6.5.

注册执业栏

姓　名：
注册证书号码：
注册印章号码：
设计号：
工程名称　××统建安置小区
子项名称　二期-6#楼
建设单位　××县人民政府××街道办事处

图名　D型屋面层结构平面图　D型构架层结构平面图

单位	mm	图别	结施
比例		图号	7/8
日期	×年×月	版本	A

专业负责人
设计总负责人
审　核
审　定
制　图
设　计
校　对

××建筑设计公司

工程设计资质证书编号：

雨篷梁长锚入两旁构造柱

3—3　　1—1　　2—2

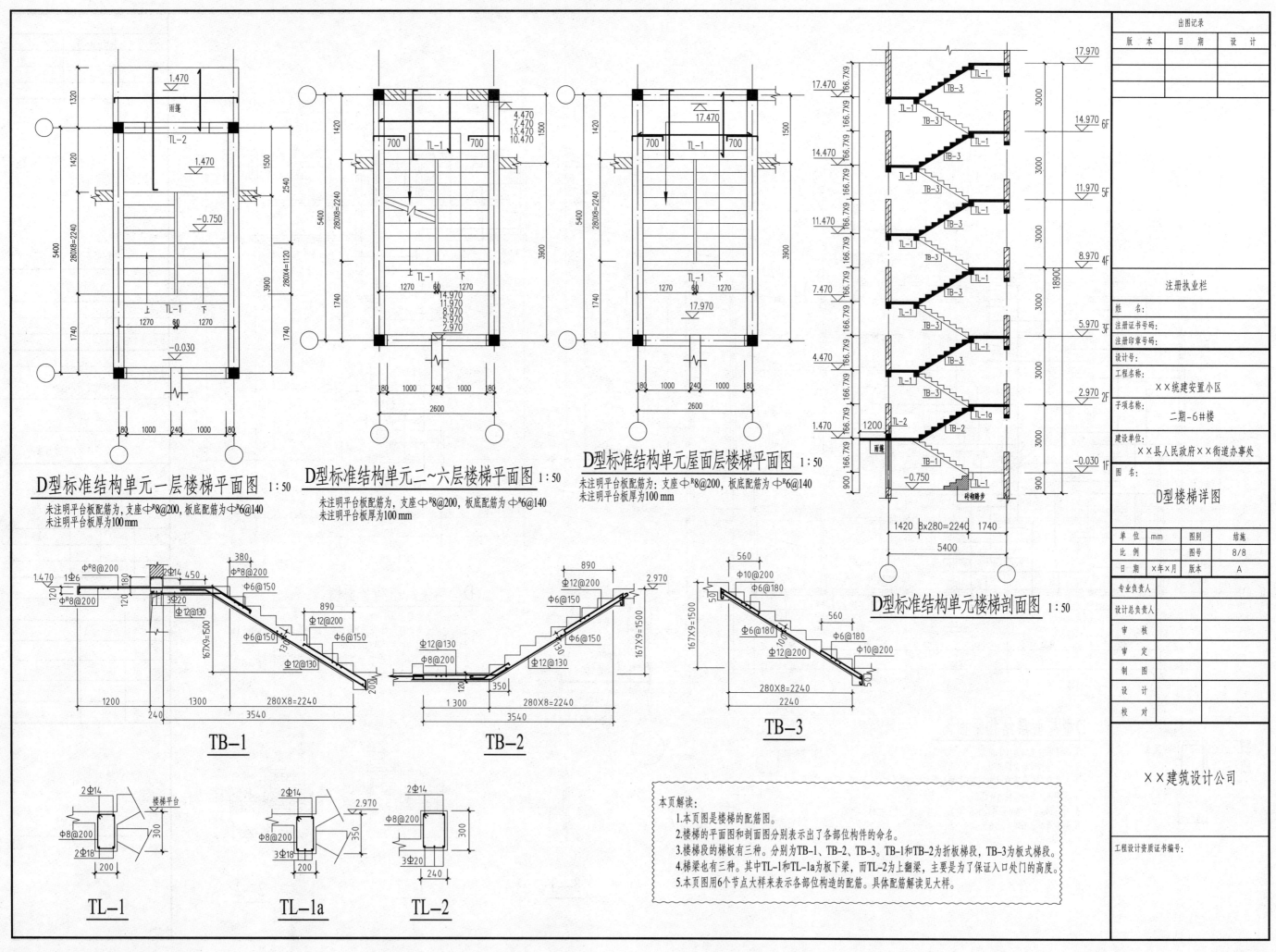

D型标准结构单元一层楼梯平面图 1:50

未注明平台板配筋为，支座Φ^R8@200，板底配筋为Φ^R6@140
未注明平台板厚为100mm

D型标准结构单元二~六层楼梯平面图 1:50

未注明平台板配筋为，支座Φ^R8@200，板底配筋为Φ^R6@140
未注明平台板厚为100mm

D型标准结构单元屋面层楼梯平面图 1:50

未注明平台板配筋为，支座Φ^R8@200，板底配筋为Φ^R6@140
未注明平台板厚为100mm

D型楼梯详图

TB-1

TB-2

TB-3

D型标准结构单元楼梯剖面图 1:50

TL-1

TL-1a

TL-2

本页解读：
1.本页图是楼梯的配筋图。
2.楼梯的平面图和剖面图分别表示出了各部位构件的命名。
3.楼梯段的梯板有三种。分别为TB-1、TB-2、TB-3。TB-1和TB-2为折板梯段，TB-3为板式梯段。
4.梯梁也有三种。其中TL-1和TL-1a为板下梁，而TL-2为上翻梁，主要是为了保证入口处门的高度。
5.本页图用6个节点大样来表示各部位构造的配筋。具体配筋解读见大样。

出图记录

注册执业栏

姓 名：
注册证书号码：
注册印章号码：
设计号：
工程名称：　××统建安置小区
子项名称：　二期-6#楼
建设单位：　××县人民政府××街道办事处
图 名：

D型楼梯详图

单 位	mm	图别	结施
比 例		图号	8/8
日 期	×年×月	版本	A

专业负责人
设计总负责人
审 核
审 定
制 图
设 计
校 对

××建筑设计公司

工程设计资质证书编号：

西南图集参考（节选）

图集号：西南 03J201-1 第17页

名称代号	构造简图	材料及做法	备注
卷材防水屋面（非上人）保温 ≡2204≡		1. 20厚1：2.5水泥砂浆保护层，分格缝间距≤1.0m； 2. 高分子卷材一道，同材性胶粘结剂二道（材料按工程设计）； 3. 改性沥青卷材一道，胶黏剂二道（材料按工程设计）； 4. 刷底胶一道（材料同上）； 5. 20厚沥青砂浆找平层； 6. 沥青膨胀珍珠岩或沥青膨胀蛭石现浇或预制块，预制块永乳化沥青铺贴（材料和厚度按工程设计）； 7. 隔气层（按工程设计任选一种） （1）冷底子油一遍，热沥青二遍（石油沥青）； （2）氯丁胶乳沥青二遍； （3）改性沥青防水卷材一道； （4）改性沥青一布二涂一厚； （5）合成高分子涂膜，＞0.5厚； 8. 1：3水泥砂浆找平层（厚度：预制板20，现浇板15）； 9. 结构层	二道防水 1.71 kN/m²
卷材防水屋面（非上人） a. 保温 b. 不保温（取消6、7、8） ≡2205 a b≡		1. 35厚590×590钢筋混凝土预制板或铺地面砖； 2. 10厚1：2.5水泥砂浆结合层； 3. 20厚1：3水泥砂浆保护层； 4、5、6、7、8、9、10、11同2203（2、3、4、5、6、7、8、9）	二道防水 保温 3.01 kN/m² 不保温 1.68 kN/m²

图集号：西南 03J201-2 第5页

名称代号	构造简图	材料及做法	备注
平瓦屋面 a. 土质平瓦 b. 水泥平瓦 c. 彩色水泥平瓦 d. 波纹装饰瓦 e. 彩色西瓦 f. 釉面西瓦 （钢挂瓦条瓦挂瓦） ≡2508a～f≡		1. 瓦屋面品种及颜色详工程设计； 2. 钢挂瓦条∟30×4，中距按瓦才规格用3.5×4水泥钉固定在垫块和找平层上（不露钉头）； 3. 顺水条—25×5，中距600； 4. 35厚C15细石混凝土找平层，配筋φ6@500×500钢筋网； 5. 改性沥青卷材一道，厚≥3； 6. 15厚1：3水泥砂浆找平层； 7. 保温层或隔热层； 8. 改性沥青涂膜，厚≥1； 9. 15厚1：3水泥砂浆找平层； 10. 钢筋混凝土屋面板	二道防水适用于Ⅱ级屋面防水 有保温隔热层

图集号：西南 04J516 第68页

名称代号	构造简图	材料及做法	备注
面砖饰面 砖基层 5407	27~28	14厚1：3水泥砂浆打底，两次成活，扫毛或划出纹道； 8厚1：0.15：2水泥石灰砂浆（内掺建筑胶或专业黏结剂），贴外墙砖，1：1水泥浆勾缝	面砖颜色及种类按工程设计； 分格线贴法及缝宽颜色在立面图上表示
混凝土基层 5408	27~28	界面刷处理剂 14厚1：3水泥砂浆打底，两次成活，扫毛或划出纹道； 8厚1：0.15：2水泥石灰砂浆（内掺建筑胶或专业黏结剂），贴外墙砖，1：1水泥浆勾缝	

图集号：西南 04J312

	名称代号		材料及做法	备注
3102 a b	水泥砂浆地面	总厚 101/121 a 为80厚混凝土 b 为100厚混凝土	20厚1：2水泥砂浆面层，铁板起光，水泥砂浆结合层一道——注1 80（100）厚C10混凝土垫层，素土夯实基土	
3103	水泥砂浆地面	总厚123	20厚1：2水泥砂浆面层，铁板起光，改性沥青一布四涂防水层——注4 100厚C10混凝土垫层找坡找平面起平素土夯实基土	有防水层
3104	水泥砂浆楼面	总厚21 0.4 kN/m²	20厚1：2水泥砂浆面层铁板起光，水泥砂浆结合层一道——注1 结构层	
3105	水泥砂浆楼面	总厚≥44 ≤0.84 kN/m²	20厚1：2水泥砂浆面层，铁板起光，改性沥青一布四涂防水层——注4 1：3水泥砂浆找坡层，最薄处20厚，水泥砂浆结合层一道——注1 结构层	有防水层
3107	水泥砂浆楼面	总厚≥44 ≤1.64 kN/m²	20厚1：2水泥砂浆面层铁板起光，改性沥青一布四涂防水层——注4 C10细石混凝土敷管找坡层，最薄处50厚，结构层	有防水层及敷管层

1. 地面及楼面设有敷管层时，敷管层的材料除用C10细石混凝土外，也可采用煤渣混凝土及陶粒混凝土，其强度应≥C10。
2. 本图集所示敷管层，仅用于敷设 D≤20 的电路管线，当为其他管线时须另行设计。
3. 图集主要附注内容如下：
注1：水泥砂浆水灰比为0.4～0.5；
注2：建筑防水水泥液配合比（质量比）为 水泥：建筑胶：水＝1：0.5～0.8：6～8；
注3："干硬性水泥砂浆"即用水量少，拌和后能用手捏成团，落地开花的水泥砂浆，敷完后浇水养护。
注4：本图集水层按改性沥青一布四涂或二布六涂设计，工程设计时可根据需要另行设计并加说明；防水层加筋布若无注明者均为坡纤布，实铺时，墙角、柱角管脚等处均应向上延续防水层150高，门洞处应往外延伸300宽；
注5：腻子配合比（质量比）为 石膏：熟桐油：油性腻子或醇酸腻子：底漆：水＝20：5：10：7：45；
注6：清理基层安装石板后再行砂浆灌注；
注7：砂浆中加入建筑胶，加入量为水泥质量20%；
4. 凡有防水层楼、地面，在刷防水层前应刷与防水层材料相同的基层处理剂。防水层一布四涂总厚度布小于3，二布六涂总厚度布小于5

图集号：西南 04J515

页次 4	NO7	水泥砂浆喷料墙面	燃烧性能等级	B1
			总厚度	19

做法	说明
1. 基层处理； 2. 7厚1：3水泥砂浆打底扫毛； 3. 6厚1：3水泥砂浆垫层； 4. 5厚1：2.5水泥砂浆照面压光； 5. 喷涂料	1. 涂料品种、颜色由设计定； 2. 涂料为无机涂料时，燃烧性能为A级；有机涂料湿涂覆比＜1.5 kg/m²，为B1级

页次 12	PO5	水泥砂浆喷料墙面	燃烧性能等级	B1
			总厚度	19

做法	说明
1. 基层处理； 2. 刷水泥浆一道（加建筑胶适量）； 3. 10、15厚1：1：4水泥石灰砂浆（现浇基层10厚，预制基层15厚）； 4. 3厚1：2.5水泥砂浆； 5. 喷涂料	1. 涂料品种、颜色由设计定； 2. 适用于相对湿度较大的房间，如水泵房、洗衣房等； 3. 涂料为无机涂料时，燃烧性能为A级；有机涂料湿涂覆比＜1.5 kg/m²，为B1级

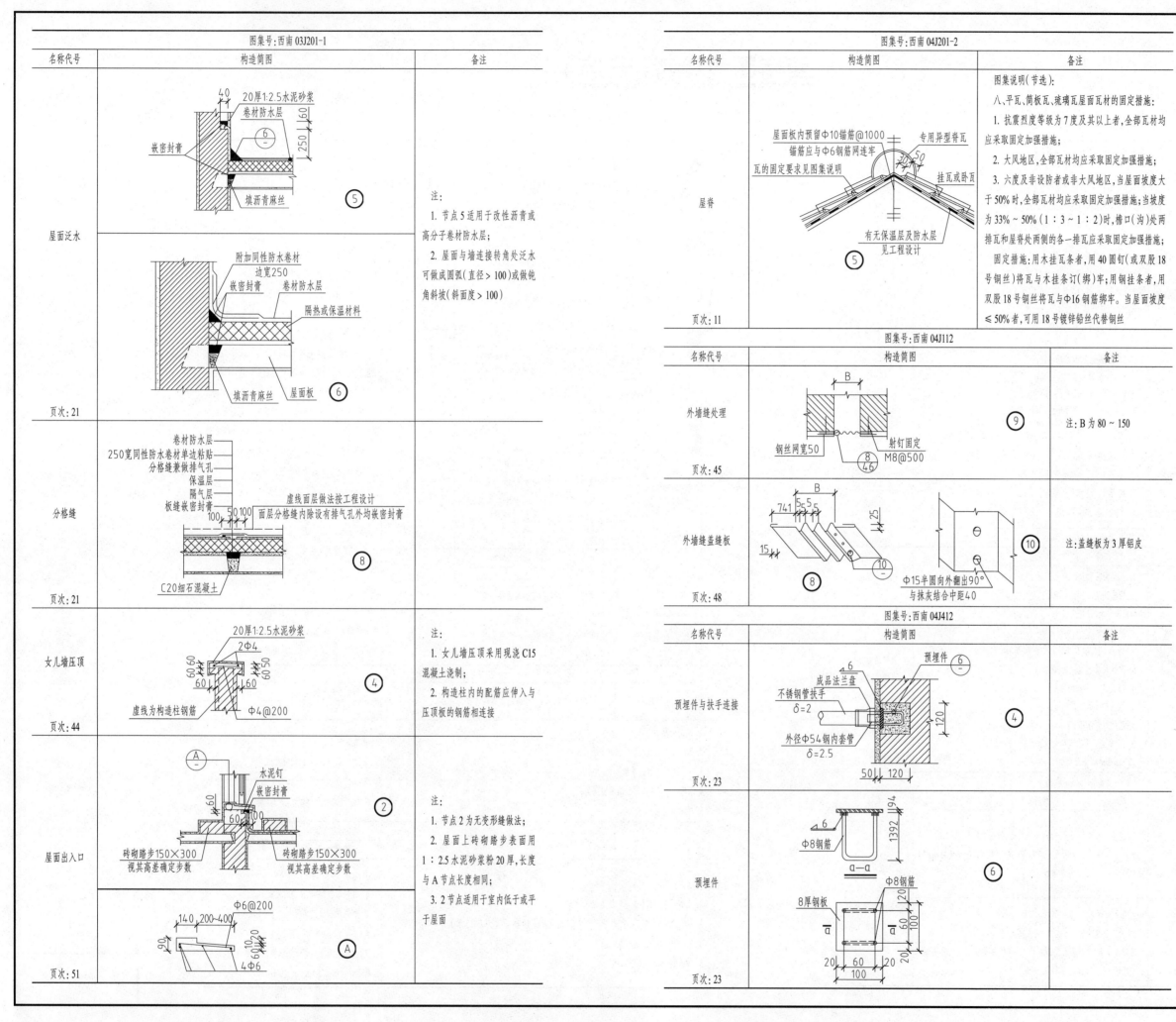

名称代号	构造简图	备注
图集号：西南03J201-1		
屋面泛水 页次：21	40 20厚1:2.5水泥砂浆 卷材防水层 ⑥ 250 70 嵌密封膏 填沥青麻丝 ⑤	注： 1. 节点5适用于改性沥青或高分子卷材防水层； 2. 屋面与墙连接转角处泛水可做成圆弧（直径>100）或做钝角斜坡（斜面度>100）
	附加同性防水卷材边宽250 嵌密封膏 卷材防水层 隔热或保温材料 填沥青麻丝 屋面板 ⑥	
分格缝 页次：21	卷材防水层 250宽同性防水卷材单边粘贴 分格缝兼做排气孔 保温层 隔气层 板缝嵌密封膏 100 50 100 C20细石混凝土 ⑧ 虚线面层做法按工程设计 面层分格缝内除设有排气孔外均嵌密封膏	
女儿墙压顶 页次：44	20厚1:2.5水泥砂浆 2Φ4 60 60 60 50 60 160 虚线为构造柱钢筋 Φ4@200 ④	注： 1. 女儿墙压顶采用现浇C15混凝土浇制； 2. 构造柱内的配筋应伸入与压顶板的钢筋相连接
屋面出入口 页次：51	Ⓐ 水泥钉 60 嵌密封膏 60 ② 砖砌踏步150×300 视其高差确定步数 砖砌踏步150×300 视其高差确定步数 140 200~400 Φ6@200 90 60 20 60 20 4Φ6 Ⓐ	注： 1. 节点2为无变形缝做法； 2. 屋面上砖砌踏步表面用1：2.5水泥砂浆粉20厚，长度与A节点长度相同； 3. 2节点适用于室内低于或平于屋面
图集号：西南04J201-2		
屋脊 页次：11	屋面板内预留中Φ10锚筋@1000 锚筋应与中Φ6钢筋网连牢 瓦的固定要求见图集说明 专用异型脊瓦 50 挂瓦或卧瓦 有无保温层及防水层 见工程设计 ⑤	图集说明（节选）： 八、平瓦、筒板瓦、玻璃瓦屋面瓦材的固定措施： 1. 抗震烈度等级为7度及其以上者，全部瓦材均应采取固定加强措施； 2. 大风地区，全部瓦材均应采取固定加强措施； 3. 六度及非设防者或非大风地区，当屋面坡度大于50%时，全部瓦材均应采取固定加强措施；当坡度为33%～50%（1：3～1：2）时，檐口（沟）处两排瓦和脊瓦两侧的各一排瓦应采取固定加强措施。 固定措施：用木挂瓦条者，用40圆钉（或及股18号铜丝）将瓦与木挂条订（绑）牢；用钢挂条者，用双股18号铜丝将瓦与Φ16钢筋绑牢。当屋面坡度≤50%者，可用18号镀锌铅丝代替铜丝
图集号：西南04J112		
外墙缝处理 页次：45	B 钢丝网宽50 射钉固定 ⑨ ⑧ 46 M8@500	注：B为80～150
外墙缝盖缝板 页次：48	B 74 5 5 25 15 ⑧ ⑩ Φ15半圆向外细出90° 与抹灰结合中距40	注：盖缝板为3厚铝皮
图集号：西南04J412		
预埋件与扶手连接 页次：23	6 预埋件 ⑥ 成品法兰盘 不锈钢管扶手 δ=2 120 外径Φ54钢内套管 δ=2.5 50 120 ④	
预埋件 页次：23	6 194 1392 Φ8钢筋 D—D 8厚钢板 Φ8钢筋 60 20 20 60 20 100	⑥
		附录二

54

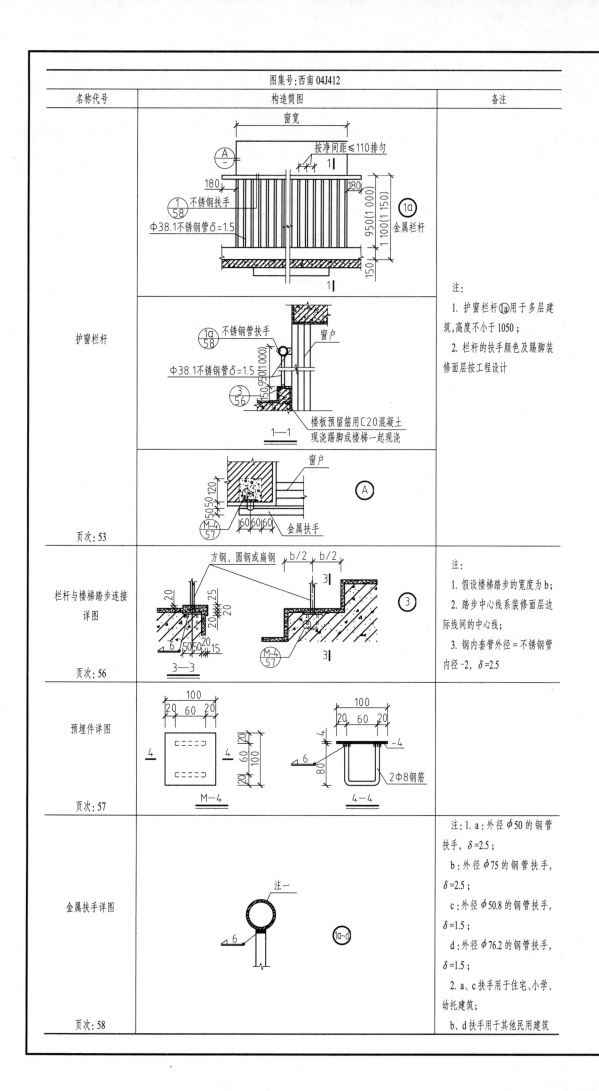

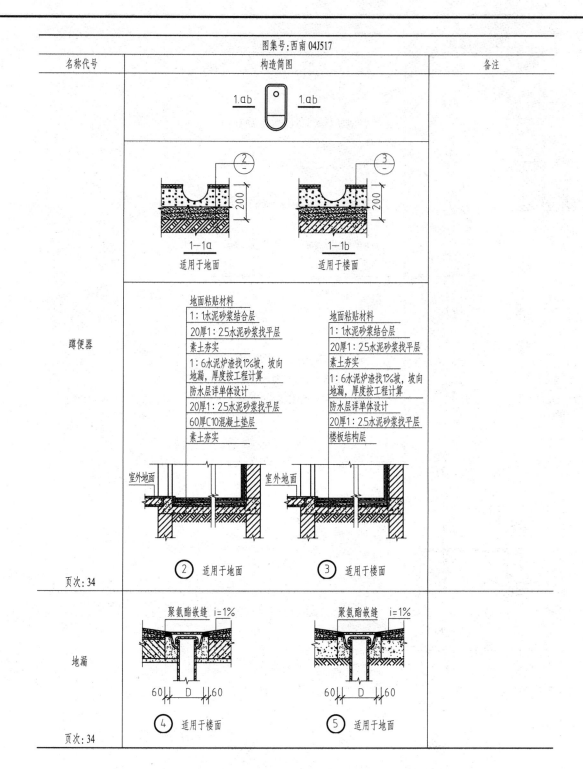

图集号:西南04J412

名称代号	构造简图	备注
护窗栏杆 页次:53		注: 1. 护窗栏杆①a用于多层建筑,高度不小于1050; 2. 栏杆的扶手颜色及踢脚装修面层按工程设计
栏杆与楼梯踏步连接详图 页次:56		注: 1. 假设楼梯踏步的宽度为b; 2. 踏步中心线系装修面层边际线间的中心线; 3. 钢内套管外径=不锈钢管内径-2, δ=2.5
预埋件详图 页次:57		
金属扶手详图 页次:58		注:1. a:外径φ50的钢管扶手, δ=2.5; b:外径φ75的钢管扶手, δ=2.5; c:外径φ50.8的钢管扶手, δ=1.5; d:外径φ76.2的钢管扶手, δ=1.5。 2. a、c扶手用于住宅、小学、幼托建筑; b、d扶手用于其他民用建筑

图集号:西南04J517

名称代号	构造简图	备注
蹲便器 页次:34		
地漏 页次:34		

住宅厨房变压式排风系统设计选用参考表

用途	序号	选用型号	适用建筑层数(实际用户层数)	层高(mm)	自重(kg)	排气道壁厚(mm)	界面外形尺寸 a×b (mm×mm)	楼板预留洞尺寸(mm) 排烟气道不靠墙时	楼板预留洞尺寸(mm) 排烟气道一面或两面靠墙时	无动力排气风帽底座尺寸(mm)
厨房	1	BPSA-1	≤6层	2800	47.5	10	250×250	350+350	350+300	□300
	2	BPSA-2	≤12层		52.4	10	350×250	350+420	300+420	□300
	3	BPSA-3	≤18层		64.7	10	400×300	400+500	350+500	□450
	4	BPSA-4	≤24层		121	15	500×350	450+600	400+600	□600
	5	BPSA-5	≤33层		128	15	500×400	500+600	450+600	□600

附录三

名称代号	构造简图	备注
暗沟 页次:3	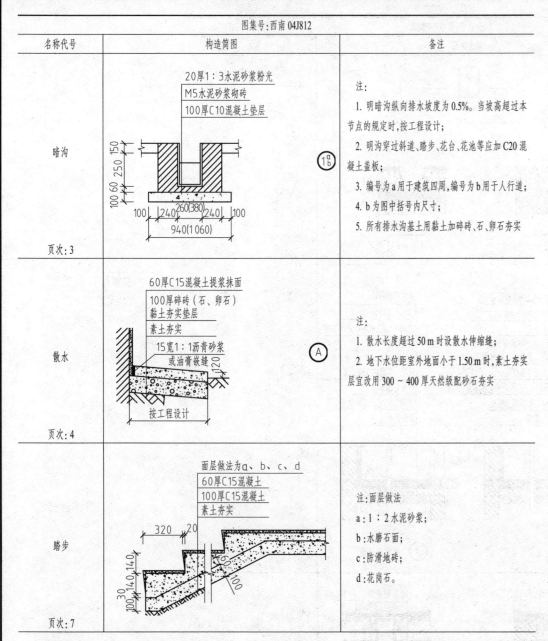	注: 1. 明暗沟纵向排水坡度为0.5%。当坡高超过本节点的规定时,按工程设计; 2. 明沟穿过斜道、踏步、花台、花池等应加C20混凝土盖板; 3. 编号为a用于建筑四周,编号为b用于人行道; 4. b为图中括号内尺寸; 5. 所有排水沟基土用黏土加碎砖、石、卵石夯实
散水 页次:4	60厚C15混凝土提浆抹面 100厚碎砖(石、卵石)黏土夯实垫层 素土夯实 15宽1:1沥青砂浆或油膏嵌缝 按工程设计	注: 1. 散水长度超过50m时设散水伸缩缝; 2. 地下水位距室外地面小于1.50m时,素土夯实层宜改用300~400厚天然级配砂石夯实
踏步 页次:7	面层做法为a、b、c、d 60厚C15混凝土 100厚C15混凝土 素土夯实	注:面层做法 a:1:2水泥砂浆; b:水磨石面; c:防滑地砖; d:花岗石。

图集引用说明
1. 本套图中所选用的节点大样和做法均选自西南标准图集;
2. 引用的部分图集尺寸与本套图相关;
3. 本图集单位只有米(m)和毫米(mm),未标明单位出默认为毫米(mm)

附录四

项目 2　框架结构施工图识读

1. 工程概述

本工程为一中学宿舍楼,占地面积 592.88 m²,建筑面积为 2 371.50 m²。建筑结构形式为框架结构,共四层,主体结构合理使用年限为 50 年,抗震设防烈度 7 度,建筑设计等级为三级,建筑耐火等级为二级。地基为天然地基,基底标高为 −3.50 m,基础为钢筋混凝土独立基础,部分为双柱联合基础。外墙为 200 厚多孔页岩砖,内墙为 200 厚空心页岩砖,走廊栏板为 120 厚实心页岩砖。屋面为不上人屋面,屋面防水等级为 Ⅲ 级,防水层合理使用年限为 10 年。

2. 学习目标

（1）了解房屋建筑制图标准。

（2）掌握框架结构建筑施工图的内容及识读方法。

（3）了解结构施工图平法表示的相关图集标准。

（4）掌握花架结构结构施工图的内容和识读方法。

3. 学习重点

（1）了解设计所用的规范、规程,建筑的工程概况、结构类型、层数、层高等内容。

（2）熟悉工程的内外墙体、屋面、门窗的构造做法,了解内外装修的构造做法。

（3）熟悉钢筋混凝土独立基础的布置与配筋。

（4）熟悉各层梁板柱的布置及配筋。

（5）熟悉楼梯的设计及配筋,了解屋面上人孔、女儿墙、檐沟、雨篷等构造做法。

4. 教学建议

（1）利用多媒体向学生介绍图纸内容,在介绍图纸的过程中,演示已建成和正在施工的公共建筑图片和施工现场视频,让学生了解框架结构的特点,并更好地理解图纸内容。

（2）结合规范、规程,介绍结构施工图的内容,多媒体演示梁板柱的现场模板、钢筋绑扎等图片。

（3）带领学生到施工现场参观基础、梁板柱钢筋的绑扎及混凝土的浇筑施工过程。

（4）在学生掌握了施工图的识读,并现场了解了施工过程以后,让学生抄绘建筑、结构施工图。

图 纸 目 录

序号	图号	图纸内容	序号	图号	图纸内容
		建筑			结构
1	建施 1/14	施工图设计说明（一）	1	结施 1/13	结构设计总说明　图纸目录
2	建施 2/14	施工图设计说明（二）　图纸目录	2	结施 2/13	基础平面布置图
3	建施 3/14	门窗表　室内装修措施表	3	结施 3/13	基顶 ~ 3.570 柱配筋平面图
4	建施 4/14	总平面图	4	结施 4/13	3.570 ~ 7.170 柱配筋平面图
5	建施 5/14	一层平面图	5	结施 5/13	7.170 ~ 14.370 柱配筋平面图
6	建施 6/14	二层平面图	6	结施 6/13	地梁配筋平面图
7	建施 7/14	三层平面图	7	结施 7/13	二层梁配筋平面图
8	建施 8/14	四层平面图	8	结施 8/13	三、四层梁配筋平面图
9	建施 9/14	屋顶平面图	9	结施 9/13	屋面梁配筋平面图
10	建施 10/14	①~⑪立面图	10	结施 10/13	二层板配筋平面图
11	建施 11/14	⑪~①立面图	11	结施 11/13	三、四层板配筋平面图
12	建施 12/14	Ⓐ~Ⓓ立面图　1-1 剖面图	12	结施 12/13	屋面层板配筋
13	建施 13/14	男卫生间大样图　宿舍大样图	13	结施 13/13	楼梯详图
14	建施 14/14	楼梯间大样图			

施工图设计说明（一）

1 设计依据

1.1 城市规划和建设局批准的本工程方案设计。

1.2 城市规划和建设局对本工程方案设计的审批意见。

1.3 市政、环卫、园林、供电等有关主管部门对本工程的设计建议和要求。

1.4 建设单位的设计要求。

1.5 现行的国家有关建筑设计规范、规程和规定。

1.5.1 《房屋建筑制图统一标准》（GB/T 50001—2010）。

1.5.2 《民用建筑设计通则》（GB 50352—2005）。

1.5.3 《中小学校设计规范》（GB 50099—2011）。

1.5.4 《建筑设计防火规范》（GB 50016—2006）。

1.5.5 《无障碍设计规范》（GB 50763—2012）。

1.5.6 《建筑内部装修设计防火规范》（GB 50222—2007）。

1.5.7 《建筑地面设计规范》（GB 50037—96）。

1.5.8 《建筑装饰装修工程质量验收规范》（GB 50210—2011）。

1.5.9 《建筑玻璃应用技术规程》（JGJ 113—2009）。

1.5.10 《建筑安全玻璃管理规定》（发改运行［2003］2116号）。

1.5.11 《宿舍建筑设计规范》（JGJ36—2005）。

2 项目概况

2.1 本工程为学校宿舍楼，总建筑面积2371.50 m²。

2.2 建筑层数为四层，建筑高度为15.00 m。

2.3 建筑结构形式为框架结构，主体结构合理使用年限为50年，抗震设防烈度7度。

2.4 建筑设计等级为三级，建筑耐火等级为二级。

3 设计标高

3.1 本工程 ±0.000 相当于绝对标高为442.35。

3.2 各层标注标高为完成面标高（建筑面标高），屋面标高为结构面标高。

3.3 本工程标高以 m 为单位，总平面尺寸以 m 为单位，其他尺寸以 mm 为单位。

4 墙体工程

4.1 墙体的基础部分见结施。

4.2 墙体除图中标注外，外墙为200mm厚多孔页岩砖，内墙为200mm厚空心页岩砖。

4.3 墙体留洞及封堵：

本页解读：

1. 了解工程概况及设计依据。

2. 了解墙体工程、屋面工程、门窗工程的做法。

3. 了解本工程内装修、外装修的做法。

4.3.1 砌筑墙预留洞见建施和设备图。

4.3.2 砌筑墙预留洞过梁见结施说明。

4.3.3 预留洞的封堵：砌筑墙预留洞待管道设备安装完毕后，用C20细石混凝土填实。

5 屋面工程

5.1 本工程屋面防水等级为Ⅲ级，防水层合理使用年限为10年，屋面为不上人屋面。做法为：1. 结构层原浆抹平；2. 隔汽层：乳化沥青两遍；3. 找坡层：1：7水泥膨胀蛭石找坡层，最薄处30厚，上做保温层40厚挤塑聚乙烯泡沫塑料板；4. 20厚1：3水泥砂浆找平层；5. 防水层：1.2厚SBC120聚乙烯丙纶复合卷材防水一道（膜层厚度不得小于0.5 mm）；6. 20厚1：2.5水泥砂浆保护层，分隔缝间距 <1.0 m。其余参照西南11J201"屋面说明"。

5.2 屋面做法及屋面节点索引见"建施——屋顶平面图"。

5.3 屋面排水组织见屋顶平面图，除图中另有注明者外，雨水管的直径均为DN100。

6 门窗工程

6.1 外墙上的窗为白色塑钢窗，玻璃为无色透明浮法玻璃，其厚度等应严格按照《建筑装饰装修工程质量验收规范》（GB 50210—2011）及《建筑玻璃应用技术规程》（JGJ 113—2009）和《建筑安全玻璃管理规定》（发改运行［2003］2116号）及地方主管部门的有关规定。

6.2 所有门窗洞口间隙应以沥青麻丝填塞密实，门窗檐下应留出 20～30 mm 的缝隙，以沥青麻丝填实，外侧留5～8 mm深槽口，填嵌密封材料，切实防止雨水倒灌。

6.3 门窗立面均表示洞口尺寸，门窗加工尺寸要按照装修面厚度由承包商根据规范予以调整。

6.4 门窗选料、颜色、玻璃见"门窗表"备注。

7 外装修工程

7.1 外装修设计详见立面图。外墙面砖饰面做法参见西南11J516P95［5207］［5208］。

7.2 承包商进行二次设计装饰物等，经确认后，向建筑设计单位提供预埋件的设置要求。

7.3 外装修选用的各项材料其材质、规格、颜色等，均由施工单位提供样板，经建设设计单位和规划部门确认后进行封样，并据此验收。

8 内装修工程

8.1 内装修工程执行《建筑内部装修设计防火规范》（GB 50222—2007），楼地面部分执行《建筑地面设计规范》（GB 50037—96）。

8.2 楼地面构造交接处和地坪高度变化处，除图中另有注明者外均位于齐平门扇开启面处。

8.3 卫生间应做防水层，图中未注明整个房间做坡度者，均在地漏周围1 m范围内做1%～2%坡度坡向地漏。

8.4 内装修选用的各项材料，均由施工单位制作样板和选样，经确认后进行封样，并据此进行验收。

8.5 室内楼地面、墙面及顶棚装修详见"室内装修措施表"。

出图记录

版本	日期	设计

注 册 执 业 栏

姓　名：
注册证书号：
注册印章号：
设计号：

工程名称：
××××实验中学

子项名称：
宿舍楼

建设单位：
××××县教育局

图　名：
施工图设计说明（一）

单位	mm	图别	建施
比例		图号	1/14
日期	×年×月	版本	A

专业负责人
设计总负责人
审　核
审　定
制　图
设　计
校　对

××建筑设计公司

工程设计资质证书编号：

施工图设计说明(二)

9 油漆涂料工程

9.1 室内装修所采用的油漆涂料见"室内装修措施表"。

9.2 楼梯、平台、护窗钢栏杆选用黑色油性调和漆,做法参见西南11J312P80〔5113〕;楼梯平直段栏杆、平台栏杆高度均为1 050 mm,栏杆垂直立杆间距 <110,做法参见西南 11J412P41-6, P58-1a。

9.3 木质面油漆选用无色透明油性调和漆,做法参见西南 11J312P79〔5102〕。

9.4 室内外各项露明金属件的油漆(除注明者外)为刷防锈漆2道后再做同室内外部位相同颜色的漆,做法参见西南11J312P80〔5113〕。

9.5 各项油漆均由施工单位制作样板,经确认后进行封样,并据此进行验收。

10 室外工程(室外设施)

10.1 外挑檐、雨篷等做法详见建施图。

10.2 散水宽600,转角处设散水伸缩缝,做法参见西南11J812P4 "4",横坡为5%。

10.3 建筑四周均做排水沟,宽260,最浅处不小于150,纵坡0.5%,方向由市政定,做法参见西南11J812P3—"1a"。

11 其他施工中注意事项

11.1 图中所选用标准图中有对结构工种的预埋件、预留洞,如楼梯、平台钢栏杆、门窗、建筑配件等,本图所标注的各种留洞与预埋件应与各工种密切配合后,确认无误方可施工。

11.2 两种材料的墙体交接处,应根据饰面材质在做饰面前加钉金属网或在施工中加贴玻璃丝网格布,防止裂缝。

11.3 预埋木砖及贴邻墙体的木质面均做防腐处理,露明铁件均做防锈处理。

11.4 楼板留洞的封堵:待设备管线安装完毕后,用C20细石混凝土封堵密实。

11.5 为确保工程质量,施工单位在施工前应详细熟悉图纸,校对各工种图纸,对错漏、碰缺、相互矛盾等问题及时通知设计人员,以便派员会同解决。

11.6 在二次装修中不得随意施加超越设计要求的荷重,二次装修使用的装修材料及设备应严格按照本工程二级耐火等级要求办理,遵照《建筑内部装修设计防火规范》(GB 50222—2007)中相关条文执行。

11.7 施工单位在动工前应按建筑总平面图对建筑及道路进行精确放线,若场地与图纸有矛盾,应立即通知设计单位与建设单位共同研究处理。

11.8 本工程对全部建筑材料和施工质量的要求,一律严格遵照国家现行施工和安装验收规范的有关规定执行。

11.9 由于学校在最冷和最热月已停止使用,教育行政主管部门要求教学楼不做节能设计,所以本工程不做节能设计。

施工图选用图集目录

序号	图集编号	图集名称	备注
1	西南 11J112	西南地区建筑标准设计通用图	墙
2	西南 11J201	西南地区建筑标准设计通用图	屋面

续表

序号	图集编号	图集名称	备注
3	西南 11J312	西南地区建筑标准设计通用图	楼地面、油漆、刷浆
4	西南 11J412	西南地区建筑标准设计通用图	楼梯栏杆
5	西南 11J515	西南地区建筑标准设计通用图	室内装修
6	西南 11J516	西南地区建筑标准设计通用图	室外装修
7	西南 11J517	西南地区建筑标准设计通用图	卫生间
8	西南 11J611	西南地区建筑标准设计通用图	常用木门
9	西南 11J812	西南地区建筑标准设计通用图	室外附属工程

图 纸 目 录

本页解读:

1. 了解油漆涂料及室外工程的做法。

2. 了解施工中需要注意的事项。

3. 了解施工选用的图集目录。

4. 了解图纸目录的内容。

出图记录

版 本	日 期	设 计

注 册 执 业 栏

姓 名:

注册证书号码:

注册印章号码:

设计号:

工程名称: ××××实验中学

子项名称: 宿舍楼

建设单位: ××××县教育局

图 名:
施工图设计说明(二)

单 位	mm	图 别	建施
比 例		图 号	2/14
日 期	×年×月	版本	A

专业负责人

设计总负责人

审 核

审 定

制 图

设 计

校 对

××建筑设计公司

工程设计资质证书编号:

59

门 窗 表

类别	编号	洞口尺寸 宽度(mm)	洞口尺寸 高度(mm)	一层	二层	三层	四层	总樘数	备注
成品实木门	M1	900	2 100	14	14	14	14	56	平开门
成品防盗门	M2	2 000	2 450	2				2	
白色塑钢白玻推拉窗	C1	1 800	2 100	2	2	2	2	8	白色塑钢白玻窗（80系列）
	C2	1 500	1 200	2	2	2	2	8	
	C3	1 800	1 950	16	14	14	14	58	
	C4	1 500	1 350	2	2	2	2	6	
	C5	1 900	2 000	2	2	2	2	8	

备注: 1. 门窗应由有专业资质的单位另行设计与安装。
2. 门窗安装应配套提供五金配件, 预埋件位置视产品而定, 但每边不得少于两个。
3. 门窗安装应满足其强度、热工、声学及安全性等技术要求, 玻璃的设计制作与安装必须由有专业资质的单位进行设计与施工; 其厚度等应严格按照《建筑装饰装修工程质量验收规范》(GB 50210—2011)及《建筑玻璃应用技术规程》(JGJ 113—2009)和《建筑安全玻璃管理规定》(发改运行[2003]2116号)及地方主管部门的有关规定; 窗单张玻璃面积≥1.5m²或全玻璃门扇当玻璃面积≥0.5m²时必须采用安全玻璃, 玻璃地弹门中部应设置明显标志。

室内装修措施表

名称	做法	部位
地面1	1.素土夯实; 2.80厚C10混凝土垫层; 3.水泥砂浆结合层一道; 4.20厚1:2水泥砂浆面层铁板赶光	宿舍、楼梯间
地面2	1.素土夯实; 2.100厚C10混凝土垫层; 3.1.2厚SBC120聚乙烯丙纶复合卷材防水一道(膜层厚度不得小于0.5mm); 4.20厚1:2干硬性水泥砂浆黏合层, 上撒1~2厚干水泥并洒清水适量; 5.300X300防滑地砖面层水泥浆擦缝	卫生间、洗衣间
楼面1	1.钢筋混凝土楼面, 原浆抹平; 2.水泥砂浆结合层一道; 3.25厚1:2水泥砂浆面层铁板赶光(走廊位置加4%防水剂)	所有宿舍、楼梯间
楼面2	1.现浇钢筋混凝土楼面, 原浆抹平压光; 2.1.2厚SBC120聚乙烯丙纶复合卷材防水一道(膜层厚度不得小于0.5mm); 3.1:6水泥炉渣垫层兼找1%坡坡向地漏; 4.20厚1:2.5水泥砂浆找平拉毛; 5.1:1水泥砂浆结合层; 6.300X300防滑地砖面层水泥浆擦缝	卫生间
内墙1	白色乳胶漆详西南11J515-P7-N09, 楼梯间刷白色无机涂料	所有宿舍、楼梯间
内墙2	200X300瓷砖到顶(厨房墙裙1.8m高, 1.8m以上刷白色无机涂料)做法参见西南11J515-P23-Q06	卫生间
顶棚1	白色乳胶漆顶棚, 详西南11J515-P32-N08, 楼梯间刷白色无机涂料	所有宿舍、楼梯间
顶棚2	1.基层处理; 2.刷水泥砂浆一道(加建筑胶适量); 3.10厚1:2.5水泥砂浆; 4.3厚1:2.5水泥砂浆; 5.刷无机涂料两遍	卫生间、走廊
踢脚线	做法参见西南11J312-P69-4107(注: 面砖为红棕色, 150高, 面砖规格甲方自定。)	所有宿舍
墙裙	300X300白色瓷砖墙裙1200高, 做法参见西南11J515-P23-Q06	走廊、楼梯间

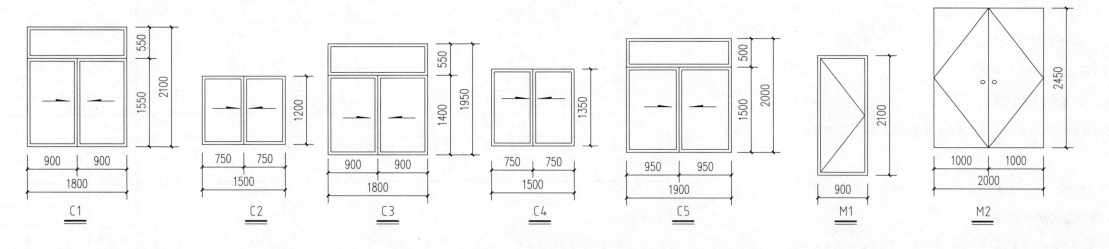

门窗立面分格图 1:50

本页解读:
1. 了解门窗表的内容;
2. 了解各种门窗的尺寸、形状和位置;
3. 了解不同的房间的楼地面做法的相同点及不同点;
4. 了解内墙、顶棚的装修做法;
5. 了解踢脚线、墙裙的装修做法。

出图记录

版本	日期	设计

注册执业栏

姓 名:
注册证书号码:
注册印章号码:

设计号:
工程名称: ××××实验中学
子项名称: 宿舍楼
建设单位: ××××县教育局

图名: 门窗表 室内装修措施表

单位	mm	图别	建施
比例		图号	3/14
日期	X年X月	版本	A

项目经理
总工程师
审核
审定
校对
制图
设计

××建筑设计公司

工程设计资质证书编号:

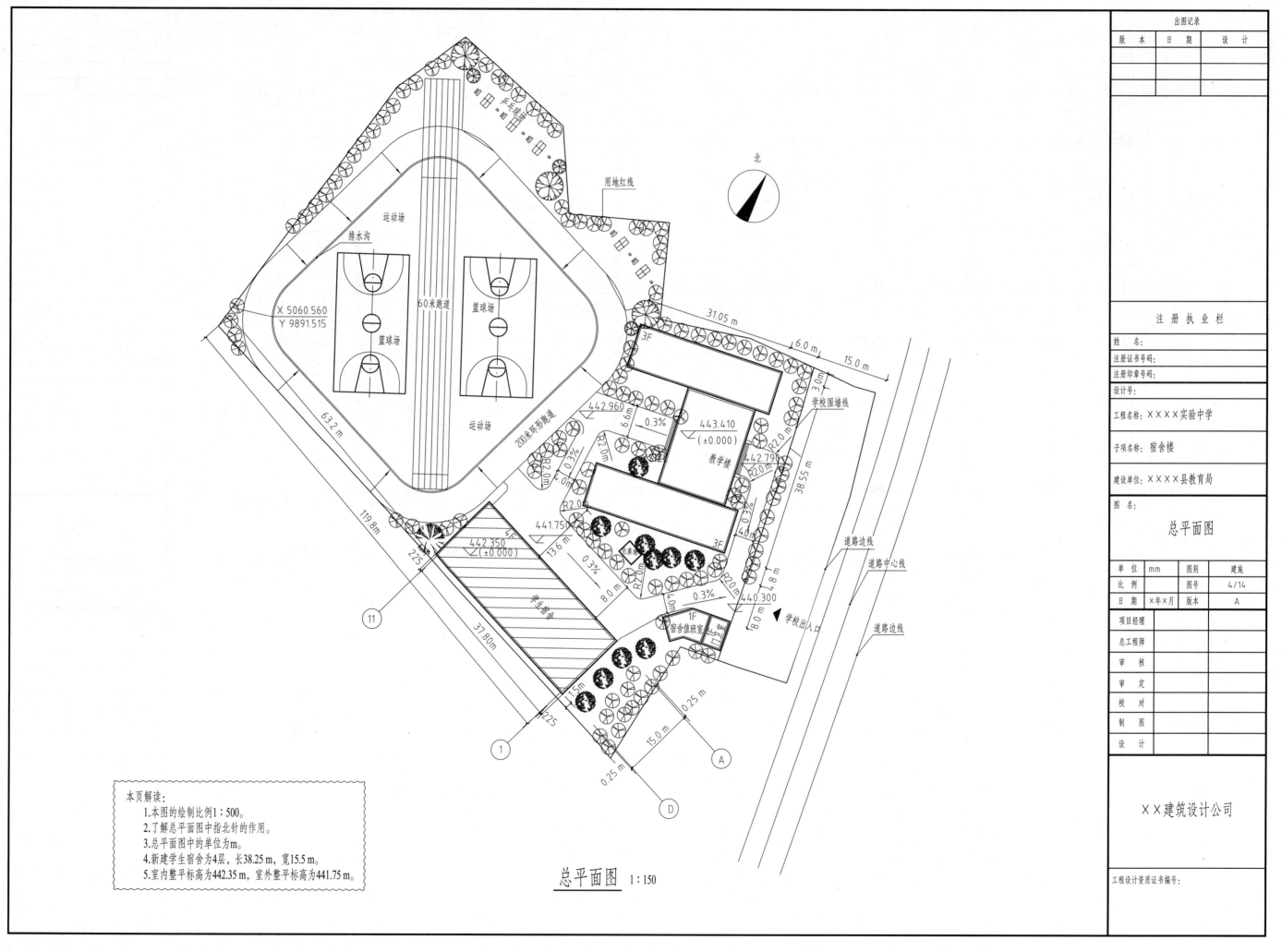

总平面图 1:150

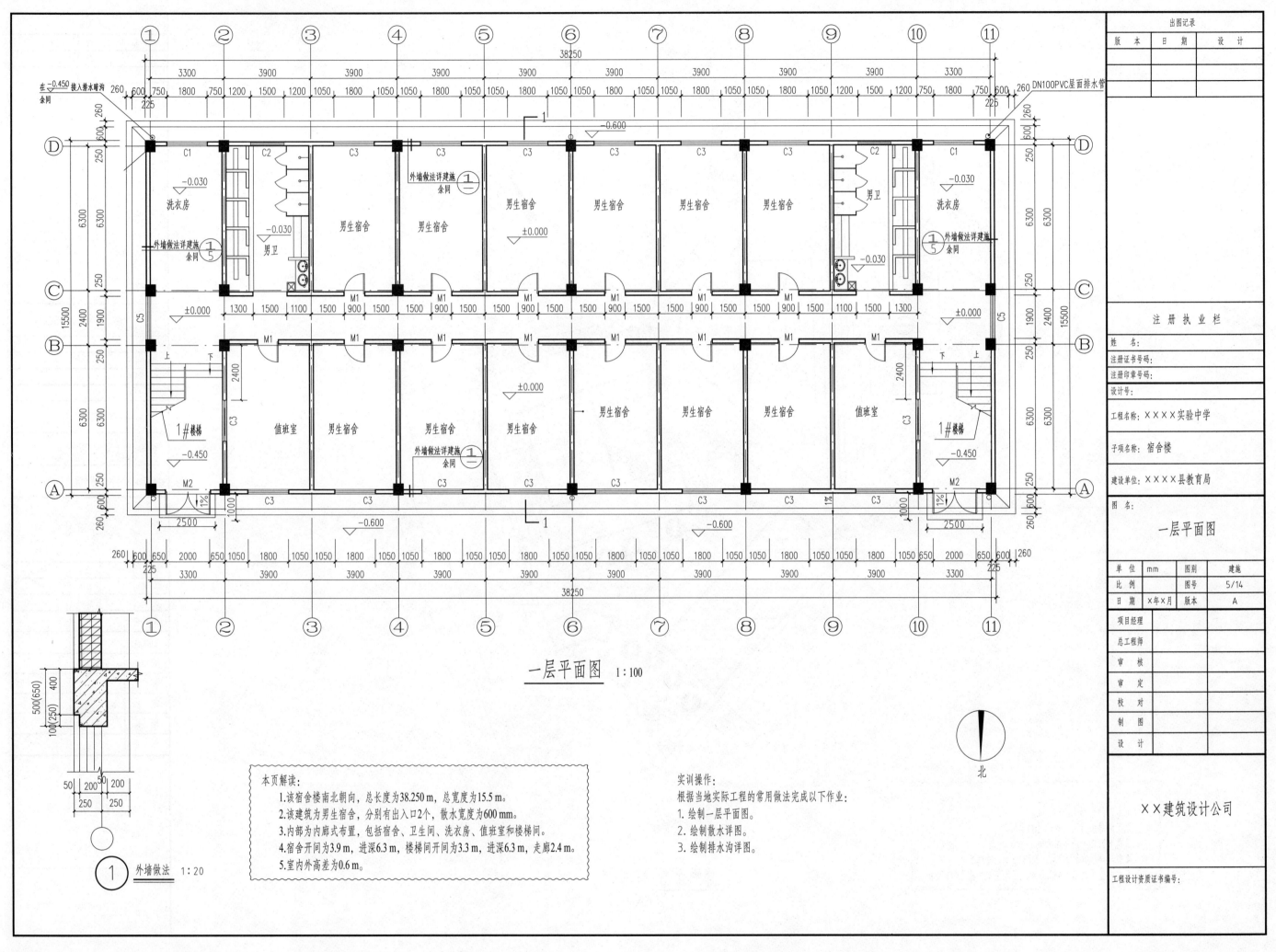

一层平面图 1:100

①外墙做法 1:20

本页解读:
1.该宿舍楼南北朝向,总长度为38.250 m,总宽度为15.5 m。
2.该建筑为男生宿舍,分别有出入口2个,散水宽度为600 mm。
3.内部为内廊式布置,包括宿舍、卫生间、洗衣房、值班室和楼梯间。
4.宿舍开间为3.9 m,进深6.3 m,楼梯间开间为3.3 m,进深6.3 m,走廊2.4 m。
5.室内外高差为0.6 m。

实训操作:
根据当地实际工程的常用做法完成以下作业:
1. 绘制一层平面图。
2. 绘制散水详图。
3. 绘制排水沟详图。

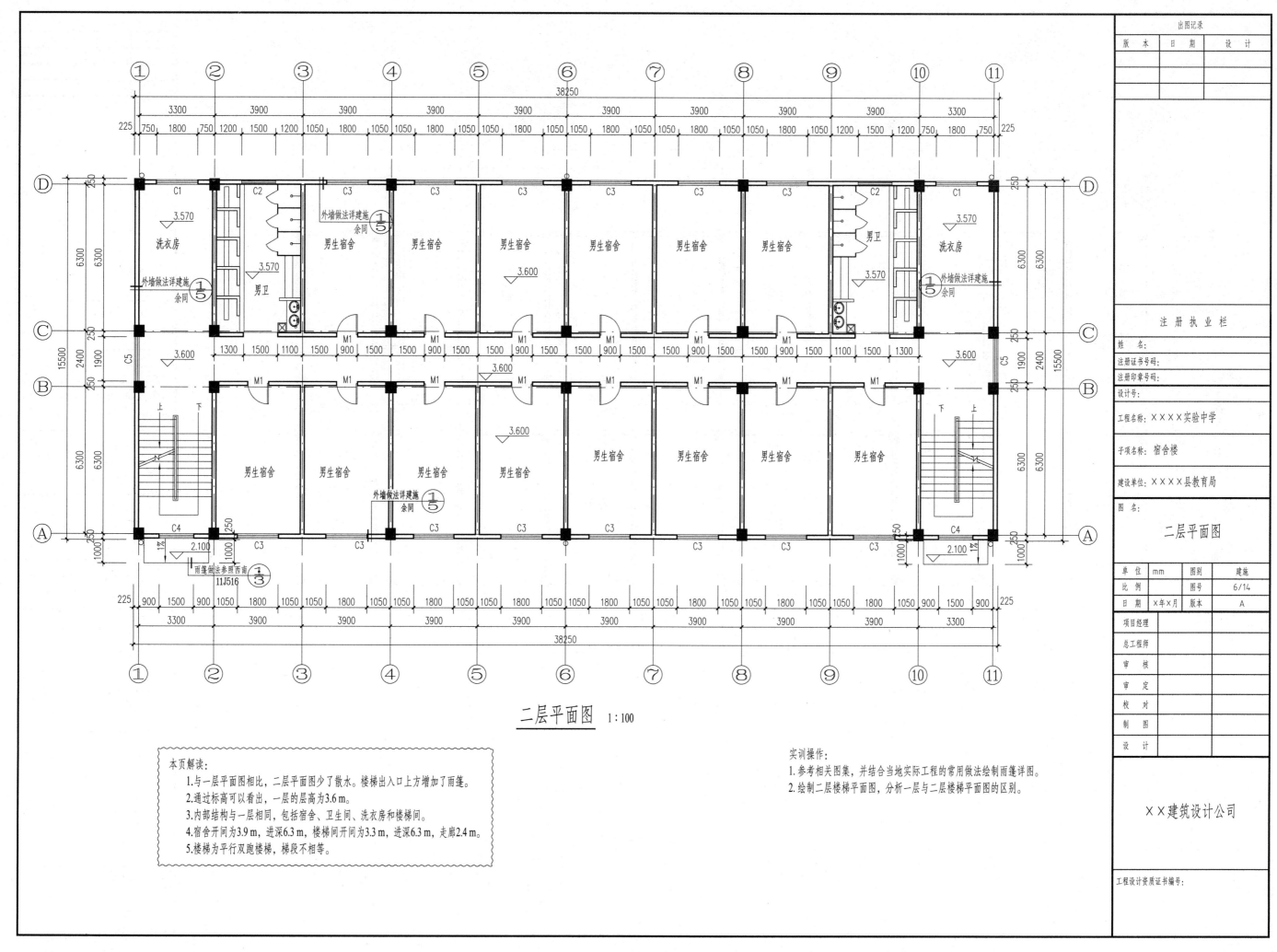

二层平面图 1:100

本页解读：
1. 与一层平面图相比，二层平面图少了散水。楼梯出入口上方增加了雨篷。
2. 通过标高可以看出，一层的层高为3.6 m。
3. 内部结构与一层相同，包括宿舍、卫生间、洗衣房和楼梯间。
4. 宿舍开间为3.9 m，进深6.3 m，楼梯间开间为3.3 m，进深6.3 m，走廊2.4 m。
5. 楼梯为平行双跑楼梯，梯段不相等。

实训操作：
1. 参考相关图集，并结合当地实际工程的常用做法绘制雨篷详图。
2. 绘制二层楼梯平面图，分析一层与二层楼梯平面图的区别。

出图记录
版 本 ｜ 日 期 ｜ 设 计

注 册 执 业 栏
姓 名：
注册证书号：
注册印章号码：
设 计 号：
工程名称：××××实验中学
子项名称：宿舍楼
建设单位：××××县教育局
图 名：
二层平面图

单 位	mm	图 别	建施
比 例		图 号	6/14
日 期	×年×月	版 本	A

项目经理
总工程师
审 核
审 定
校 对
制 图
设 计

××建筑设计公司

工程设计资质证书编号：

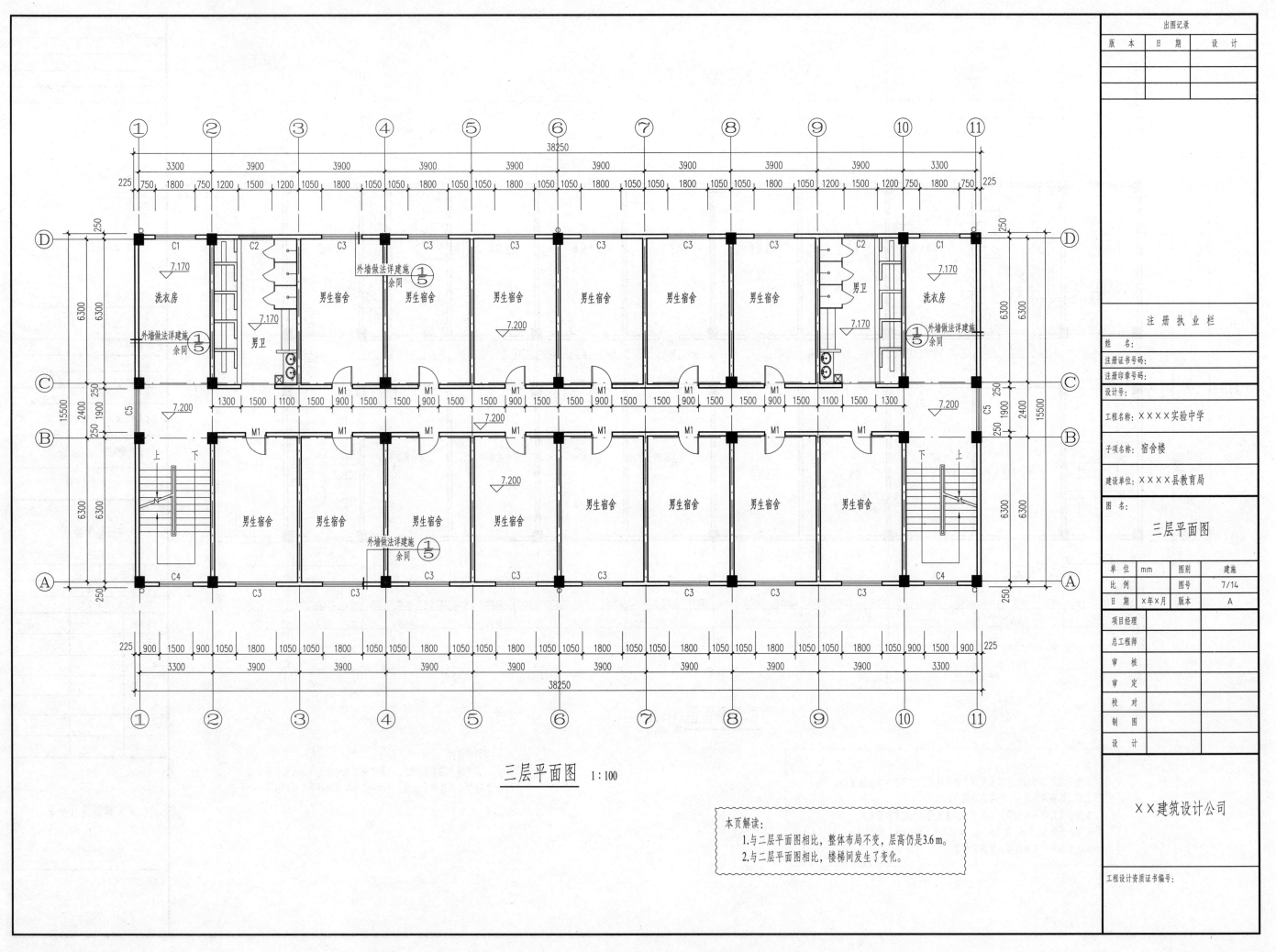

三层平面图 1:100

本页解读：
1. 与二层平面图相比，整体布局不变，层高仍是3.6m。
2. 与二层平面图相比，楼梯间发生了变化。

出图记录

版 本	日 期	设 计

注 册 执 业 栏

姓　名：
注册证书号码：
注册印章号码：
设计号：
工程名称：××××实验中学
子项名称：宿舍楼
建设单位：××××县教育局
图　名：

三层平面图

单 位	mm	图 别	建施
比 例		图 号	7/14
日 期	×年×月	版 本	A

项目经理	
总工程师	
审　核	
审　定	
校　对	
制　图	
设　计	

××建筑设计公司

工程设计资质证书编号：

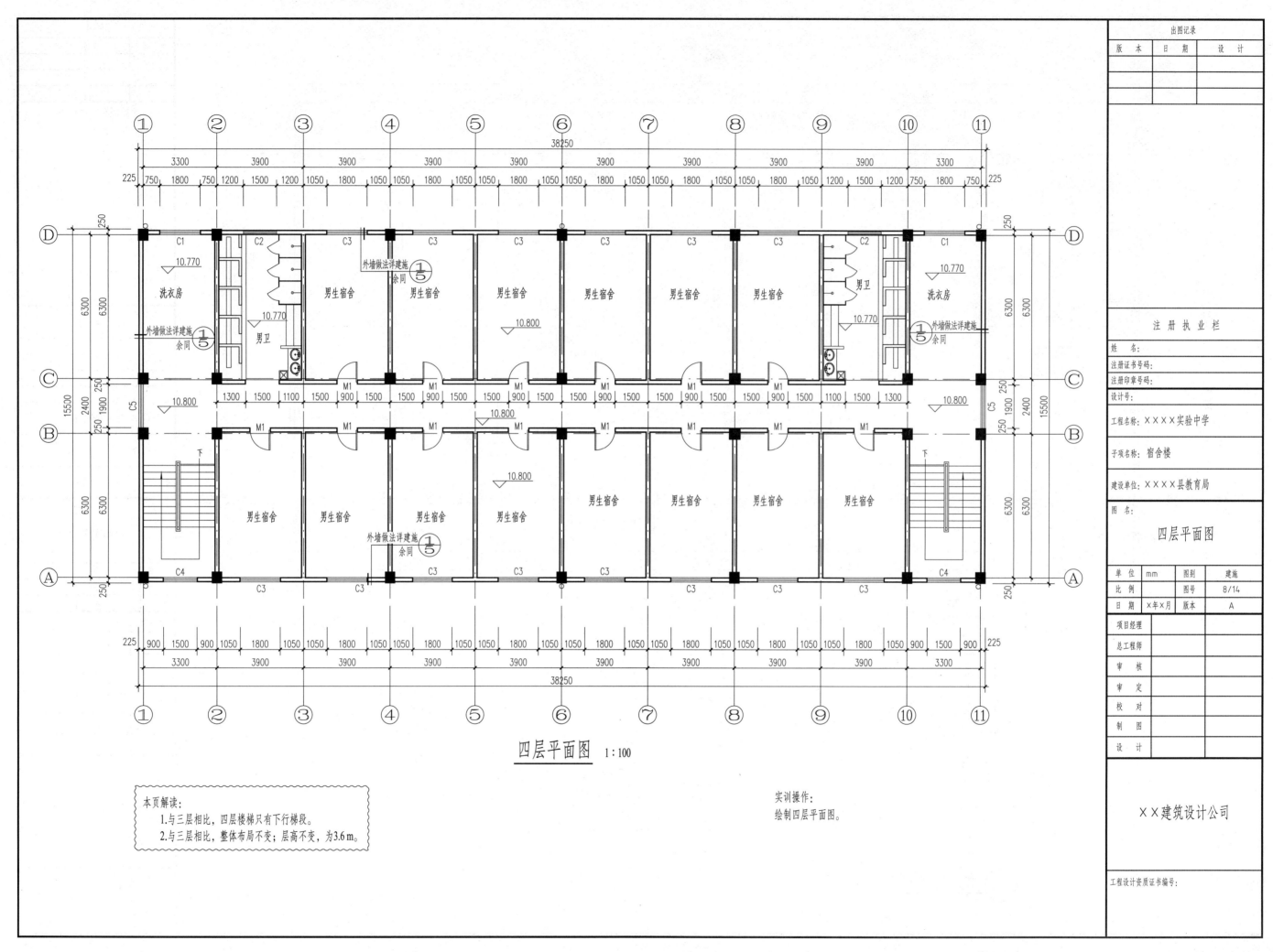

四层平面图 1:100

本页解读：
1. 与三层相比，四层楼梯只有下行梯段。
2. 与三层相比，整体布局不变；层高不变，为3.6m。

实训操作：
绘制四层平面图。

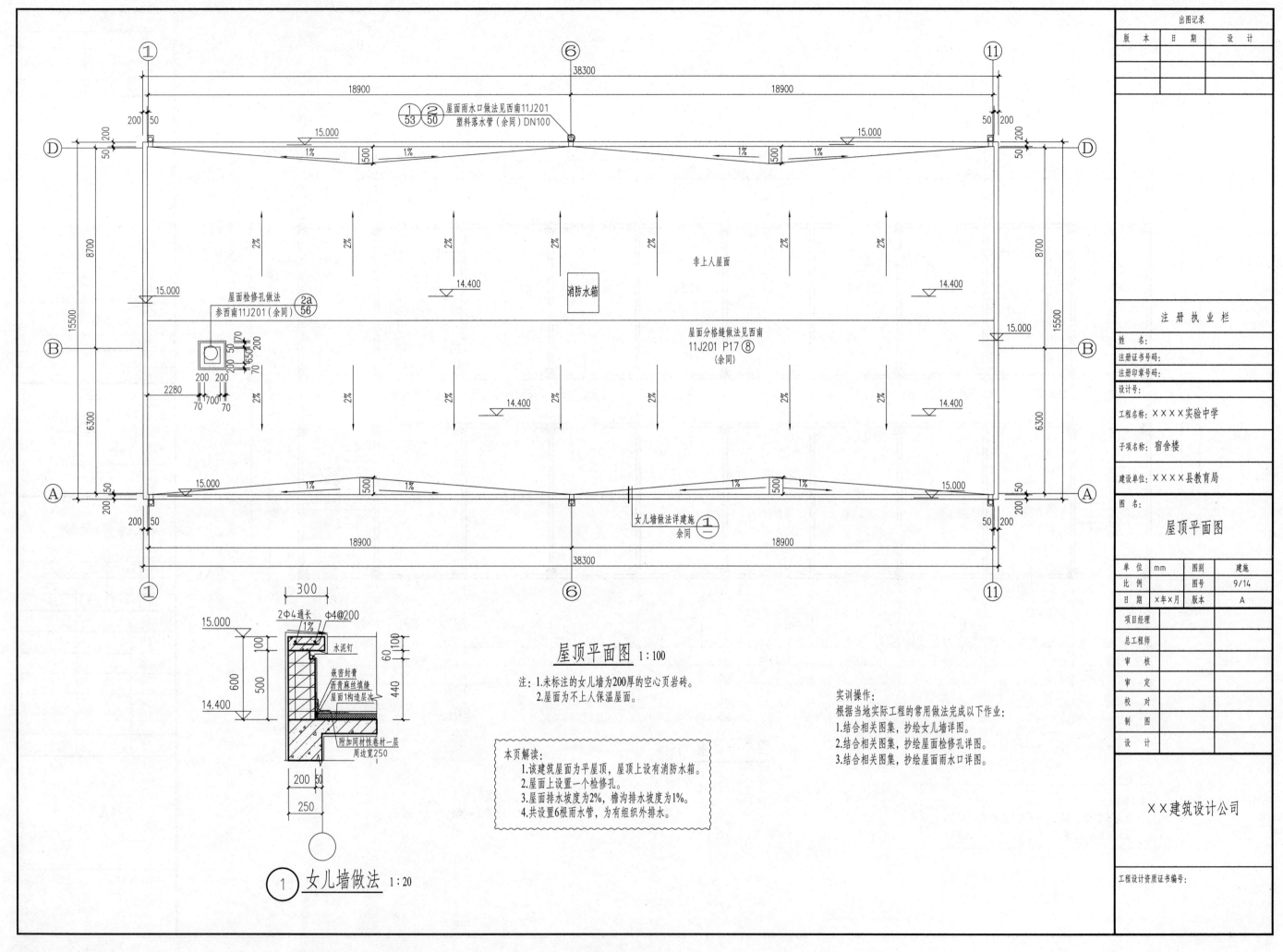

屋顶平面图 1:100

注: 1.未标注的女儿墙为200厚的空心页岩砖。
2.屋面为不上人保温屋面。

1 女儿墙做法 1:20

本页解读:
1.该建筑屋面为平屋顶,屋顶上设有消防水箱。
2.屋面上设置一个检修孔。
3.屋面排水坡度为2%,檐沟排水坡度为1%。
4.共设置6根雨水管,为有组织外排水。

实训操作:
根据当地实际工程的常用做法完成以下作业:
1.结合相关图集,抄绘女儿墙详图。
2.结合相关图集,抄绘屋面检修孔详图。
3.结合相关图集,抄绘屋面雨水口详图。

出图记录

版 本	日 期	设 计

注 册 执 业 栏

姓 名:	
注册证书号码:	
注册印章号码:	
设计号:	

工程名称: ××××实验中学

子项名称: 宿舍楼

建设单位: ××××县教育局

图 名:

屋顶平面图

单 位	mm	图 别	建施
比 例		图 号	9/14
日 期	×年×月	版 本	A

项目经理	
总工程师	
审 核	
审 定	
校 对	
制 图	
设 计	

××建筑设计公司

工程设计资质证书编号:

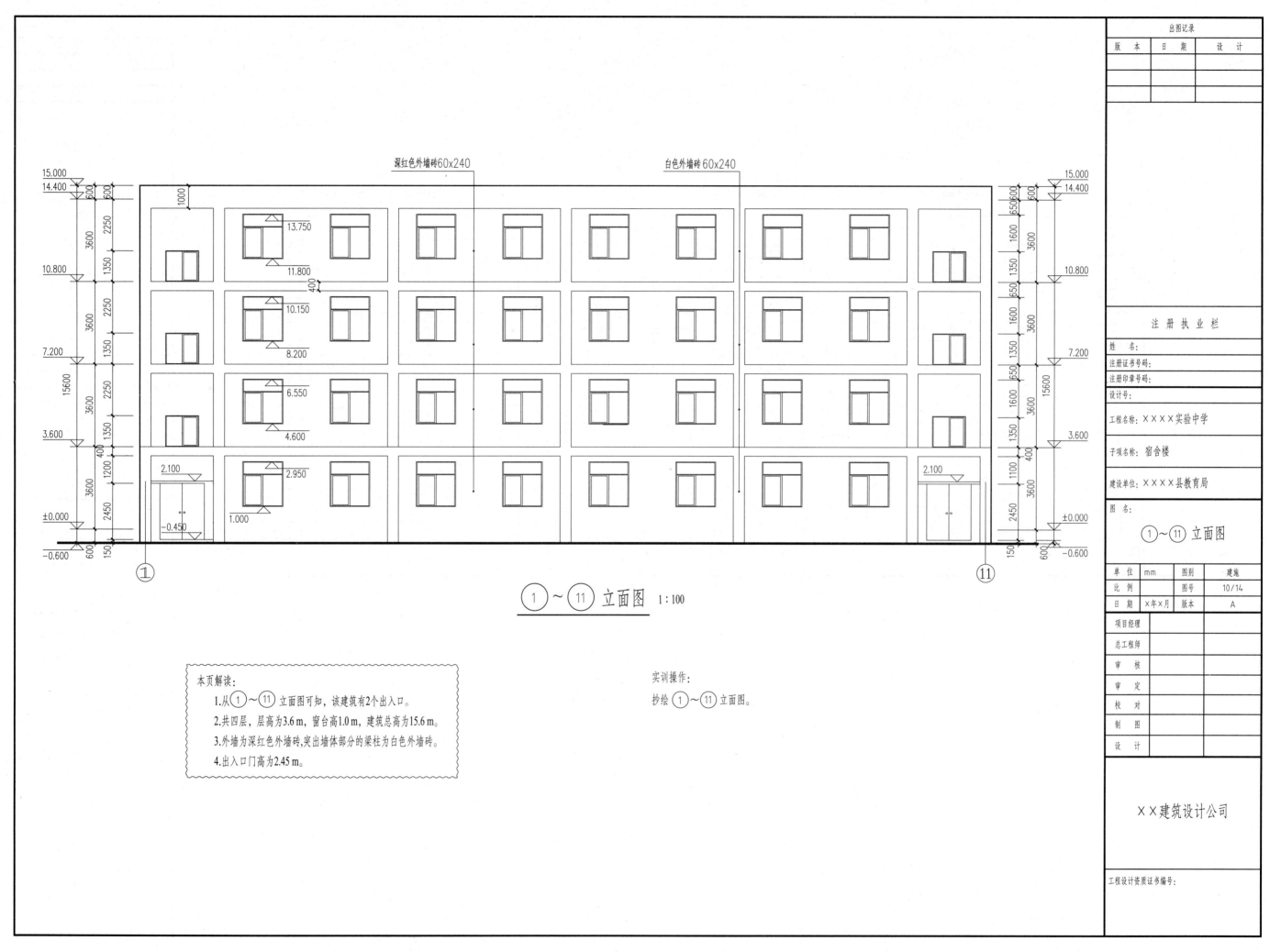

深红色外墙砖60x240   白色外墙砖60x240

① ~ ⑪ 立面图 1:100

本页解读:

1.从①~⑪立面图可知,该建筑有2个出入口。

2.共四层,层高为3.6 m,窗台高为1.0 m,建筑总高为15.6 m。

3.外墙为深红色外墙砖,突出墙体部分的梁柱为白色外墙砖。

4.出入口门高为2.45 m。

实训操作:

抄绘①~⑪立面图。

出图记录

	版 本	日 期	设 计

注 册 执 业 栏

姓 名:
注册证书号码:
注册印章号码:
设计号:

工程名称: ××××实验中学

子项名称: 宿舍楼

建设单位: ××××县教育局

图 名:

① ~ ⑪ 立面图

单 位	mm	图 别	建施
比 例		图 号	10/14
日 期	×年×月	版 本	A

项目经理
总工程师
审 核
审 定
校 对
制 图
设 计

××建筑设计公司

工程设计资质证书编号:

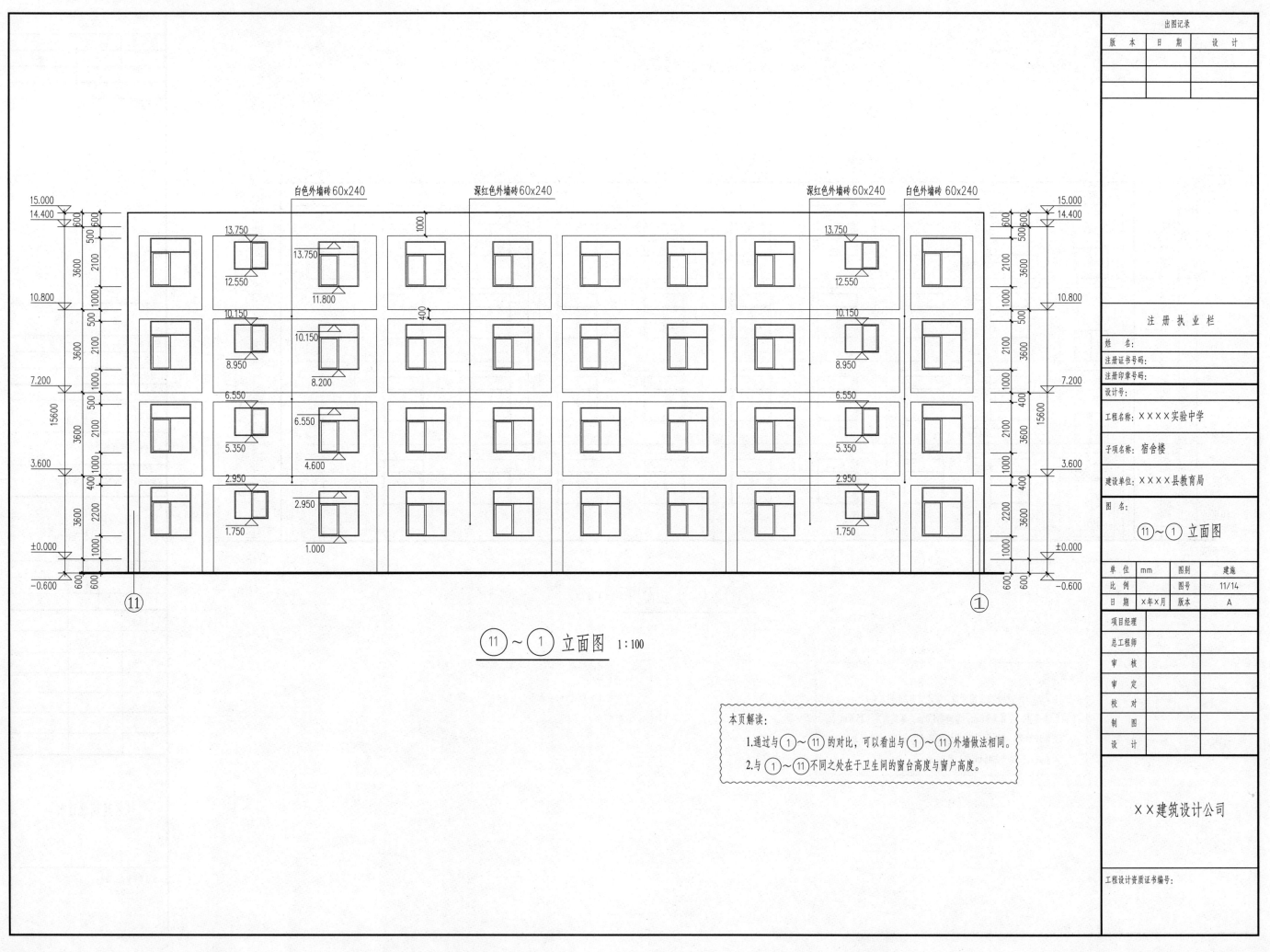

$(11) \sim (1)$ 立面图 1:100

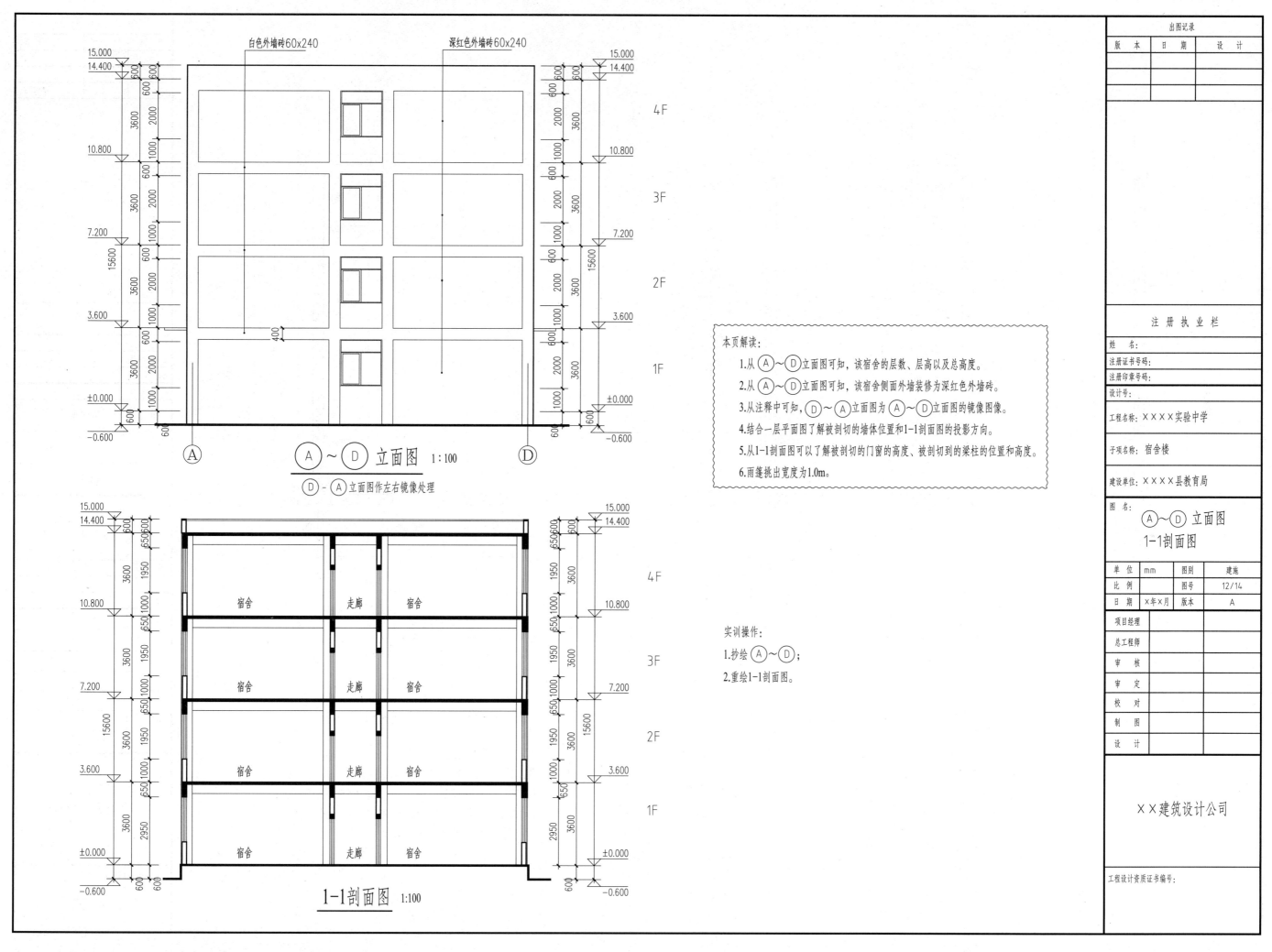

Ⓐ～Ⓓ 立面图 1:100

Ⓓ - Ⓐ立面图作左右镜像处理

白色外墙砖60x240

深红色外墙砖60x240

本页解读:

1.从Ⓐ～Ⓓ立面图可知,该宿舍的层数、层高以及总高度。

2.从Ⓐ～Ⓓ立面图可知,该宿舍侧面外墙装修为深红色外墙砖。

3.从注释中可知,Ⓓ～Ⓐ立面图为Ⓐ～Ⓓ立面图的镜像图像。

4.结合一层平面图了解被剖切的墙体位置和1-1剖面图的投影方向。

5.从1-1剖面图可以了解被剖切的门窗的高度、被剖切到的梁柱的位置和高度。

6.雨篷挑出宽度为1.0m。

1-1剖面图 1:100

宿舍 走廊 宿舍

实训操作:

1.抄绘Ⓐ～Ⓓ;

2.重绘1-1剖面图。

出图记录

版 本	日 期	设 计

注 册 执 业 栏

姓　名:

注册证书号码:

注册印章号码:

设计号:

工程名称: ××××实验中学

子项名称: 宿舍楼

建设单位: ××××县教育局

图名:
Ⓐ～Ⓓ立面图
1-1剖面图

单 位	mm	图别	建施
比 例		图号	12/14
日 期	×年×月	版本	A

项目经理	
总工程师	
审　核	
审　定	
校　对	
制　图	
设　计	

××建筑设计公司

工程设计资质证书编号:

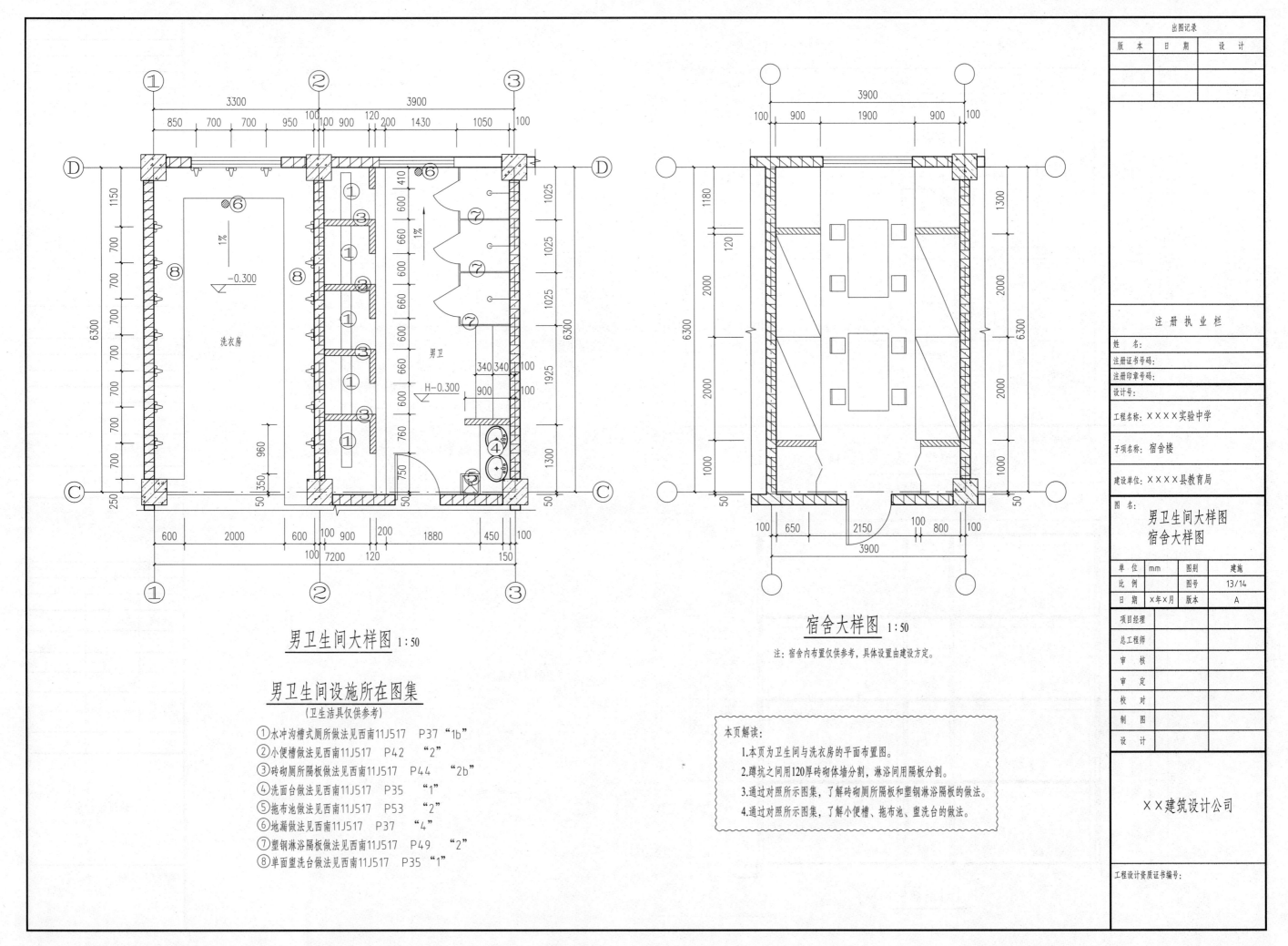

男卫生间大样图 1:50

男卫生间设施所在图集

（卫生洁具仅供参考）

① 水冲沟槽式厕所做法见西南11J517 P37 "1b"

② 小便槽做法见西南11J517 P42 "2"

③ 砖砌厕所隔板做法见西南11J517 P44 "2b"

④ 洗面台做法见西南11J517 P35 "1"

⑤ 拖布池做法见西南11J517 P53 "2"

⑥ 地漏做法见西南11J517 P37 "4"

⑦ 塑钢淋浴隔板做法见西南11J517 P49 "2"

⑧ 单面盥洗台做法见西南11J517 P35 "1"

宿舍大样图 1:50

注：宿舍内布置仅供参考，具体设置由建设方定。

本页解读：

1.本页为卫生间与洗衣房的平面布置图。

2.蹲坑之间用120厚砖砌体墙分割，淋浴间用隔板分割。

3.通过对照所示图集，了解砖砌厕所隔板和塑钢淋浴隔板的做法。

4.通过对照所示图集，了解小便槽、拖布池、盥洗台的做法。

洗衣房

男卫

出图记录

版 本	日 期	设 计

注 册 执 业 栏

姓 名：

注册证书号码：

注册印章号码：

设 计 号：

工程名称：××××实验中学

子项名称：宿舍楼

建设单位：××××县教育局

图 名：
男卫生间大样图
宿舍大样图

单 位	mm	图别	建施
比 例		图号	13/14
日 期	×年×月	版本	A

项目经理	
总工程师	
审 核	
审 定	
校 对	
制 图	
设 计	

××建筑设计公司

工程设计资质证书编号：

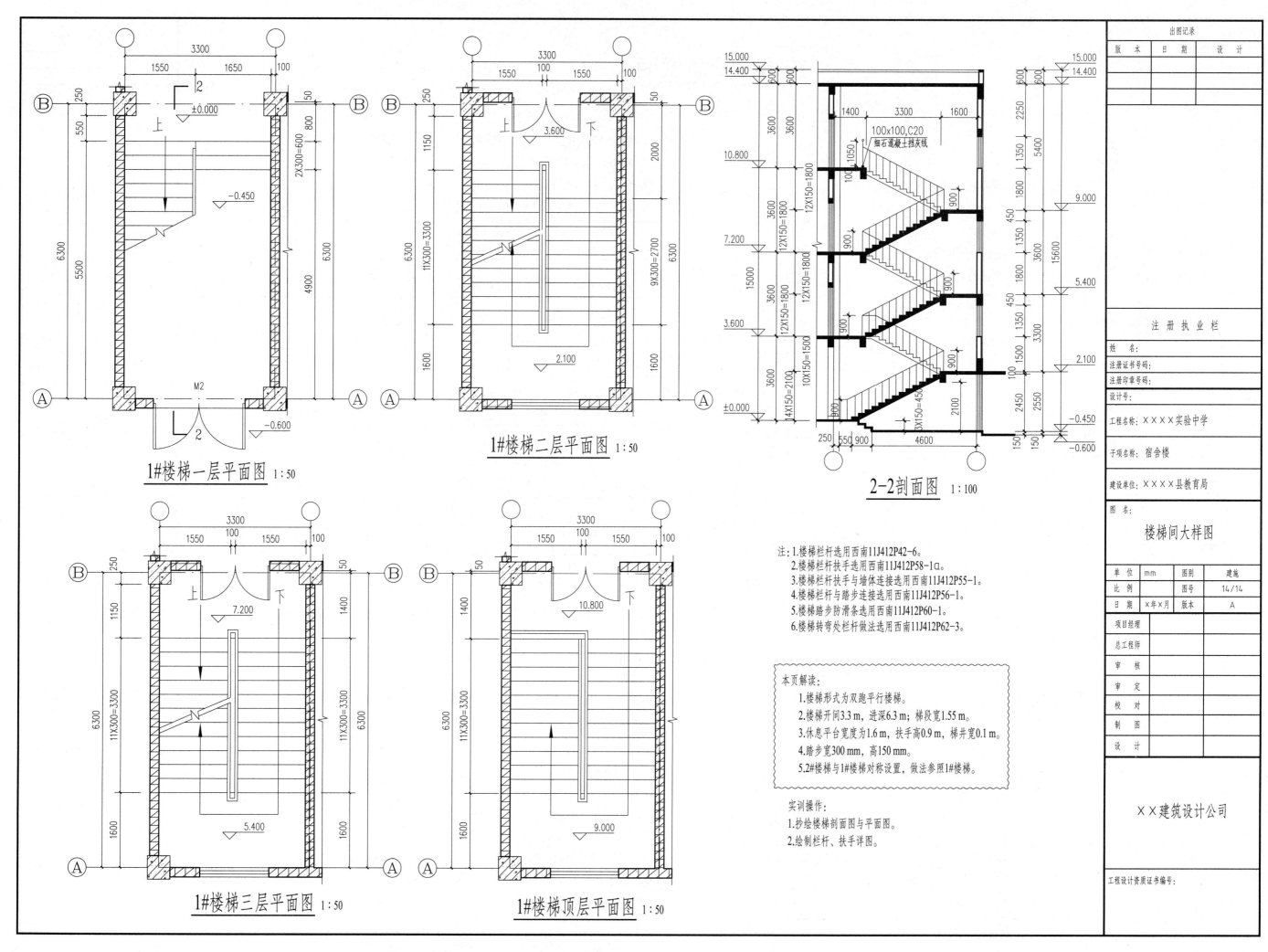

1#楼梯一层平面图 1:50

1#楼梯二层平面图 1:50

1#楼梯三层平面图 1:50

1#楼梯顶层平面图 1:50

2-2剖面图 1:100

100×100,C20
细石混凝土挡灰线

注:1.楼梯栏杆选用西南11J412P42-6。
 2.楼梯栏杆扶手选用西南11J412P58-1a。
 3.楼梯栏杆扶手与墙体连接选用西南11J412P55-1。
 4.楼梯栏杆与踏步连接选用西南11J412P56-1。
 5.楼梯踏步防滑条选用西南11J412P60-1。
 6.楼梯转弯处栏杆做法选用西南11J412P62-3。

本页解读:
 1.楼梯形式为双跑平行楼梯。
 2.楼梯开间3.3 m,进深6.3 m;梯段宽1.55 m。
 3.休息平台宽度为1.6 m,扶手高0.9 m,梯井宽0.1 m。
 4.踏步宽300 mm,高150 mm。
 5.2#楼梯与1#楼梯对称设置,做法参照1#楼梯。

实训操作:
 1.抄绘楼梯剖面图与平面图。
 2.绘制栏杆、扶手详图。

出图记录
版 本	日 期	设 计

注 册 执 业 栏
姓 名:
注册证书号码:
注册印章号码:
设 计 号:
工程名称:××××实验中学
子项名称:宿舍楼
建设单位:××××县教育局

图 名:
楼梯间大样图

单 位	mm	图 别	建施
比 例		图 号	14/14
日 期	×年×月	版 本	A
项目经理			
总工程师			
审 核			
审 定			
校 对			
制 图			
设 计			

××建筑设计公司

工程设计资质证书编号:

结构设计总说明

一、设计依据

1. 《建筑结构可靠度设计统一标准》 （GB 50068—2001）
2. 《建筑结构荷载规范》 （GB 50009—2012）
3. 《建筑抗震设计规范》 （GB 50011—2010）
4. 《混凝土结构设计规范》 （GB 50010—2010）
5. 《建筑结构制图标准》 （GB/T50105—2010）
6. 《建筑结构地基基础设计规范》 （GB 50007—2011）
7. 《建筑地基处理技术规范》 （JGJ 79—2012）
8. 《冷轧带肋钢筋混凝土结构技术规程》 （JGJ 95—2011）
9. 《混凝土结构耐久性设计规范》 （GB/T 50476—2008）
10. 《建筑工程抗震设防分类标准》 （GB 50223—2008）

二、自然条件

1. 结构设计的 ±0.000 绝对标高同建筑绝对标高。
2. 抗震设防烈度为 7 度，场地类别为 II 类，设计基本地震加速度值为 0.10 g，设计地震分组为第一组，特征周期为 0.35 s。
3. 基本风压值：0.300 kN/m，地面粗糙度为 B 类。
4. 基本雪压值：0.100 kN/m²。

三、结构设计总体概述

1. 标高以 m 为单位，其余尺寸以 mm 为单位。
2. 结构体为四层框架结构，抗震等级为三级，结构设计使用年限 50 年。
3. 建筑结构安全等级为二级，建筑抗震设防分类为乙类建筑。
4. 地基基础设计等级为丙级，建筑耐火等级主体为二级。
5. 混凝土结构施工图采用平面整体表示方法，除本图注明者以外施工应严格按标准图集 11G101-1 执行。
6. 混凝土结构的环境类别：±0.000 以上一类环境，±0.000 以下为二 a 类环境。
7. 使用和施工荷载限制（恒载均不包含结构自重）

本工程使用和施工荷载标准值（kN/m²）不得大于下表设计取值：

序号	部位	活载标准值	恒载标准值	序号	部位	活载标准值	恒载标准值
1	宿舍	2.000	2.000	5	非上人屋面	0.500	3.500
2	蹲厕	2.500	5.000	6			
3	楼梯	3.500	4.000	7			
4	走廊	2.500	2.000	8			

8. 屋面阳台楼梯栏杆顶部应能够承受不小于 0.5 kN/m² 的水平荷载。

四、材料和保护层

1. 混凝土强度等级

序号	部位或构件	混凝土强度	序号	部位或构件	混凝土强度
1	基础垫层	C15	5	填充墙内造柱、圈梁、过梁	C25
2	基础、地梁	C30	6	其他零星构件	C25
3	框架柱、框架梁	C30			
4	楼板、楼梯	C30			

2. 钢筋：Φ（HPB300）（热轧钢筋），Φ（HRB400）（热轧钢筋），Φ R（CRB550）（冷轧带肋钢筋）
3. 焊条：HPB300 钢筋采用 E43 型，HRB400、CRB550 钢筋采用 E50 型。
4. 预埋钢板采用 Q235 级钢。
5. 非承重砌体（注：填充墙及隔墙（断）的位置，厚度见建筑平面图）：

构件部位	砌块（砖）强度等级	砂浆强度等级	备注
200 mm 厚内墙	Mu3.5 空心页岩砖	M5.0 混合砂浆	容重 ≤ 10.0 kN/m³
200 mm 厚外墙	Mu7.5 多孔页岩砖	M5.0 混合砂浆	容重 ≤ 12.0 kN/m³
120 mm 厚走廊栏板	Mu10.0 实心页岩砖	M5.0 水泥砂浆	容重 ≤ 19 kN/m³

6. 主筋保护层厚度见下表

环境类别	墙、板、壳	梁、柱、杆
一	15	20
二 a	20	25

1. 混凝土强度等级不大于 C25 时，表中保护层厚度数值应增加 5 mm。
2. 钢筋混凝土基础宜设置混凝土垫层，基础中钢筋的混凝土保护层厚度应从垫层顶面算起，且不应小于 40 mm。

7. 混凝土结构环境类别及耐久性的基本要求

（1）混凝土结构环境类别与作用等级：±0.000 以下及卫生间、屋面为二 a，其余为一类。

（2）混凝土结构耐久性的基本要求见下表：

使用年限为 50 年的结构混凝土耐久性的基本要求

环境类别与作用等级	最大水灰比	最低强度等级	最大氯离子含量 /%	最大碱含量 / （kg/m³）
一	0.60	C20	0.30	不限制
二 a	0.55	C25	0.20	3

8. 地基、基础

8.1 基础设计根据建设单位提供的地勘报告进行，采用天然地基以粉质黏土为持力层；基底标高 -3.5m，地基承载力特征值 f_{ak}=220 kPa，E_s=8.5 mPa；地基处理后须由有资质单位检测合格后方能继续施工。

8.2 施工开挖基坑时应注意边坡稳定，定期观测基坑对周围道路、市政设施和建筑物有无不利影响，非自然放坡开挖时基坑护壁应做专门设计。

8.3 混凝土基础底板下（除注明外）设 100 厚 10 素混凝土垫层，每边突出基础边 100。

8.4 基坑回填土及位于设备基础、地面、散水、踏步等基础之下的回填土，采用素土分层对称回填压实，每层厚度 ≤ 250 mm，压实系数 ≥ 0.94。

五、施工要求及注意事项

5.1 纵向受拉钢筋最小锚固及搭接长度，详见图集 11G101-1 （P53）。

冷轧带肋钢筋的搭接、锚固长度按 JGJ 95—2011 第 6.1.2、6.1.3 规定取。

5.2 梁、柱、墙的构造要求见图集 11G101-1，另补充以下几点：

（1）梁柱纵筋接头宜采用机械连接或搭接接头。焊接、搭接接头及质量应符合《混凝土结构工程施工及验收规范》（GB 50204—2002）（2011 年版）的有关规定。机械接头应符合《钢筋机械连接通用技术规程》的有关规定。纵向钢筋接头：当钢筋直径 $d \geq 22$ mm 时应优先采用机械连接，$d \leq 20$ mm 时也可采用绑扎搭接。

出图记录

版 本	日 期	设 计

注 册 执 业 栏

姓 名：	
注册证书号码：	
注册印章号码：	
设 计 号：	
工程名称：	××××实验中学
子项名称：	宿舍楼
建设单位：	××××县教育局
图 名：	结构设计总说明 图纸目录

单 位	mm	图别	结施
比 例		图号	1/13
日 期	×年×月	版本	A

专业负责人	
设计总负责人	
审 核	
审 定	
制 图	
设 计	
校 对	

××建筑设计公司

工程设计资质证书编号：

(2) 框架梁、柱的箍筋应满足国标图集 11G101-1 的要求,但柱内复合箍筋仅在无法施工的部位方可允许部分采用拉筋。当采用拉筋时,拉筋应紧靠纵向钢筋并勾住箍筋。

(3) 当柱纵筋直径 ≥ 25mm 时,WKL 的边节点尚按 11G101-1(P59)的要求附加角部防裂筋。

5.3 楼板及屋面板的构造要求:

(1) 图中现浇板板底钢筋的布置为短向筋在下,长向筋在上;板面钢筋布置为短向筋在上,长向筋在下。

(2) 各板角上钢筋纵横两向均必须重叠设置成网格状。

(3) 现浇板中的分布筋除注明者外,均为 φ6.5@250。

(4) 现浇板上顶留洞口不大于 300 时现浇板中的钢筋弯绕洞口,钢筋不得切断。

(5) 施工中必须采取有效措施确保板面钢筋的位置准确无误。配有双层钢筋或负筋的一般楼盖,均应加设支撑钢筋,支撑钢筋的形式为 ⼏,可用 φ8 钢筋制成,每平方米设置一个。

(6) 楼板上后砌隔墙的位置应严格遵守建筑施工图,不可随意砌筑。

(7) 卫生间、厨房四周墙脚均做 200 高 200 厚的 C20 细石混凝土泛水反边。

(8) 各层楼板标高均为建筑标高 -0.030。

5.4 其他要求

L<4m 的板,要求支撑时起拱 L/400(L 为板跨);L>4m 的梁,要求支模时起拱 L/400(L 为梁跨);L<10m 的梁,要求支撑时跨中拱 L/300(L 为梁跨)。悬挑长度 L>2m 的挑梁,要求支模时悬挑起拱 L/200,悬挑长度 L<1.2m 的挑板,要求支模时悬挑起拱 L/200;悬挑长度 L>4m 的挑梁,要求支模时悬挑起拱 L/150。任何情况下起拱高度不小于 20mm。

5.5 砌体与混凝土墙(柱)的连接及圈(过)梁、构造柱的要求

5.5.1 过梁、构造柱以及配筋带混凝土强度均为 C25。

5.5.2 砌体填充墙与混凝土墙柱的连接做法、填充墙顶部与梁(板)拉结、构造柱的构造详见图集 12G614-1,按 7 度选用,另补充以下几点:

(1) 框架填充墙当墙长或相邻横墙之间的距离大于 2 倍墙高时,应在墙中设置构造柱,构造柱间距不大于 2 倍墙高;当墙长大于墙高且端部无柱时,应在墙端设置构造柱;填充墙中洞口宽度大于 1.2m 时,应在洞口两侧设置构造柱。

(2) 在内外墙交接处和外墙转折处宜设置构造柱,构造柱间距不大于 2 倍墙高;当端部无柱时,外墙部长度大于 1m 时,应在端部设置构造柱。

(3) 外墙窗洞口宽度大于 2.1m 时,窗裙墙顶面宜设置现浇带,洞口宽度大于 3.0m 时,窗裙墙中还宜设置构造柱,构造柱中距不宜大于 2.5m。

(4) 构造柱钢筋捆绑完后,应先砌墙后浇柱。填充墙应在主体结构施工完毕后,由上而下逐层砌筑,防止下部梁承受上层梁以上的荷载。填充墙砌至板梁底后,应待砌体沉实(约一周时间)后,再把下部砌体与上部板、梁的空间严格填实,未填实前应采取有效措施防止填充墙被风刮倒。

六、施工、制作及其他

6.1 必须严格按图纸及有关规范、规程施工。本结构施工图应与建筑、电气、给排水、通风、空调和动力等专业的施工图密切配合,及时铺设各类管线及套管,并核对留洞及预埋件位置是否准确。设备基础待设备到货经校对无误后方可施工。

6.2 雨季、冬季施工时,须采取有效措施,确保工程质量。

6.3 未详事项依照国家现行的规范和规程执行。

6.4 结构图中标高以 m 计,其余尺寸以 mm 计,未交代的大样及做法均见相关建筑图。

6.5 未经技术鉴定或设计许可,不得改变结构的用途和使用环境。

图纸目录

序号	图纸内容	序号	图纸内容
1/13	结构设计总说明 图纸目录	8/13	三、四层梁配筋平面图
2/13	基础平面布置图	9/13	屋面梁配筋平面图
3/13	基顶~3.570 柱配筋平面图	10/13	二层板配筋平面图
4/13	3.570~7.170 柱配筋平面图	11/13	三、四层板配筋平面图
5/13	7.170~14.170 柱配筋平面图	12/13	屋面层板配筋平面图
6/13	地梁配筋平面图	13/13	楼梯详图
7/13	二层梁配筋平面图		

本页解读:

1. 了解工程的设计依据和工程概况。

2. 了解基础、梁板柱和填充墙的材料要求。

3. 了解施工要求及注意事项。

4. 了解图纸目录。

出图记录

版 本	日 期	设 计

注 册 执 业 栏

姓 名:

注册证书号码:

注册印章号码:

设 计 号:

工程名称:
××××实验中学

子项名称:
宿舍楼

建设单位:
××××县教育局

图 名:
结构设计总说明
图纸目录

单 位	mm	图 别	结施
比 例		图 号	1/13
日 期	×年×月	版本	A

专业负责人

设计总负责人

审 核

审 定

制 图

设 计

校 对

××建筑设计公司

工程设计资质证书编号:

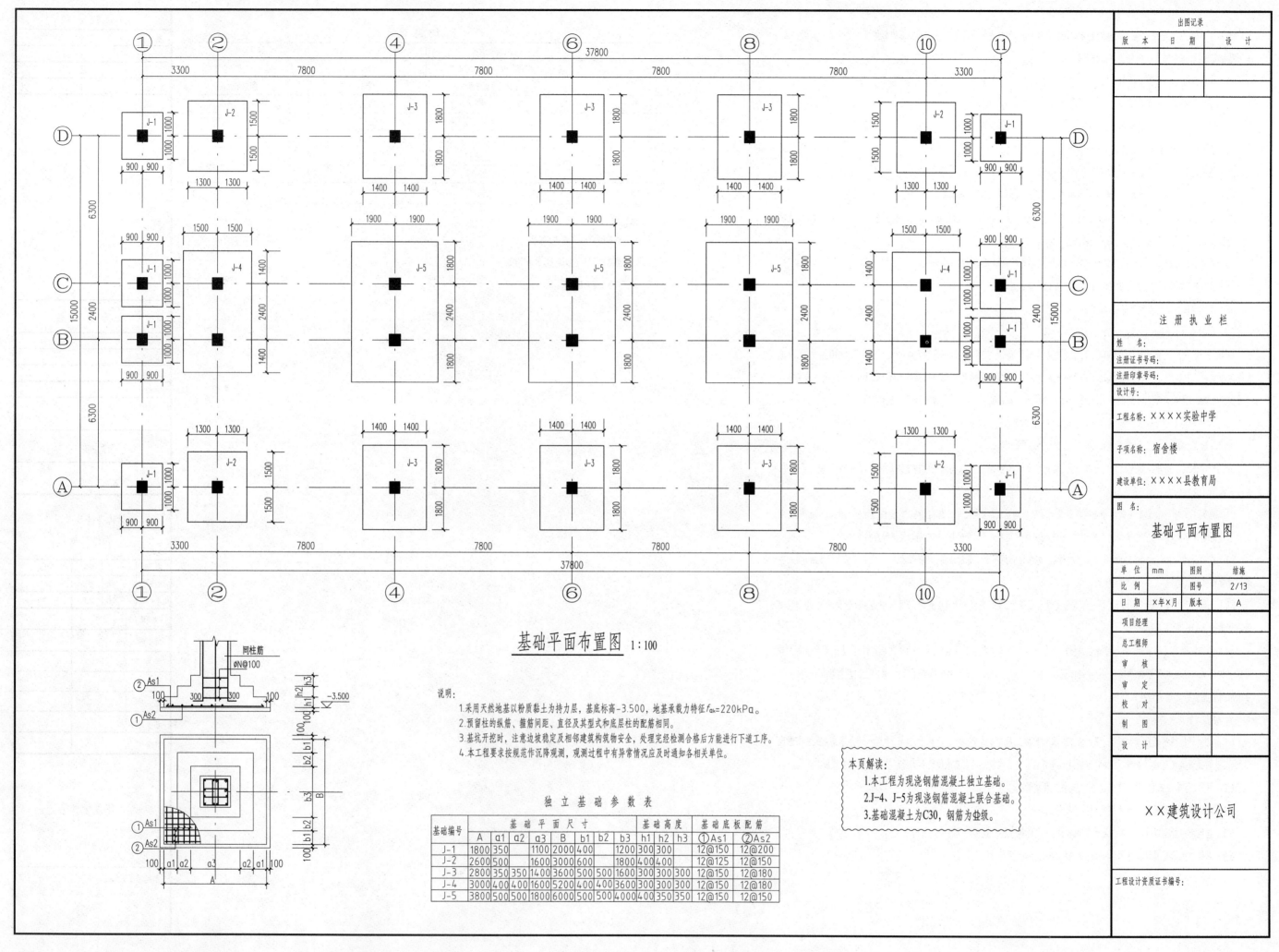

基础平面布置图 1:100

说明：

1. 采用天然地基以粉质黏土为持力层，基底标高-3.500，地基承载力特征f_{ak}=220kPa。
2. 预留柱的纵筋、箍筋间距、直径及其型式和底层柱的配筋相同。
3. 基坑开挖时，注意边坡稳定及相邻建筑构筑物安全，处理完经检测合格后方能进行下道工序。
4. 本工程要求按规范作沉降观测，观测过程中有异常情况应及时通知各相关单位。

本页解读：

1. 本工程为现浇钢筋混凝土独立基础。
2. J-4、J-5为现浇钢筋混凝土联合基础。
3. 基础混凝土为C30，钢筋为Ⅱ级。

独立基础参数表

基础编号	基础平面尺寸								基础高度			基础底板配筋	
	A	a1	a2	a3	B	b1	b2	b3	h1	h2	h3	①As1	②As2
J-1	1800	350			1100	2000	400		1200	300	300		12@150	12@200
J-2	2600	500			1600	3000	600		1800	400	400		12@125	12@150
J-3	2800	350	350		1400	3600	500	500	1600	200	200		12@150	12@180
J-4	3000	400	400		1600	5200	400	400	3600	300	300	300	12@150	12@180
J-5	3800	500	500		1800	6000	500	500	4000	400	350	350	12@150	12@150

回柱筋
øN@100
As1
As2
-3.500

工程名称：××××实验中学
子项名称：宿舍楼
建设单位：××××县教育局
图名：基础平面布置图
单位 mm　图别 结施
比例　图号 2/13
日期 ×年×月　版本 A

注册执业栏
姓名：
注册证书号码：
注册印章号码：
设计号：

出图记录
版本　日期　设计

项目经理
总工程师
审核
审定
校对
制图
设计

××建筑设计公司
工程设计资质证书编号：

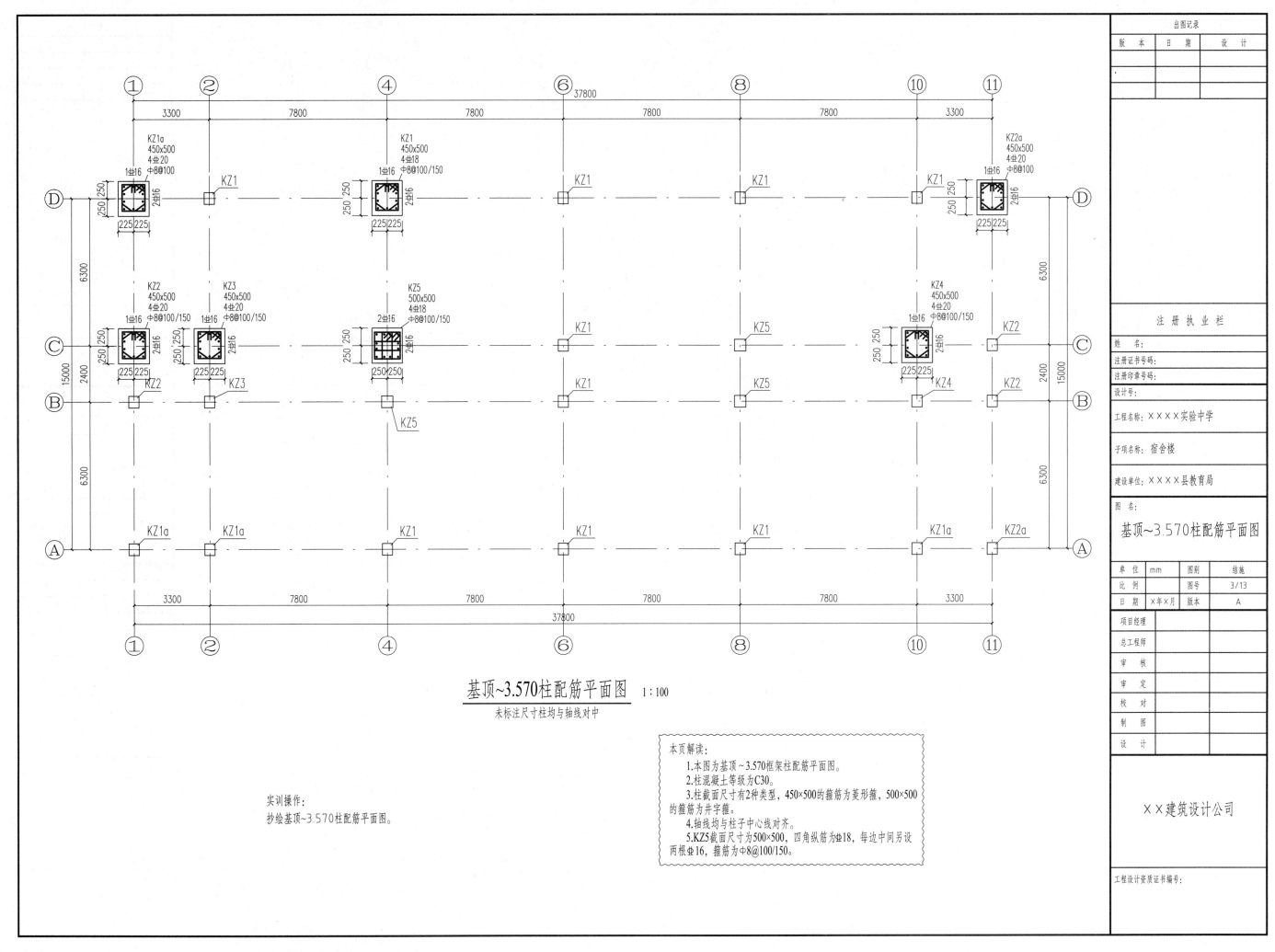

基顶~3.570柱配筋平面图 1:100
未标注尺寸柱均与轴线对中

实训操作:
抄绘基顶~3.570柱配筋平面图。

本页解读:
　　1.本图为基顶~3.570框架柱配筋平面图。
　　2.柱混凝土等级为C30。
　　3.柱截面尺寸有2种类型,450×500的箍筋为菱形箍,500×500的箍筋为井字箍。
　　4.轴线均与柱子中心线对齐。
　　5.KZ5截面尺寸为500×500,四角纵筋为4Φ18,每边中间另设两根Φ16,箍筋为Φ8@100/150。

出图记录
版　本　　日　期　　设　计

注　册　执　业　栏
姓　名:
注册证书号码:
注册印章号码:
设计号:
工程名称: ××××实验中学
子项名称: 宿舍楼
建设单位: ××××县教育局
图　名:
基顶~3.570柱配筋平面图
单　位　mm　　图别　　结施
比　例　　　　　图号　　3/13
日　期　×年×月　版本　　A
项目经理
总工程师
审　核
审　定
校　对
制　图
设　计

××建筑设计公司

工程设计资质证书编号:

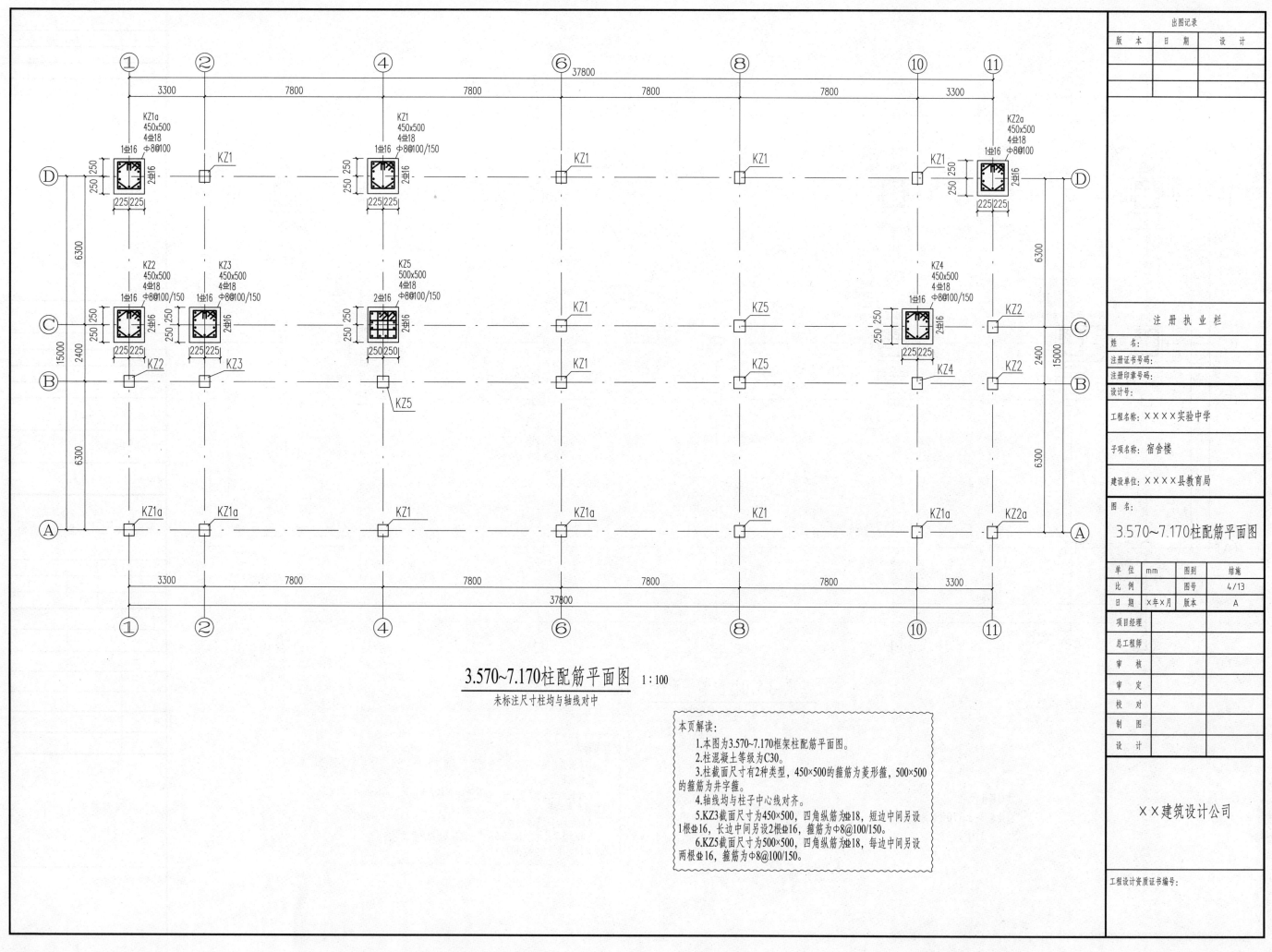

3.570~7.170柱配筋平面图 1:100
未标注尺寸柱均与轴线对中

本页解读:
1.本图为3.570~7.170框架柱配筋平面图。
2.柱混凝土等级为C30。
3.柱截面尺寸有2种类型,450×500的箍筋为菱形箍,500×500的箍筋为井字箍。
4.轴线均与柱子中心线对齐。
5.KZ3截面尺寸为450×500,四角纵筋为4±18,短边中间另设1根±16,长边中间另设2根±16,箍筋为Φ8@100/150。
6.KZ5截面尺寸为500×500,四角纵筋为4±18,每边中间另设两根±16,箍筋为Φ8@100/150。

出图记录
版 本 | 日 期 | 设 计

注 册 执 业 栏
姓 名:
注册证书号码:
注册印章号码:
设计号:
工程名称:××××实验中学
子项名称:宿舍楼
建设单位:××××县教育局
图 名:
3.570~7.170柱配筋平面图

单 位 mm | 图 别 | 结施
比 例 | 图 号 | 4/13
日 期 ×年×月 | 版 本 | A

项目经理
总工程师
审 核
审 定
校 对
制 图
设 计

××建筑设计公司

工程设计资质证书编号:

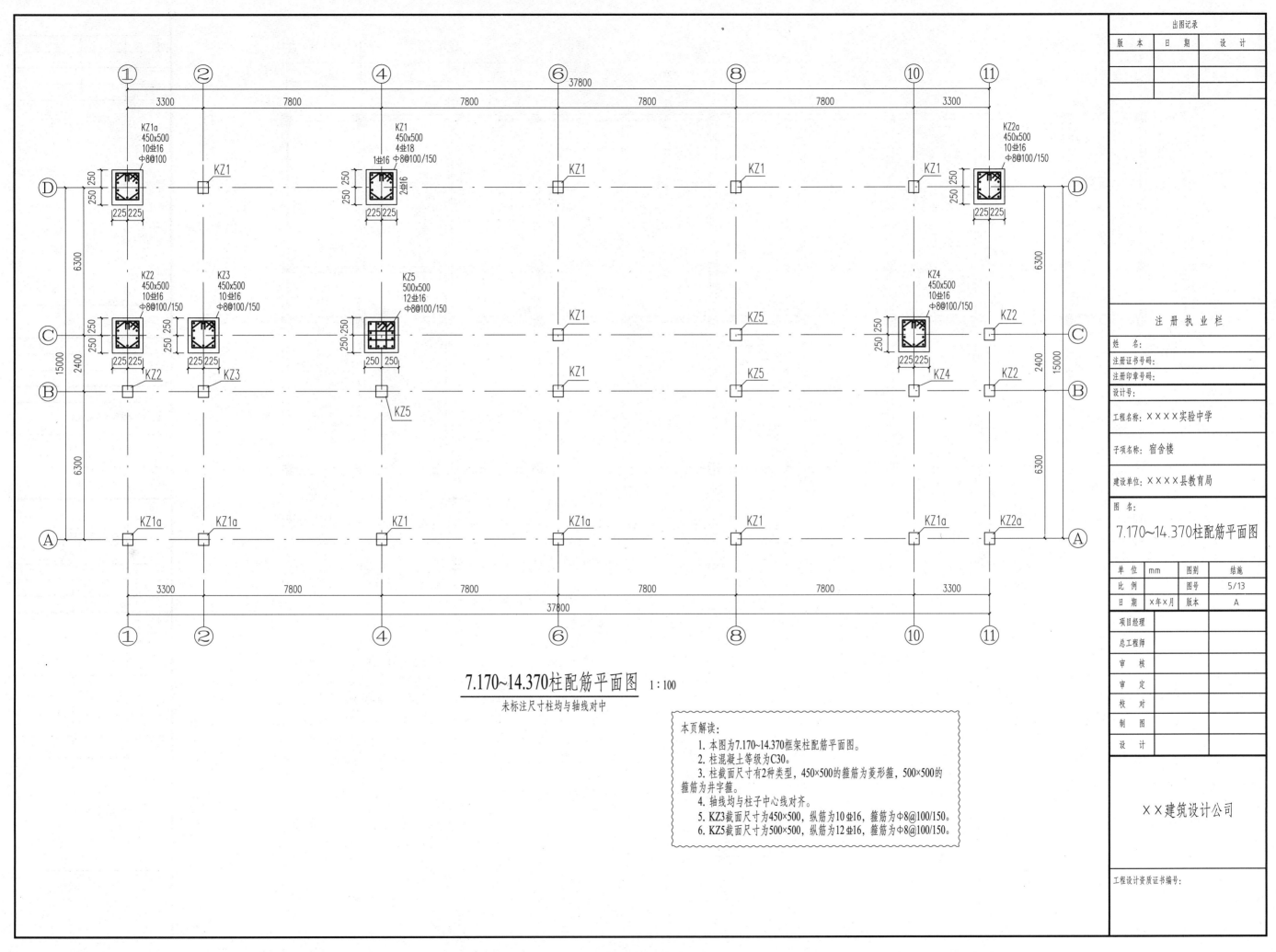

7.170~14.370柱配筋平面图 1:100
未标注尺寸柱均与轴线对中

本页解读:
1. 本图为7.170~14.370框架柱配筋平面图。
2. 柱混凝土等级为C30。
3. 柱截面尺寸有2种类型,450×500的箍筋为菱形箍,500×500的箍筋为井字箍。
4. 轴线均与柱子中心线对齐。
5. KZ3截面尺寸为450×500,纵筋为10±16,箍筋为Φ8@100/150。
6. KZ5截面尺寸为500×500,纵筋为12±16,箍筋为Φ8@100/150。

出图记录
版 本 | 日 期 | 设 计

注 册 执 业 栏
姓   名:
注册证书号码:
注册印章号码:
设 计 号:
工程名称:××××实验中学
子项名称:宿舍楼
建设单位:××××县教育局
图 名:
7.170~14.370柱配筋平面图

单 位 mm | 图 别 | 结施
比 例 | 图 号 | 5/13
日 期 ×年×月 | 版 本 | A
项目经理
总工程师
审 核
审 定
校 对
制 图
设 计

××建筑设计公司

工程设计资质证书编号:

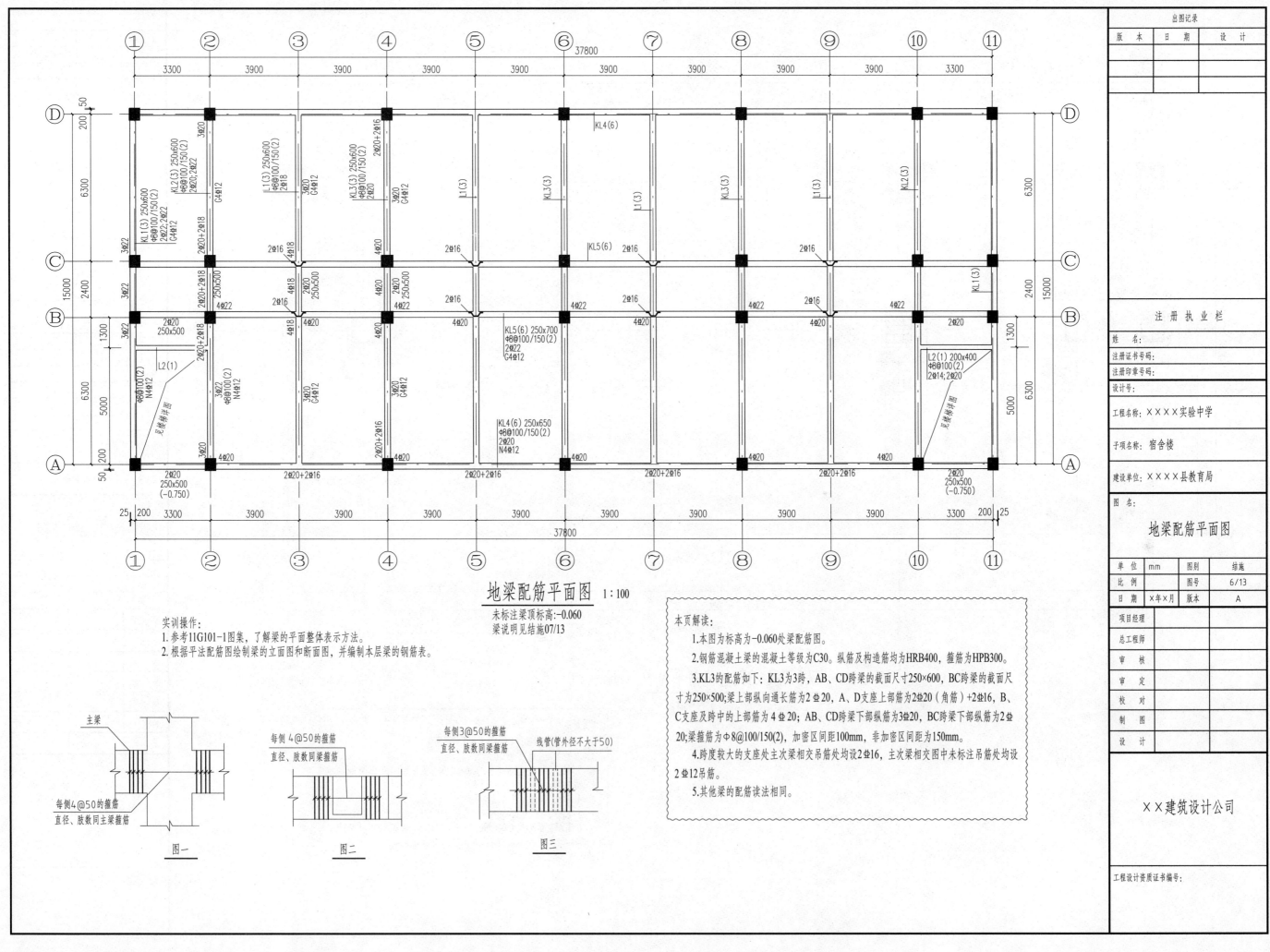

地梁配筋平面图 1:100

未标注梁顶标高:-0.060
梁说明见结施07/13

实训操作:
1. 参考11G101-1图集,了解梁的平面整体表示方法。
2. 根据平法配筋图绘制梁的立面图和断面图,并编制本层梁的钢筋表。

图一

主梁
每侧4@50的箍筋
直径、肢数同梁箍筋

图二

每侧4@50的箍筋
直径、肢数同梁箍筋

图三

每侧3@50的箍筋
直径、肢数同梁箍筋
线管(管外径不大于50)

本页解读:
1. 本图为标高为-0.060处梁配筋图。
2. 钢筋混凝土梁的混凝土等级为C30。纵筋及构造筋均为HRB400,箍筋为HPB300。
3. KL3的配筋如下: KL3为3跨,AB、CD跨梁的截面尺寸为250×600,BC跨梁的截面尺寸为250×500;梁上部纵向通长筋为2Φ20,A、D支座上部筋为2Φ20(角筋)+2Φ16,B、C支座及跨中的上部筋为4Φ20; AB、CD跨梁下部纵筋为3Φ20,BC跨梁下部纵筋为2Φ20;梁箍筋为Φ8@100/150(2),加密区间距100mm,非加密区间距为150mm。
4. 跨度较大的支座处主次梁相交筋处均设2Φ16,主次梁相交图中未标注吊筋处均设2Φ12吊筋。
5. 其他梁的配筋读法相同。

出图记录

版本	日期	设计

注 册 执 业 栏

姓 名:
注册证书号码:
注册印章号码:
设计号:
工程名称: ××××实验中学
子项名称: 宿舍楼
建设单位: ××××县教育局

图 名:

地梁配筋平面图

单 位	mm	图别	结施
比 例		图号	6/13
日 期	×年×月	版本	A

项目经理
总工程师
审 核
审 定
校 对
制 图
设 计

××建筑设计公司

工程设计资质证书编号:

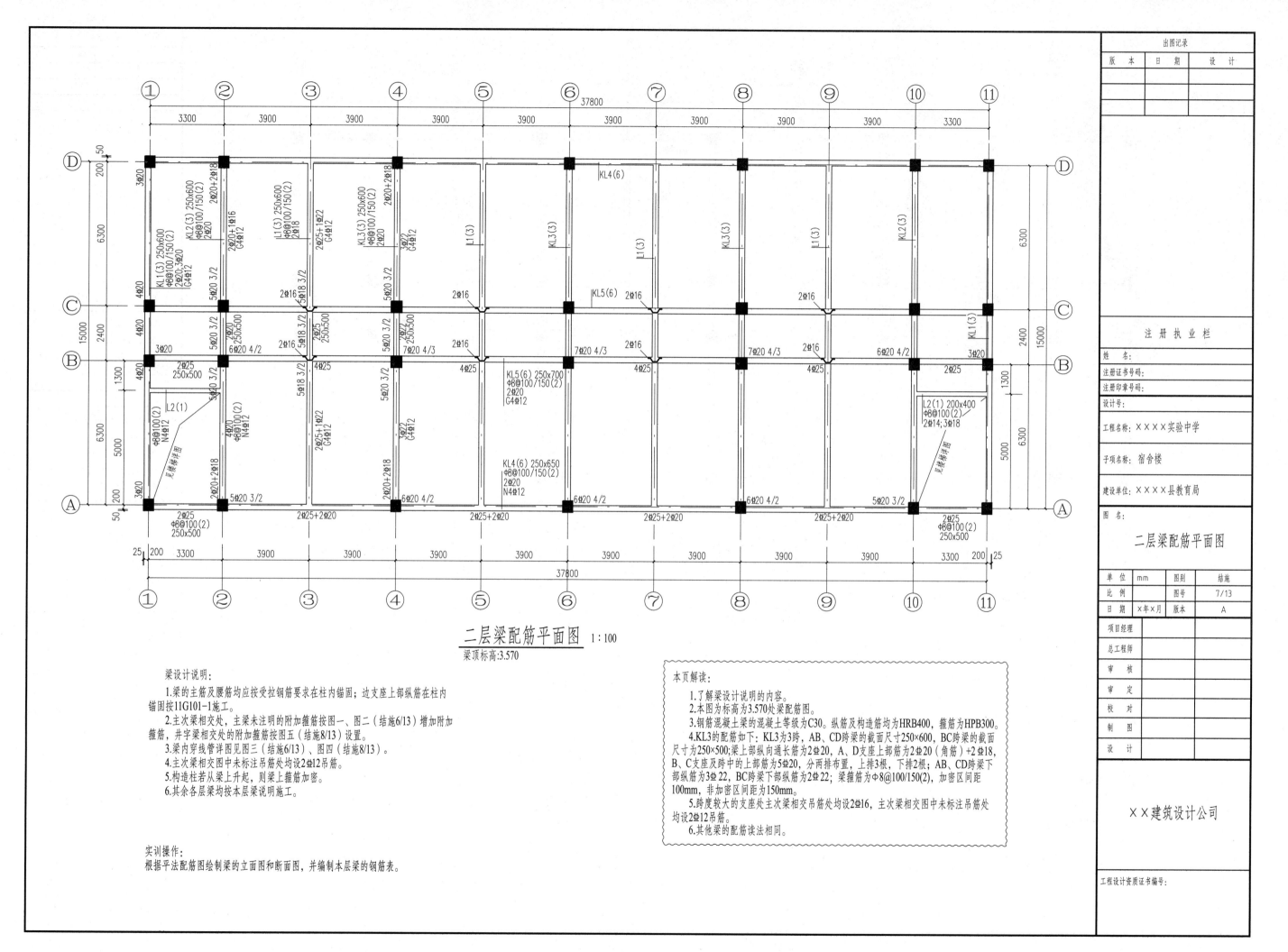

二层梁配筋平面图 1:100
梁顶标高:3.570

梁设计说明:
1.梁的主筋及腰筋均应按受拉钢筋要求在柱内锚固;边支座上部纵筋在柱内锚固按11G101-1施工。
2.主次梁相交处,主梁未注明的附加箍筋按图一、图二(结施6/13)增加附加箍筋,井字梁相交处的附加箍筋按图五(结施8/13)设置。
3.梁内穿线管详图见图三(结施6/13)、图四(结施8/13)。
4.主次梁相交图中未标注吊筋处均设2Φ12吊筋。
5.构造柱若从梁上升起,则梁上箍筋加密。
6.其余各层梁均按本层梁说明施工。

实训操作:
根据平法配筋图绘制梁的立面图和断面图,并编制本层梁的钢筋表。

本页解读:
1.了解梁设计说明的内容。
2.本图为标高为3.570处梁配筋图。
3.钢筋混凝土梁的混凝土等级为C30。纵筋及构造筋均为HRB400,箍筋为HPB300。
4.KL3的配筋如下:KL3为3跨,AB、CD跨梁的截面尺寸250×600,BC跨梁的截面尺寸为250×500;梁上部纵向通长筋为2Φ20,A、D支座上部筋为2Φ20(角筋)+2Φ18,B、C支座及跨中的上部筋为5Φ20,分两排布置,上排3根,下排2根;AB、CD跨梁下部纵筋为3Φ22,BC跨梁下部纵筋为2Φ22;梁箍筋为Φ8@100/150(2),加密区间距100mm,非加密区间距为150mm。
5.跨度较大的支座处主次梁相交吊筋处均设2Φ16,主次梁相交图中未标注吊筋处均设2Φ12吊筋。
6.其他梁的配筋读法相同。

出图记录
版本 日期 设计

注 册 执 业 栏
姓 名:
注册证书号码:
注册印章号码:
设计号:
工程名称:ＸＸＸＸ实验中学
子项名称:宿舍楼
建设单位:ＸＸＸＸ县教育局
图 名:
二层梁配筋平面图

单 位	mm	图别	结施
比 例		图号	7/13
日 期	Ｘ年Ｘ月	版本	A

项目经理
总工程师
审 核
审 定
校 对
制 图
设 计

ＸＸ建筑设计公司

工程设计资质证书编号:

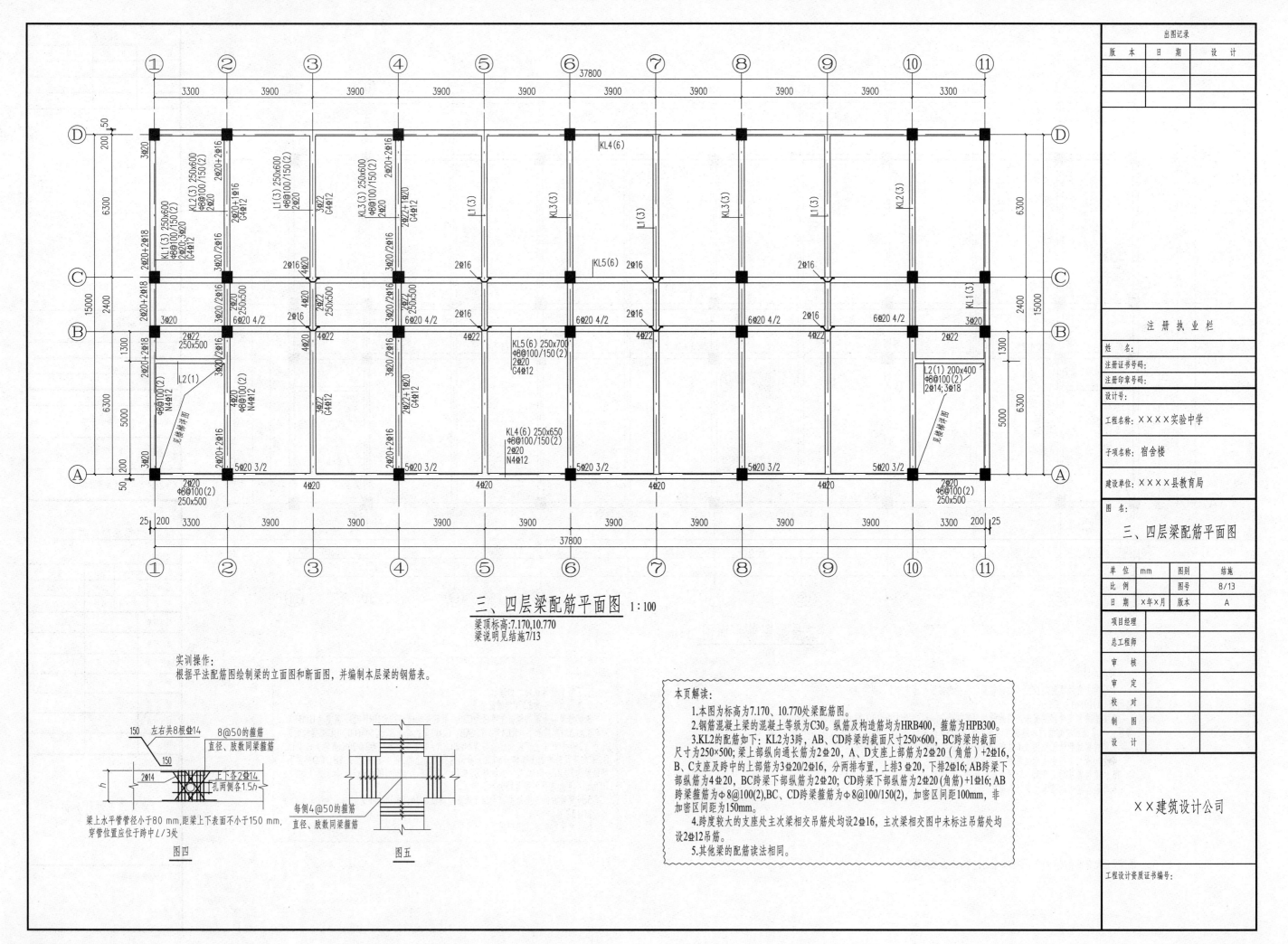

三、四层梁配筋平面图 1:100

梁顶标高:7.170,10.770
梁说明见结施7/13

实训操作:
根据平法配筋图绘制梁的立面图和断面图,并编制本层梁的钢筋表。

图四

图五

本页解读:
1.本图为标高为7.170、10.770处梁配筋图。
2.钢筋混凝土梁的混凝土等级为C30。纵筋及构造筋均为HRB400,箍筋为HPB300。
3.KL2的配筋如下:KL2为3跨,AB、CD跨梁的截面尺寸250×600,BC跨梁的截面尺寸为250×500;梁上部纵向通长筋为2Φ20,A、D支座上部筋为2Φ20(角筋)+2Φ16,B、C支座及跨中的上部筋为3Φ20/2Φ16,分两排布置,上排3Φ20,下排2Φ16;AB跨梁下部纵筋为4Φ20,BC跨梁下部纵筋为2Φ20;CD跨梁下部纵筋为2Φ20(角筋)+1Φ16;AB跨梁箍筋为Φ8@100(2),BC、CD跨梁箍筋为Φ8@100/150(2),加密区间距100mm,非加密区间距为150mm。
4.跨度较大的支座处主次梁相交吊筋处均设2Φ16,主次梁相交图中未标注吊筋处均设2Φ12吊筋。
5.其他梁的配筋读法相同。

××建筑设计公司

出图记录
版本 日期 设计

注册执业栏
姓 名:
注册证书号码:
注册印章号码:
设计号:
工程名称:××××实验中学
子项名称:宿舍楼
建设单位:××××县教育局
图 名:
三、四层梁配筋平面图

单位	mm	图别	结施
比例		图号	8/13
日期	×年×月	版本	A

项目经理
总工程师
审 核
审 定
校 对
制 图
设 计

工程设计资质证书编号:

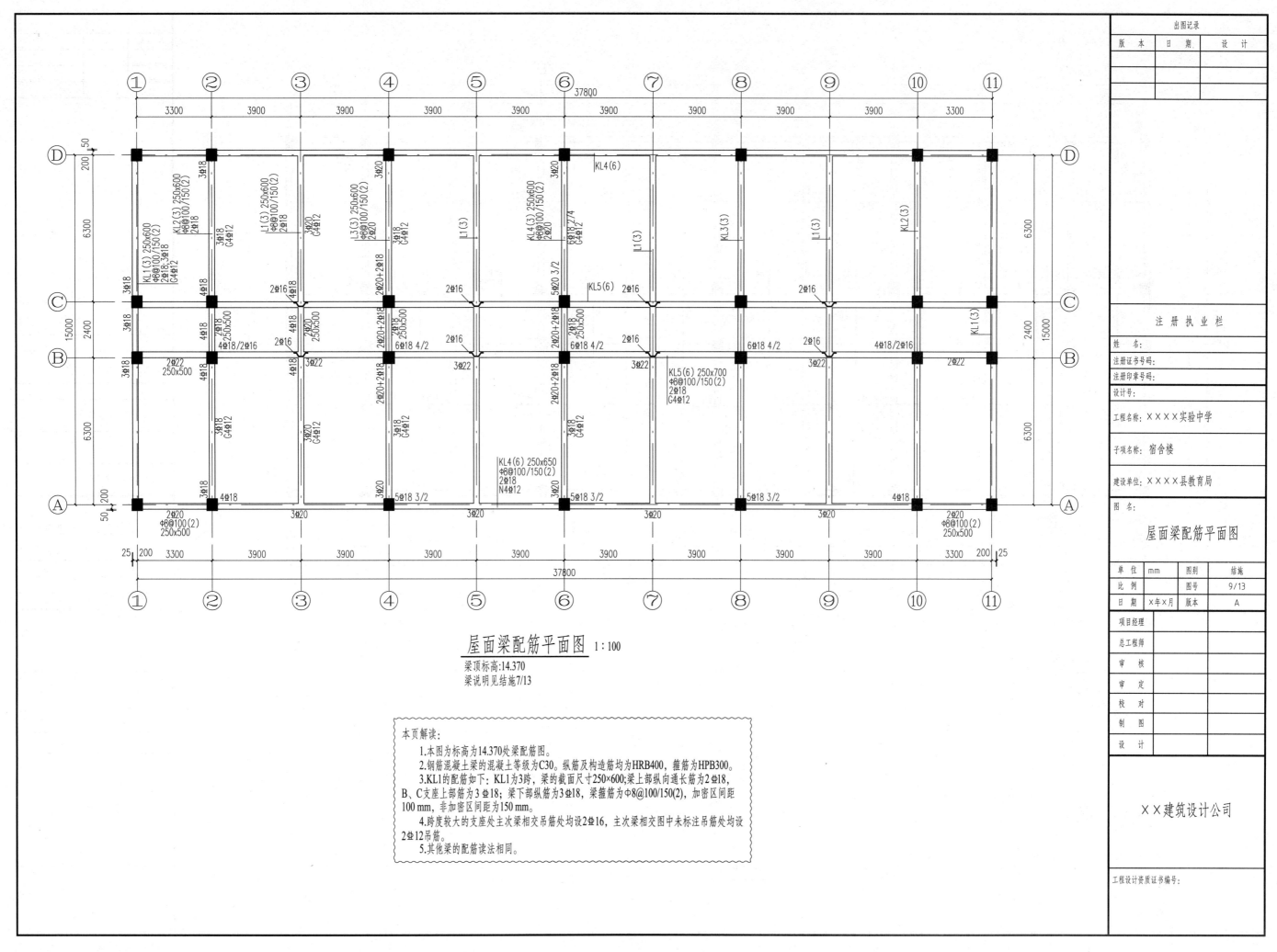

屋面梁配筋平面图 1:100

梁顶标高:14.370
梁说明见结施7/13

本页解读:
　　1.本图为标高为14.370处梁配筋图。
　　2.钢筋混凝土梁的混凝土等级为C30。纵筋及构造筋均为HRB400,箍筋为HPB300。
　　3.KL1的配筋如下: KL1为3跨,梁的截面尺寸250×600;梁上部纵向通长筋为2Φ18,
B、C支座上部筋为3Φ18;梁下部纵筋为3Φ18,梁箍筋为Φ8@100/150(2),加密区间距
100 mm,非加密区间距为150 mm。
　　4.跨度较大的支座处主次梁相交吊筋处均设2Φ16,主次梁相交图中未标注吊筋处均设
2Φ12吊筋。
　　5.其他梁的配筋读法相同。

出图记录
版本 | 日期 | 设计

注册执业栏
姓　名:
注册证书号码:
注册印章号码:
设计号:
工程名称: ××××实验中学
子项名称: 宿舍楼
建设单位: ××××县教育局
图　名:

屋面梁配筋平面图

单位 | mm | 图别 | 结施
比例 | | 图号 | 9/13
日期 | ×年×月 | 版本 | A

项目经理
总工程师
审　核
审　定
校　对
制　图
设　计

××建筑设计公司

工程设计资质证书编号:

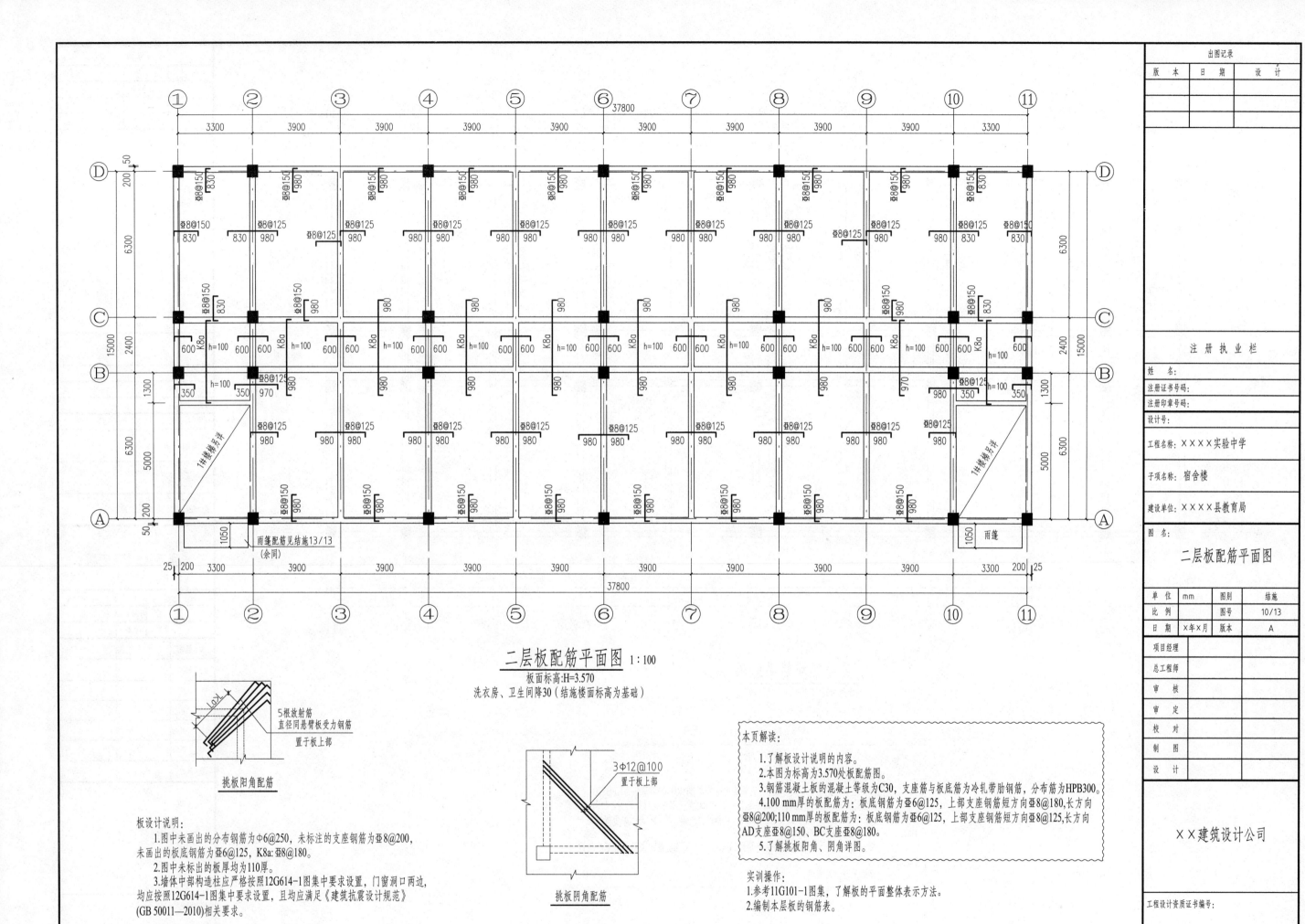

二层板配筋平面图 1:100

板面标高:H=3.570
洗衣房、卫生间降30（结施楼面标高为基础）

挑板阳角配筋

5根放射筋
直径同悬臂板受力钢筋
置于板上部

挑板阴角配筋

3φ12@100
置于板上部

板设计说明:
　　1.图中未画出的分布钢筋为Φ6@250,未标注的支座钢筋为Φ8@200,
未画出的板底钢筋为Φ6@125,K8a:Φ8@180。
　　2.图中未标出的板厚均为110厚。
　　3.墙体中部构造柱应严格按照12G614-1图集中要求设置,门窗洞口两边,
均应按照12G614-1图集中要求设置,且均应满足《建筑抗震设计规范》
(GB 50011-2010)相关要求。

本页解读:
　　1.了解板设计说明的内容。
　　2.本图为标高为3.570处板配筋图。
　　3.钢筋混凝土板的混凝土等级为C30,支座筋与板底筋为冷轧带肋钢筋,分布筋为HPB300。
　　4.100 mm厚的板配筋为:板底钢筋为Φ6@125,上部支座钢筋短方向Φ8@180,长方向
Φ8@200;110 mm厚的板配筋为:板底钢筋为Φ6@125,上部支座钢筋短方向Φ8@125,长方向
AD支座Φ8@150、BC支座Φ8@180。
　　5.了解挑板阳角、阴角详图。

实训操作:
　　1.参考11G101-1图集,了解板的平面整体表示方法。
　　2.编制本层板的钢筋表。

出图记录

版 本	日 期	设 计

注 册 执 业 栏

姓　名:
注册证书号码:
注册印章号码:
设计号:

工程名称:××××实验中学
子项名称:宿舍楼
建设单位:××××县教育局

图名:
二层板配筋平面图

单位	mm	图别	结施
比例		图号	10/13
日期	×年×月	版本	A

项目经理
总工程师
审　核
审　定
校　对
制　图
设　计

××建筑设计公司

工程设计资质证书编号:

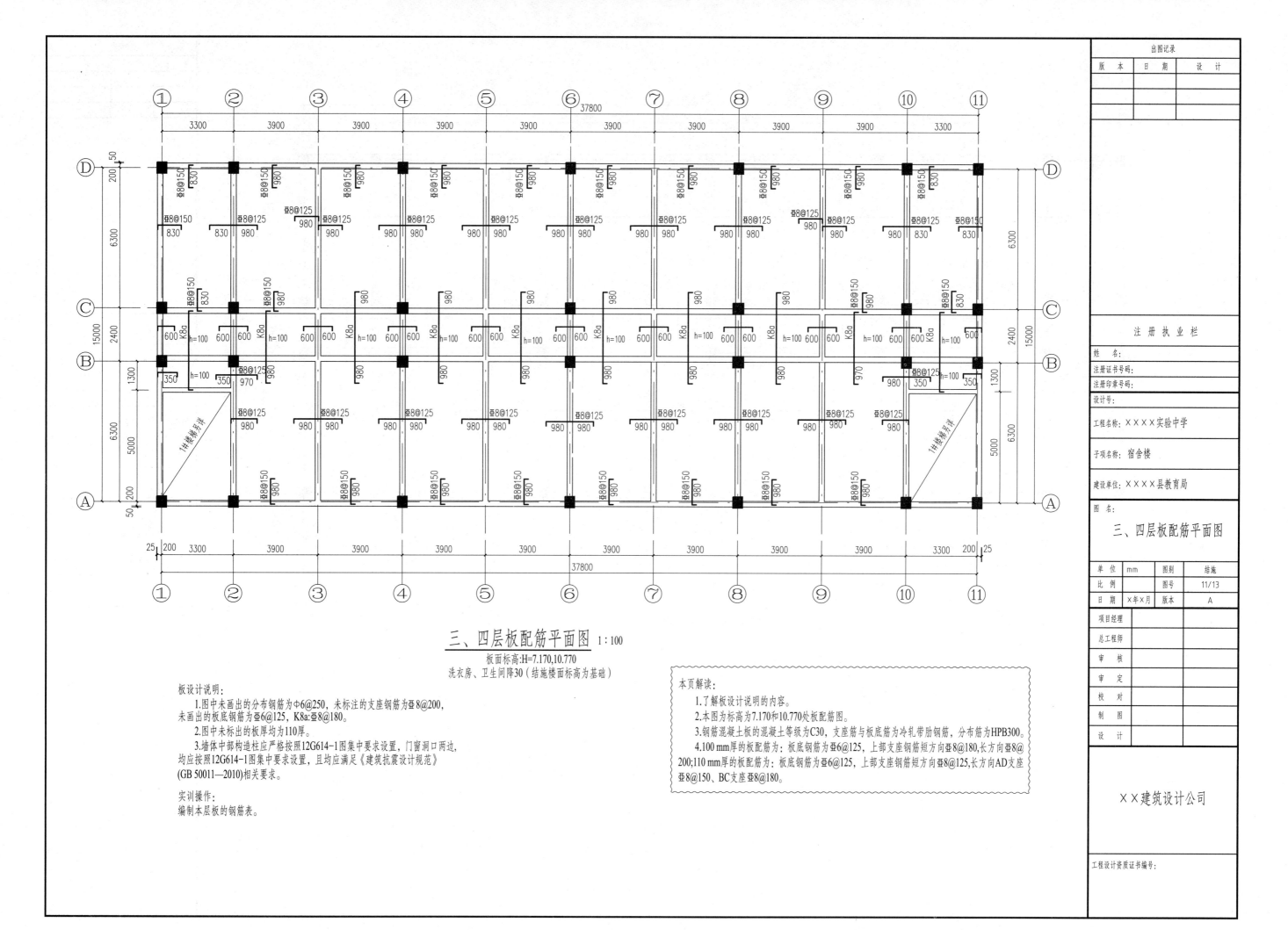

三、四层板配筋平面图 1:100

板面标高:H=7.170,10.770
洗衣房、卫生间降30（结施楼面标高为基础）

板设计说明：
   1.图中未画出的分布钢筋为Φ6@250，未标注的支座钢筋为Φ8@200，未画出的板底钢筋为Φ6@125，K8a:Φ8@180。
   2.图中未标出的板厚均为110厚。
   3.墙体中部构造柱应严格按照12G614-1图集中要求设置，门窗洞口两边，均应按照12G614-1图集中要求设置，且均应满足《建筑抗震设计规范》(GB 50011—2010)相关要求。

实训操作：
编制本层板的钢筋表。

本页解读：
   1.了解板设计说明的内容。
   2.本图为标高为7.170和10.770处板配筋图。
   3.钢筋混凝土板的混凝土等级为C30，支座筋与板底筋为冷轧带肋钢筋，分布筋为HPB300。
   4.100 mm厚的板配筋为：板底钢筋为Φ6@125，上部支座钢筋短方向Φ8@180,长方向Φ8@200;110 mm厚的板配筋为：板底钢筋为Φ6@125，上部支座钢筋短方向Φ8@125,长方向AD支座Φ8@150、BC支座Φ8@180。

出图记录

版本	日期	设计

注 册 执 业 栏

姓　名：
注册证书号码：
注册印章号码：
设计号：

工程名称：ＸＸＸＸ实验中学

子项名称：宿舍楼

建设单位：ＸＸＸＸ县教育局

图 名：

三、四层板配筋平面图

单 位	mm	图 别	结施
比 例		图 号	11/13
日 期	Ｘ年Ｘ月	版 本	A

项目经理	
总工程师	
审　核	
审　定	
校　对	
制　图	
设　计	

ＸＸ建筑设计公司

工程设计资质证书编号：

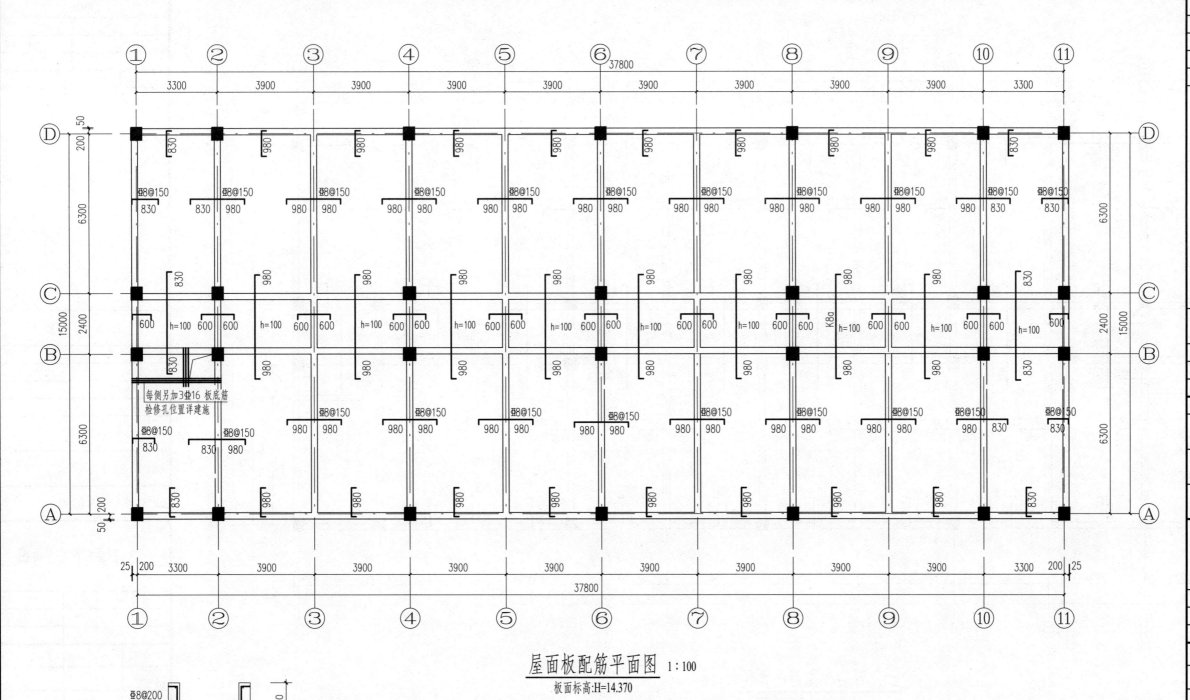

屋面板配筋平面图 1:100

板面标高:H=14.370

屋面检修孔配筋图

板设计说明:
1.图中未画出的分布钢筋均为Φ6@250，未标注的支座钢筋为亚8@200，未画出的板底钢筋为亚6@125。
2.图中未标出的板厚均为110厚。
3.墙体中部构造柱应严格按照12G614-1图集中要求设置，门窗洞口两边,均应按照12G614-1图集中要求设置，且均应满足《建筑抗震设计规范》(GB 50011—2010)相关要求。
4.屋面支座负筋未连通部分设温度筋Φ6@150,与板面负筋搭接长度不小于300 mm。
5.其余各层板均按本层板说明施工。

实训操作:
编制本层板的钢筋表。

本页解读:
1.了解板设计说明的内容,本图为标高为14.370处板配筋图。
2.了解屋面检修孔加强措施及配筋详图。
3.钢筋混凝土板的混凝土等级为C30,支座筋与板底筋为冷轧带肋钢筋,分布筋为HPB300。
4.100 mm厚的板配筋为: 板底钢筋为亚6@125,上部支座钢筋为亚8@200;110 mm厚的板配筋为: 板底钢筋为亚6@125,上部支座钢筋为亚8@200。

出图记录

版 本	日 期	设 计

注 册 执 业 栏

姓 名:	
注册证书号码:	
注册印章号码:	
设计号:	

工程名称:	××××实验中学
子项名称:	宿舍楼
建设单位:	××××县教育局

图 名:

屋面板配筋平面图

单 位	mm	图 别	结施
比 例		图 号	12/13
日 期	×年×月	版本	A

项目经理	
总工程师	
审 核	
审 定	
校 对	
制 图	
设 计	

××建筑设计公司

工程设计资质证书编号:

每侧另加3亚16 板底筋
检修孔位置详建施

每侧另加3亚14 板底筋

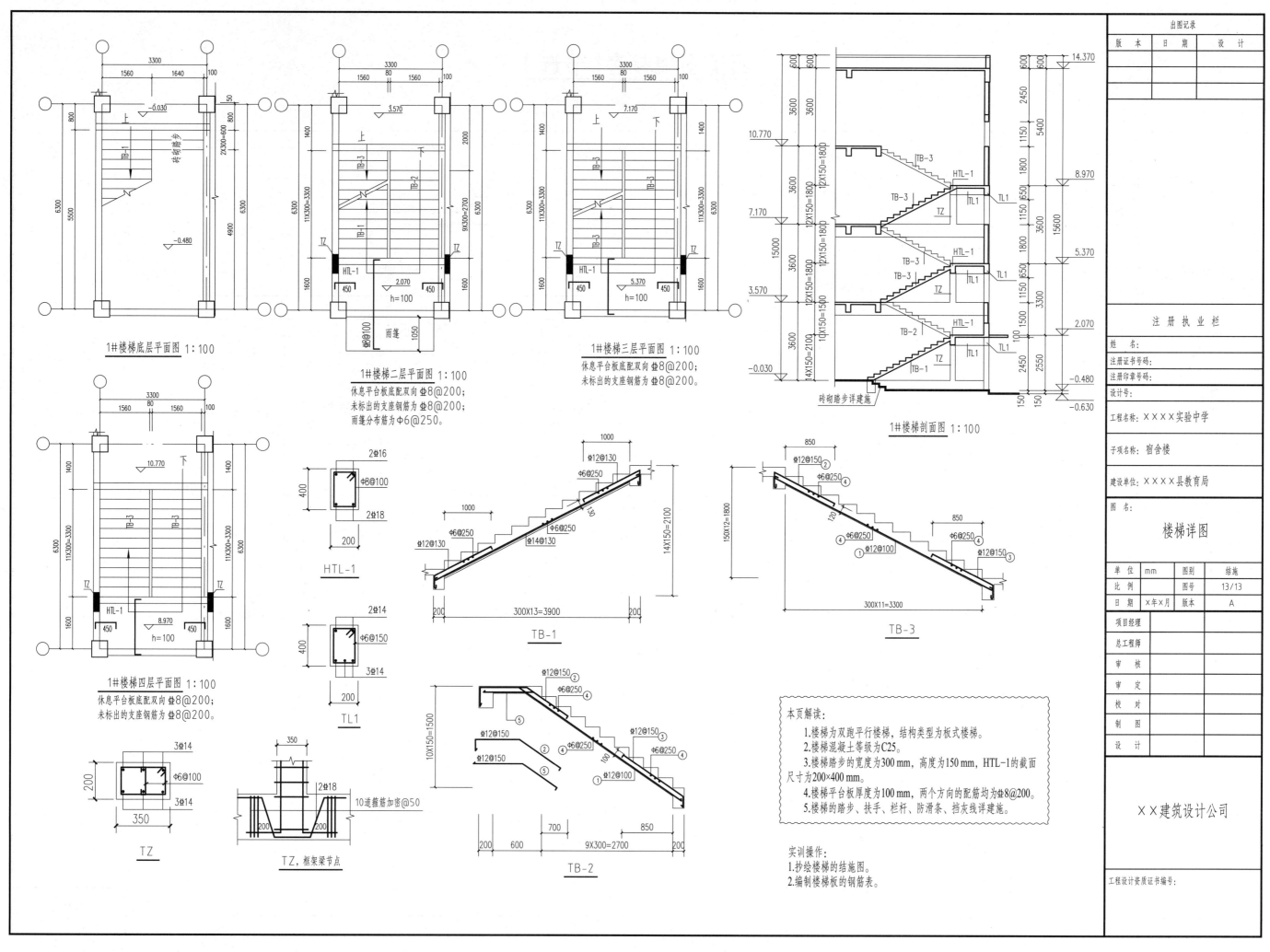

1#楼梯底层平面图 1:100

1#楼梯二层平面图 1:100
休息平台板底配双向Φ8@200；
未标出的支座钢筋为Φ8@200；
雨蓬分布筋为Φ6@250。

1#楼梯三层平面图 1:100
休息平台板底配双向Φ8@200；
未标出的支座钢筋为Φ8@200。

1#楼梯剖面图 1:100

1#楼梯四层平面图 1:100
休息平台板底配双向Φ8@200；
未标出的支座钢筋为Φ8@200。

HTL-1

TL1

TZ

TZ，框架梁节点

TB-1

TB-3

TB-2

本页解读：
1.楼梯为双跑平行楼梯，结构类型为板式楼梯。
2.楼梯混凝土等级为C25。
3.楼梯踏步的宽度为300mm，高度为150mm，HTL-1的截面尺寸为200×400mm。
4.楼梯平台板厚度为100mm，两个方向的配筋均为Φ8@200。
5.楼梯的踏步、扶手、栏杆、防滑条、挡灰线详建施。

实训操作：
1.抄绘楼梯的结施图。
2.编制楼梯板的钢筋表。

出图记录

版本	日期	设计

注册执业栏

姓　名：
注册证书号码：
注册印章号码：
设计号：
工程名称：××××实验中学
子项名称：宿舍楼
建设单位：××××县教育局
图名：

楼梯详图

单　位	mm	图别	结施
比　例		图号	13/13
日　期	×年×月	版本	A

项目经理
总工程师
审　核
审　定
校　对
制　图
设　计

××建筑设计公司

工程设计资质证书编号：

西南图集参考（节选）

图集号：西南 11J516

名称代号	构造简图	材料及做法	备注
面砖饰面 砖基层 5201 第95页	27~28	14厚1：3水泥砂浆打底，两次成活，扫毛或划出纹道； 8厚1：0.15：2水泥石灰砂浆（内掺建筑胶或专业黏结剂），贴外墙砖，1：1水泥浆勾缝	面砖颜色及种类按工程设计； 分格线贴法及缝宽颜色在立面图上表示
面砖饰面 混凝土基层 5202 第95页	27~28	界面刷处理剂 14厚1：3水泥砂浆打底，两次成活，扫毛或划出纹道； 8厚1：0.15：2水泥石灰砂浆（内掺建筑胶或专业黏结剂），贴外墙砖，1：1水泥浆勾缝	

图集号：西南 11J312

名称代号	材料及做法	备注
油性调和漆 5102 第79页	木材表面清扫，除污，铲去脏囊，修补，砂纸打磨漆片点节疤，干性油打底，局部刮腻子，打磨，满刮腻子，打磨，湿布擦净，刷首遍油性调和漆，复补腻子，磨光，湿布擦净，刷第二遍油性调和漆，磨光，湿布擦净，刷第三遍油性调和漆	适用于室内木装修构件，该漆耐候性较酚醛调和漆、酯胶调和漆好，不易粉化龟裂，但漆膜较软，干燥慢
油性调和漆 5113 第80页	金属表面除锈，清理，打磨，刷红丹防锈漆两遍，局部刮腻子，打磨，满刮腻子，打磨，刷第一遍调和漆，复补腻子，磨光，刷第二遍调和漆，磨光，湿布擦净，刷第三遍调和漆	适用于钢门窗、钢栏杆、铁皮泛水

图集号：西南 11J812

名称代号	构造简图	备注
排水沟 页次：3	20厚1：3水泥砂浆粉光 M5水泥砂浆砌砖 100厚C10混凝土垫层 100 120 260 120 100 700 500 4Φ10 4Φ6 ①	注： 1. 明暗沟纵向排水坡度为0.5%。当坡高超过本节点的规定时，按工程设计。 2. 所有排水沟基土用黏土加碎砖、石、卵石夯实。 3. 盖板采用C20混凝土
散水 页次：4	100厚C15混凝土提浆抹面 素土夯实 15宽1：1沥青砂浆或油膏嵌缝 3%~5% 按工程设计 ④	注： 1. 散水长度超过50m时设散水伸缩缝。 2. 地下水位距室外地面小于1.50m时，素土夯实层宜改用300~400厚天然级配砂石夯实

图集号：西南 11J516

名称代号	构造简图	备注
雨篷详图 页次：3	900(1 200) 30 20 40 20 ①	雨篷尺寸按工程设计

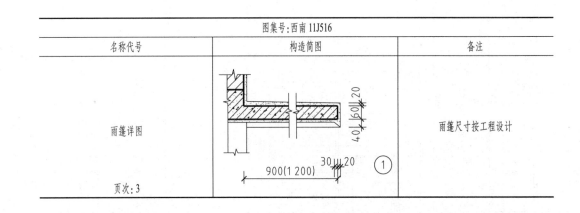

图集号：西南 11J312

名称代号	厚度	构造简图	构造做法	备注
踢脚线 4107T 第69页	B：≤39	a 凸出　b 齐平	1. 5~10厚地砖面层，水泥浆擦缝 2. 4厚纯水泥浆粘贴层（425号水泥中掺20%白乳胶漆） 3. 25厚1：2.5水泥砂浆基层	T表示踢脚；图中所列厚度为面层总厚度

图集号：西南 11J515

页次：7	N09	混合砂浆刷乳胶漆墙面	燃烧性能等级	B1
1. 墙体； 2. 9厚1：1：6水泥石灰砂浆打底扫毛； 3. 7厚1：1：6水泥石灰砂浆垫层； 4. 5厚1：0.3：2.5水泥石灰砂浆照面压光； 5. 刷乳胶漆			说明： 1. 涂料品种、颜色由设定。 2. 施涂于A级基材上的无机装饰涂料可作为A级装饰材料使用；施涂于A级基材上，湿涂覆比＜1.5 kg/m²，可作为B1级装饰材料使用。		
页次：23	Q06	瓷砖墙裙	燃烧性能等级	A
1. 墙体； 2. 12厚1：3水泥浆打底扫毛，分两次抹； 3. 4厚1：2水泥石灰砂浆黏结层； 4. 6~8厚瓷砖，白水泥擦缝			说明： 1. 瓷砖规格、颜色由设计认定 2. 墙裙高度由设计定		
页次：32	P08	瓷砖墙裙	燃烧性能等级	A
1. 基层处理； 2. 刷水泥浆一道（加建筑胶适量）； 3. 10~15厚1：1：4水泥石灰砂浆打底找平（现浇基层10厚，预制基层15厚）两次成活； 4. 4厚1：0.3：2.3水泥石灰砂浆找平层； 5. 满刮腻子找平磨光； 6. 刷乳胶漆			说明： 1. 乳胶漆品种、颜色由设计定。 2. 乳胶漆湿涂覆比＜1.5 kg/m²，其燃烧性能等级为B1级		

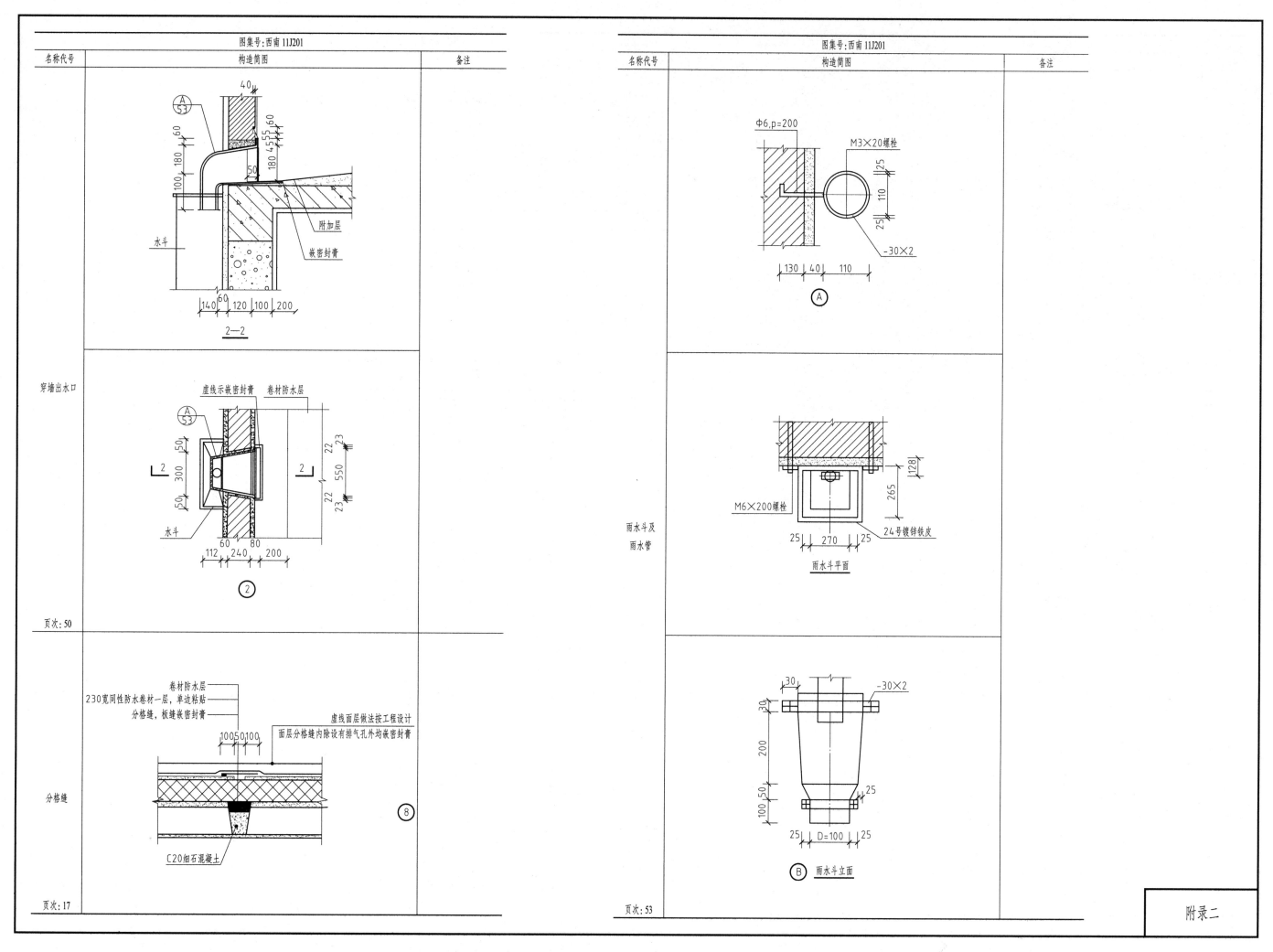

名称代号	构造简图	备注
穿墙出水口		
	2—2	
页次：50	2	
分格缝		8
页次：17		

附加层
嵌密封膏
水斗
40
A53
100 180 60 60
180 455 60
50
140 60 120 100 200

虚线示嵌密封膏
卷材防水层
A53
水斗
50 300 50
22 550 22
23 23
2 2
112 240 80 200

卷材防水层
230宽同性防水卷材一层，单边粘贴
分格缝，板缝嵌密封膏
虚线面层做法按工程设计
面层分格缝内除设有排气孔外均嵌密封膏
100 50 100
C20细石混凝土

名称代号	构造简图	备注
雨水斗及雨水管		
页次：53		

Φ6,p=200
M3×20螺栓
125
110
25
-30×2
130 40 110
A

M6×200螺栓
128
265
25 270 25
24号镀锌铁皮
雨水斗平面

30
-30×2
30
200
100 50
25
25 D=100 25
B 雨水斗立面

附录二

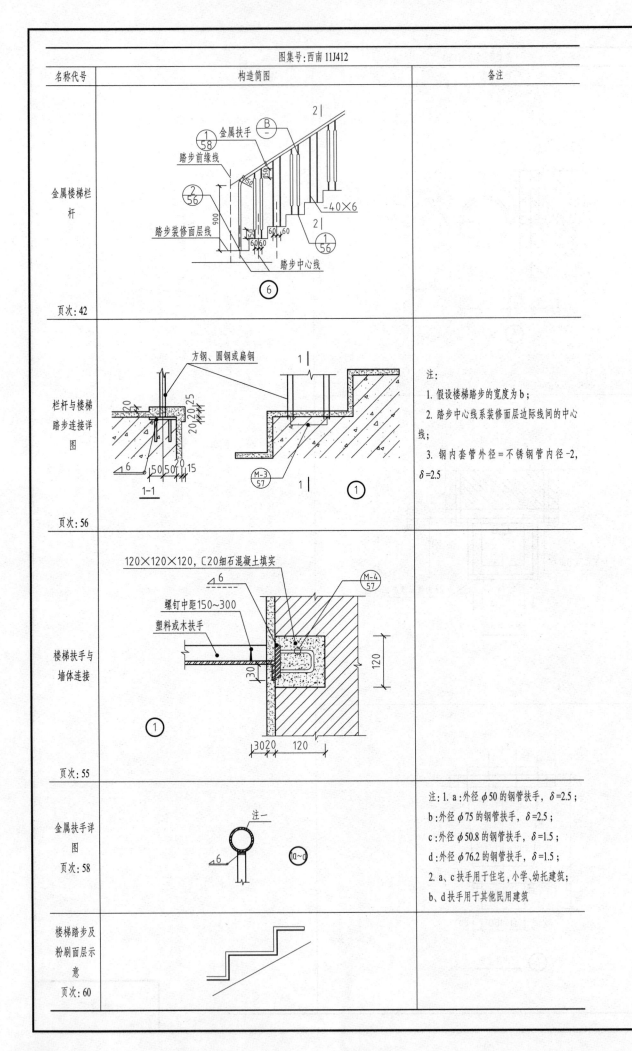

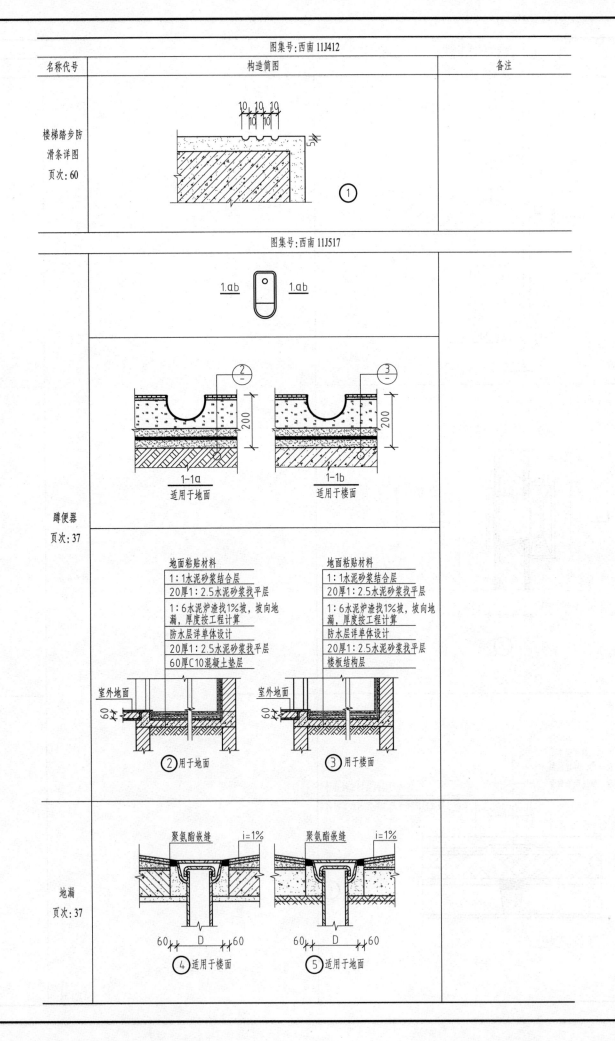

名称代号	构造简图	备注
洗面台板	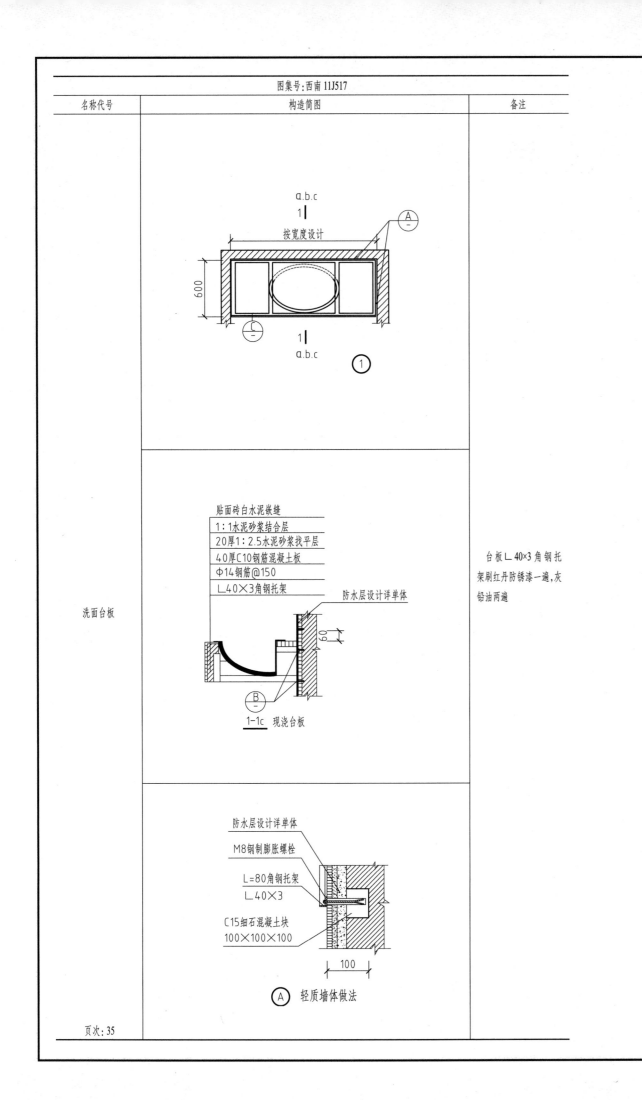 按宽度设计 ① 贴面砖白水泥嵌缝 1:1水泥砂浆结合层 20厚1:2.5水泥砂浆找平层 40厚C10钢筋混凝土板 Φ14钢筋@150 L40×3角钢托架 防水层设计详单体 1-1c 现浇台板 防水层设计详单体 M8钢制膨胀螺栓 L=80角钢托架 L40×3 C15细石混凝土块 100×100×100 Ⓐ 轻质墙体做法	台板L40×3角钢托架刷红丹防锈漆一遍,灰铝油两遍

名称代号	构造简图	备注
屋面检修孔	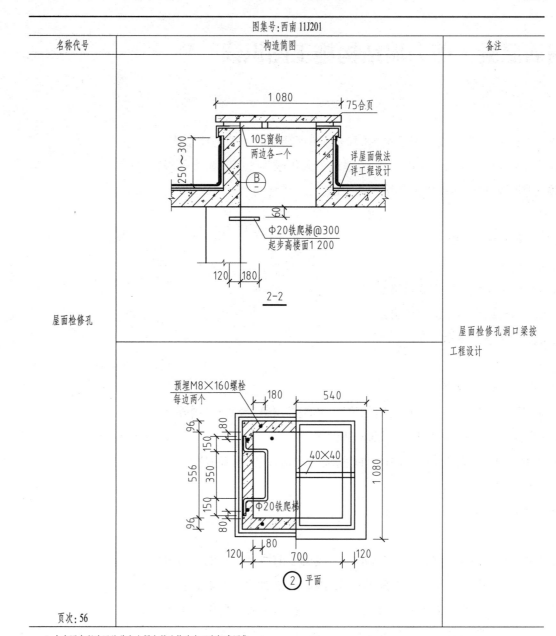 1 080　75合页 250~300　105窗钩 两边各一个 详屋面做法 详工程设计 Ⓑ Φ20铁爬梯@300 起步高楼面1 200 120　180 2-2 预埋M8×160螺栓 每边两个 180　540 96 80 556 350 150 40×40 1 080 150 Φ20铁爬梯 96 80 120　80　700　120 ② 平面	屋面检修孔洞口梁按工程设计

1. 本套图中所选用的节点大样和做法均选自西南标准图集;
2. 引用的部分图集只与本套图相关;
3. 本图集单位只有米(m)和毫米(mm),未标明单位出默认为毫米(mm)

附录四

项目3　钢筋混凝土剪力墙结构施工图识读

1. 项目概述

本工程为某国际城某住宅小区 49# 住宅楼。该建筑为（10+1）层钢筋混凝土剪力墙结构，建筑面积为 6280.68m²，建筑总高度为 33.300 m，层高为 3 m，建筑耐久年限为 50 年，耐火等级为二级，抗震设防烈度为 7 度。图纸包括建筑施工图和结构施工图。

2. 学习目标

（1）掌握各工程图的形成原理及表达的内容。

（2）熟悉各工程图的组成及作用。

（3）掌握钢筋混凝土剪力墙结构建筑施工图识读方法。

（4）掌握钢筋混凝土剪力墙结构结构施工图识读方法。

（5）掌握混凝土结构施工图平面整体表示方法。

3. 学习重点

（1）工程图的形成原理及各自表达的内容。

（2）建筑施工图中：建筑各楼层的平面空间划分，门窗的位置；建筑的层数，层高，室内外高差；建筑的平面尺寸、高度尺寸标注；外墙、楼梯、屋顶及细部构造做法。

（3）结构施工图中：各楼层的平面布置图，各个结构构件（基础、剪力墙、梁、板）的位置、尺寸和配筋；楼梯等构造的结构布置和配筋情况。

（4）混凝土结构施工图平面整体表示方法。

4. 学习建议

本项目的学习采用教师讲解和学生实践相结合的方式进行。经历了前两个项目的学习过程，学生对各类图纸的形成原理和表达内容有了非常清楚的认识，因此此项目的学习重点主要在于学生实际的看图练习。当然，由于本项目为钢筋混凝土剪力墙结构，学生对于此结构形式相对陌生，因此在结构施工图的识读上还要教师的指导和帮助，尤其是剪力墙平法施工图的制图规则。

为了检验和巩固学生的学习成果，听完讲解之后，学生还应进行识图练习和抄绘练习。

5. 补充

剪力墙结构体系是由剪力墙同时承受竖向荷载和侧向力的结构。剪力墙是利用建筑外墙和内墙位置布置的钢筋混凝土墙，是下端固定在基础顶面的竖向悬臂板，竖向荷载在墙体中主要产生向下的压力，侧向力在墙体中产生水平剪力和弯矩。因这类墙具有较大的承受侧向力（水平剪力）的能力，故被称之为剪力墙。

建筑设计说明

1. 设计依据

1.1 《×××项目设计合同》,合同编号:2011-××。

1.2 甲方提供的红线图、界址点成果表及其电子文件。

1.3 甲方2011年×月×日提供的××市规划管理局2011年×月×日关于《××国际城××小区项目设计方案的批复》,文件编号[建规审(开2011)×号]。

1.4 ××规划管理局对本地块所提供的《规划设计条件通知书》。

1.5 ××勘察有限公司2011年×月提供的《××国际城××小区岩土工程勘察报告》。

1.6 建设方提供的设计要求及有关资料:

1.6.1 建设单位关于本项目施工图设计的任务书。

1.6.2 2011年×月×日建设方提供的××路道路施工图设计资料及市政管网资料及道路交叉点标高。

1.6.3 甲乙双方多次研讨磋商所形成和制定的相关设计标准。

1.7 国家现行有关规范、规程及省市的有关标准及规定,主要有:

1.7.1 城市居住区规划设计规范 GB 50180—93(2002年版)

1.7.2 民用建筑设计通则 GB 50352—2005

1.7.3 住宅设计规范 GB 50096—2011

1.7.4 住宅建筑规范 GB 50368—2005

1.7.5 建筑设计防火规范 GB 50016—2006

1.7.6 高层民用建筑设计防火规范 GB 50045—95(2005年版)

1.7.7 工程建设标准强制性条文 (房屋建筑部分)(2009年版)

1.7.8 屋面工程技术规范 GB 50345—2004

1.7.9 民用建筑热工设计规范 GB 50176—93

1.7.10 夏热冬冷地区居住建筑节能设计标准 JGJ 134—2001

1.7.11 城市道路和建筑物无障碍设计规范 JGJ 50—2001、J114—2001

1.7.12 德阳市规划管理技术规定(2011修订版)

2. 建设单位:××房地产开发公司。

3. 建设地点:××市××区。

4. 场地概况:项目位于××市××区××路与××路交汇处西南角地块,北面临××路,东面靠××路,南面邻××路,西面为××路。用地场地呈东高西低的地势,除东边局部外,其余地势相对平缓,此项目四面临路,位置交通方便。

5. 本子项工程概况

建筑工程等级	一级	建筑使用性质	住宅	设计使用年限	50年
建筑面积 /m^2	6 280.68	建筑总高度 /m	33.300	综合服务设施	—
居住建筑面积 /m^2	6 280.68	架空层建筑面积 /m^2	—	居住户数(户)	40
基底面积 /m^2	674.68	建筑分类	居住建筑	地下层数	一层
层数(层)	10+1	住宅层高 /m	3.0	场地类别	Ⅱ类
结构类型	剪力墙	基础型式	筏板基础	建筑抗震类别	丙类
喷淋及联动系统	否	结构抗震等级	三级	耐火等级	二级
基础埋深	详结构	防雷级别	三类		

6. 设计范围

6.1 建筑、结构、给水排水、电气(强电)及通风。

6.2 门厅及电梯厅二次装修设计由建设方另行委托。

7. 建筑物定位及设计标高

7.1 水平定位系统:建设方提供的用地界址点定位坐标系统。

7.2 高程定位系统:建设方提供的地形图所示高程系统。

7.3 建筑物在总平面中的定位坐标为轴线交点坐标,施工时应进行全面放线,以确保建筑物之间、建筑物与道路及建筑物与红线的距离准确无误。如发现施工图中所注坐标与实际情况有出入时,应及时通知设计人员进行处理。

7.4 建筑室内 ±0.000 相当于绝对标高详总图,一层地坪建筑标高详一层平面图。

8. 建筑施工与安装注意事项

8.1 除按本设计说明及图纸进行施工外,还必须严格按照国家颁布的现行建筑安装及工程施工验收规范和工程质量检验评定标准进行施工。

8.2 本工程采用的材料和设备须符合国家相关质量标准,禁止采用假冒伪劣产品及不合格产品。

8.3 如遇施工图中的错漏、施工过程中所产生的问题及建设单位提出的局部修改意见均应及时通知设计单位,未经设计者同意,切勿单方面修改施工图进行施工。

8.4 本图中标注及选用标准图中的预埋件各工种应密切配合,避免误埋、漏埋。

8.5 厨房排烟囱采用变压式排风道,详TZPS住宅烟气集中排放系统。

8.6 土建施工与设备安装应密切配合,避免出现事后打洞、剔槽等现象。

9. 回填土:回填土应分层夯实,每回填200高即进行夯实,夯实系数≥94%,边角处须补夯密实。回填土应符合相关质量规范要求,回填前应去除含腐蚀性有机物质土,严禁回填不符合要求的土壤。

10. 地下防水工程:详地下室子项。

11. 楼地面工程

11.1 除特别注明外,建施图中所注标高为楼地面完成面标高。

11.2 楼板降板:

降板部位	卫生间	厨房	普通阳台(入户花园)	厨房外接阳台	露台
降板高度(结构板面)	H-0.400	H-0.100	H-0.100	H-0.150	详平面
备注	H为所在楼层基准标高(即建筑完成面标高)				

11.3 厨房、卫生间、阳台均做1.2厚聚合物水泥基防水涂料,厨房、阳台翻边高300。其中卫生间翻边高1800(完成面)。门洞处防水层应向外延伸200。管道、地漏周边300 mm范围内及所有阴阳角处附加无纺耐碱玻纤网格布一层。

11.4 厨房、卫生间管道穿楼板详西南04J517-E/33。

11.5 阳台、卫生间应找坡1%坡向地漏(地漏位置详水施)。

11.6 各种管道井需留洞待管道安装完毕后须层层封闭,封闭措施详结施图说明;

11.7 单元出入口内侧地面按1%找坡,坡向室外;电梯门外侧地面做1%反坡。

12. 墙体工程

12.1 墙体基础部分及钢筋混凝土墙、柱及梁详结施,应做好隐蔽工程的记录与验收。

12.2 主要填充墙体类别、厚度及使用部位(注:门窗洞口边120宽范围内墙体若非钢筋混凝土墙体,则应采用实心砖):

出图记录		
版 本	日 期	设 计

注 册 执 业 栏

姓 名:

注册证书号码:

注册印章号码:

设计号:

工程名称:
××国际城××住宅小区

子项名称:
49号楼

建设单位:
××房地产开发公司

图 名:
建筑设计说明(一)

单 位	mm	图别	建施
比 例		图号	01
日 期	×年×月	版本	A

专业负责人		
设计总负责人		
审 核		
审 定		
制 图		
设 计		
校 对		

××建筑设计公司

工程设计资质证书编号:

砌体名称	墙体厚度	使用部位	备注
页岩多孔砖	200(100)	外墙、分户墙,除厨卫所有100厚隔墙	各种墙体具体部位及厚度详见平面图
页岩实心砖	200(100)	电梯井道隔墙、女儿墙、厨卫隔墙、一层楼梯间隔墙、管井	
页岩空心砖	200	居室、剪刀楼梯间隔墙	

12.3 填充墙体一层地面标高以上部分采用M5混合砂浆砌筑,一层地面标高以下部分采用M5水泥砂浆砌筑。

12.4 钢筋混凝土和砌体材料的内外交接处处沿全长铺设200宽抗裂性玻纤网格布(每边100 mm),网孔中心距4 mm×4 mm,单位面积重量不小于160 g/m²,断裂强力不小于1 250 N/m²,断裂强力保留率不小于90%。

12.5 所有墙体拉接、构造柱的设置、门窗洞口构造措施详结施图说。

12.6 厨卫周边墙体下部(门洞除外)须做200高同墙厚之C20细石混凝土墙带,再砌筑墙体。

12.7 通风井内壁应随砌随抹平滑。

12.8 门垛未注明处,皆为100宽。剪力墙及钢筋混凝土墙、柱边<100之墙采用C20混凝土浇筑,加拉接措施。

12.9 砌体女儿墙高于500或女儿墙上设有防护栏杆时须设置构造柱,其位置、间距、配筋及混凝土强度等级详结施图说。

12.10 管道及箱体留洞待管道及箱体安装完毕后,用矿棉塞缝密实、1:2.5水泥砂浆抹平。

12.11 墙体管线留洞凡预留在钢筋混凝土构件上之孔洞,均详结施图。

施工过程中土建与安装应密切配合,按设备各专业施工图要求预留孔洞或预埋套管。

12.12 墙体构造柱设置除平面图标注外,应满足西南05G701(四)构造要求。

12.13 小于等于φ300或小于等于300×300的楼板开孔洞,建施和结施图中均标注。施工过程中土建与安装应密切配合,按设备各专业施工图要求预留孔洞或预埋套管。其余设备箱体留洞见下表(注:H为建筑完成面标高):

类型	图例	留洞尺寸(宽×高)	编号	距内墙柱边尺寸	竖向定位(洞口)
双栓消火栓	◤◥	730×1 250×160(宽×高)		见图	H+0.725(洞口下沿)
配电箱	PD DD	450×350×120(宽×高)	PD	见图	H+1.500(洞口下沿)
		350×3 000×120(宽×高)	DD	见图	H+0.300(洞口下沿)
空调柜机		φ90	K1	200(中心)	H+0.150(洞中心)
			K1'	200(中心)	H+0.100(洞中心)
空调挂机		φ80	K2	200(中心)	H+2.200(洞中心)
卫生间排气		φ100	KT	窗上居中	洞顶贴板底

备注:冷凝水管水平设置时,应有2%的坡度坡向排水方向,空调室外机位均1%找坡,坡向冷凝水管。

12.14 消火栓箱墙体留洞深100 mm,洞后用100 mm厚页岩实心砖封堵,墙后抹灰最薄处15 mm厚;楼梯间墙体留洞深100 mm,洞后用大于100 mm厚页岩实心砖封堵,墙后抹灰最薄处15 mm厚。

13. 屋面防水工程

13.1 本子项屋面防水等级为Ⅱ级,设两道防水层,合理使用年限为15年,具体做法详《工程做法表》。

13.2 厨房、卫生间透气管出屋面参照西南03J201-11/53,高度不小于2200。

13.3 屋面防水材料遇墙处均应上翻250(屋面完成面算起最高点)。

14. 门窗工程

14.1 门窗类型、洞口尺寸详《门窗表》,使用部位详平面图,开启方式详门窗立面图,门窗类型按照节能设计要求:采暖房间均采用铝合金低辐射中空玻璃窗,非采暖房间采用铝合金普通单层玻璃窗(5 mm厚)。

14.2 户内门均为夹板木门,做法参照西南04J611。

14.3 建筑物1～6层的外窗及敞开式阳台门的气密性等级,不应低于国家标准《建筑外门窗气密、水密、抗风压性能分级及检测方法》(GB/T 7106—2008)中规定的4级;7层及7层以上外窗及敞开式阳台门的气密性等级,不应低于该标准规定的6级。

14.4 外门窗的玻璃厚度及安全性能均应满足《建筑玻璃应用技术规程》(JGJ 113—2009)及《建筑安全玻璃管理规定》

(发改运行[2003] 2116号)的有关规定。当采用安全玻璃的部位节能设计为中空玻璃窗时也应采用安全中空玻璃。全玻门扇玻璃面积≥0.5 m²处应采用安全玻璃。并在视线高度设置醒目标志。

14.5 防火门的质量及防火性能应经国家防火质量检测中心检验合格,并达到设计所要求的耐火极限方可使用。

14.6 防火门的安装必须保证正面和侧面的垂直度,使安装后的防火门开启灵活,门框连接牢固,门框与周边墙体的缝隙用矿棉塞缝密实1:2水泥砂浆抹平。砖砌门洞之防火门上部须加设钢筋混凝土过梁(过梁大小详结施说)。

14.7 防火门安装闭门器,双扇防火门应加装顺序器,常开防火门应加设释放器。前室、合用前室及楼梯间防火门均取消下门框,并设观察小窗。

14.8 防火门制作安装应满足国家标准《防火门》(GB 12955—2008)规定的标准。

14.9 所有外门窗洞口顶部面须做滴水,具体做法详图。

14.10 施工图中所绘制的门窗均为外视图,仅作门窗制作分格参考,门窗洞口尺寸需验收合格后方可加工制作。需预留预埋件时,承包厂商应配合土建施工提供预埋件及其具体位置。

15. 外装修工程

15.1 外墙饰面材料及颜色详立面图,做法详《工程做法表》及详图。打底、找平层应密实不渗水,面层粘贴牢靠。不同材料、材质及颜色的外墙饰面(除注明外)不得在外墙阳角处相接。

15.2 外墙饰面砖宽不得小于5,用面砖勾缝胶勾凹缝,砖缝应横平竖直。

15.3 在每层层高位置设置外墙抗裂分隔缝,缝宽20。

15.4 外露雨水管、冷凝水管、排水管的颜色应与该部位外墙颜色一致。

15.5 外墙保温工程应由专业施工队伍按《外墙保温工程技术规程》(JGJ 144—2004)的要求施工。

15.6 外墙饰面材料施工前先应由施工单位和材料供应商做出或提供局部样板,经建设方和设计单位共同认可后方可大面积施工。

15.7 外墙面砖排列原则:(1)大面积基本贴法为:横贴面砖上下行对缝贴法,缝宽5,每六皮留横缝10;(2)墙面柱面转角部分采用对砖拼缝贴法;(3)女儿墙的墙体顶部,以竖贴砖收口。

16. 室内装修工程

16.1 室内装修详《工程做法表》及详图。

16.2 住宅套内厨具、卫生洁具均为成品,由用户自理。

16.3 凡属室内二次装修之部分,只做打底或找平层,面层及其结合层由用户自理。

16.4 室内二次装修必须保证结构安全,未经我方同意不得随意打洞、剔槽、更改或加砌墙体。饰面材料不得大于本设计注明部位相应材料之容重及厚度。

16.5 室内二次装修应满足国家相关建筑设计及防火规范的要求。

16.6 室内二次装修范围见装修表。

17. 木作及油漆工程

17.1 木材含水率应控制在15%以下,木材等级为Ⅱ级。预埋木砖、木块等均应做防腐处理。有防火要求的应用经防火处理后具有不燃性的木材制作。

17.2 木作油漆除设计中特别注明者外均为油性调和漆。

17.3 所有外露金属管均应先刷防锈漆一道,并按各专业规定的颜色罩油和漆二道。外露铁件均刷防锈漆二道,罩面漆二道。空调百叶的说明详节点大样四。

18. 阳台及楼梯栏杆扶手:阳台及楼梯栏杆(板)做法及其高度详图。室内楼梯栏杆水平段≥500时高为1100,其下部做100×100的C20细石混凝土反槛。

19. 电梯工程:电梯厂商由建设方确定。承包厂商应提供电梯安装设计图,经我方审核认可后方可安装,不得擅自打洞剔槽。外露铁件均刷防锈漆二道,罩面漆二道。电梯规格及要求详电梯大样中的电梯选型表。如需改变应在施工前调查设计。

20. 主要家用电器图例：

空调内机		空调外机			灶台	洗衣机	冰箱	热水器
柜机	挂机	单机(不可见)	单机(可见)	双机				

21. 节能设计详《建筑节能设计计算报告书》，具体材料及做法详《工程做法表》相应部位。保温材料定货时，其导热系数不得大于《建筑节能设计计算报告书》中所规定的数值。节能型门窗选型依据《建筑节能设计计算报告书》。

22. 通用详图选用列表

屋面下水口做法参照西南03J201-1 $\left(\frac{20}{47}\right)$	穿墙出水口做法参照西南03J201-1 $\left(\frac{2}{46}\right)$
雨水斗及雨水管详西南03J201-1 $\left(\frac{1}{49}\right)$	室外踏步做法参照西南04J812 $\left(\frac{4}{7}\right)$
楼梯踏步防滑条做法详西南04J412 $\left(\frac{3}{60}\right)$	地漏做法参照西南04J517 $\left(\frac{5}{34}\right)\left(\frac{34}{34}\right)$
楼梯靠墙扶手做法参照西南04J412 $\left(\frac{1}{51}\right)\left(\frac{2}{58}\right)$	楼梯栏杆及扶手做法参照西南04J412 $\left(\frac{10}{43}\right)\left(\frac{2}{58}\right)$
屋面检修梯做法参照西南03J201-1 $\left(\frac{2}{56}\right)$	

23. 工程做法表

屋1(两道设防) (保温不上人屋面一) (坡屋面)	1. 水泥瓦(每块瓦均用双股18号铜丝与挂瓦条绑牢) 2. ∟30×4挂瓦条，中距同瓦材规格，3.5×40水泥钉钉固于平层内(顺水条外须加垫块)，水泥钉间距300，水泥钉领钉平(不露钉头) 3. -25×5顺水条，中距600 4. 20厚C20细石混凝土(掺5%防水剂)找平层，配φ6@300×300钢丝网，铜丝网须与屋面板预埋钢筋焊接牢固 5. 挤塑板粘贴牢固，传热系数K≤0.03［W/(m²·K)］，厚度详节能设计(注：挤塑板需经阻燃处理，燃烧性能达到A2) 6. SBS-Ⅱ防水卷材，预留短钢筋根部用一块100×100的1.2mm厚无胎自粘防水卷材包裹 7. 20厚1：3水泥砂浆找平层 8. 钢筋混凝土屋面板，预埋φ10钢筋头，间距双向900，伸出板面50
屋2(三道设防) (保温上人屋面一) (非种植屋面)	1. 地砖面层用户自理 2. 40厚C20细石混凝土(加5%防水剂)，内配φ4双向钢筋，中距250(钢筋在缝内断开)，设间距≤3000分格缝，缝宽20，油膏嵌缝 3. 挤塑板粘贴，厚度详节能设计说明(注：挤塑板需经阻燃处理，燃烧性能达到A2) 4. 4厚SBS-Ⅱ(聚酯毡胎)型改性沥青防水卷材(热粘，遇墙上返) 5. 20厚1：3水泥砂浆找平层 6. 1:6水泥炉渣找坡i=2%(坡向穿墙出水口或屋面下水口，最薄处30厚) 7. 20厚1：3水泥砂浆保护层 8. JS-Ⅱ型复合防水涂料 9. 1：3水泥砂浆局部找补 10. 钢筋混凝土屋面板
屋3(二道设防) (不保温不上人屋面)	1. 40厚C20细石混凝土(加5%防水剂)，内配φ4双向钢筋，中距200(钢筋在缝内断开)，设间距≤3000分格缝，缝宽20，油膏嵌缝 2. 4厚SBS-Ⅱ(聚酯毡胎)型改性沥青防水卷材(热粘，遇墙上返) 3. 20厚1：3水泥砂浆找平层 4. 1：6水泥炉渣找坡i=2%(坡向穿墙出水口或屋面下水口，最薄处30厚) 5. 1：3水泥砂浆局部找补 6. 钢筋混凝土屋面板

屋4 (雨篷,空调、飘窗顶板)	1. 1：2.5水泥砂浆保护层，内掺5%防水剂.兼找坡，最薄处10厚(坡度:雨篷2%,空调、飘窗顶板4%) 2. JS-Ⅱ型复合防水涂料 3. 钢筋混凝土板
屋5(三道设防) (保温不上人屋面一)	1. 40厚C20细石混凝土(加5％防水剂)，内配φ4双向钢筋，中距250(钢筋在缝内断开)，设间距≤3000分格缝，缝宽20，油膏嵌缝 2. 挤塑板粘贴，厚度详节能设计说明(注：挤塑板需经阻燃处理，燃烧性能达到A2) 3. 4厚SBS-Ⅱ(聚酯毡胎)型改性沥青防水卷材(热粘，遇墙上返) 4. 20厚1：3水泥砂浆找平层 5. 1：6水泥炉渣找坡i=2%(坡向穿墙出水口或屋面下水口，最薄处30厚) 6. 20厚1：3水泥砂浆保护层 7. JS-Ⅱ型复合防水涂料 8. 1：3水泥砂浆局部找补 9. 钢筋混凝土屋面板
外1a (内保温面砖外墙)	1. 外墙面砖勾缝(勾缝采用专用勾缝剂，严禁用水泥浆勾缝) 2. 4厚面砖专用黏结剂 3. 8厚1：2.5水泥砂浆抹平搓毛(内掺抗拉纤维0.9 kg/m³) 4. 12厚1：2.5水泥砂浆打底，内掺5%防水剂及0.9 kg/m³抗拉纤维，两次成活(混凝土墙面增刷素水泥浆一道) 5. 基层墙体 6. 中空玻化微珠保温浆料(厚度详节能设计说明) 7. 5厚聚合物砂浆复合耐碱玻纤网格布一层 8. 满刮腻子一道，磨平 9. 面层，业主自理
外1b (不保温面砖外墙)	1. 外墙面砖勾缝(勾缝采用专用勾缝剂，严禁用水泥浆勾缝) 2. 4厚面砖专用黏结剂 3. 8厚1：2.5水泥砂浆抹平搓毛(内掺抗拉纤维0.9 kg/m³) 4. 12厚1：2.5水泥砂浆打底，内掺5%防水剂及0.9 kg/m³抗拉纤维，两次成活(混凝土墙面增刷素水泥浆一道) 5. 基层墙体 6. 12厚混合砂浆扫底扫毛，8厚混合砂浆找平 7. 满刮腻子一道，磨平 8. 面层，业主自理
外2a (内保温涂料外墙)	1. 喷刷外墙弹性涂料两遍，喷甲基硅醇钠憎水剂 2. 刷专用高分子乳液弹性底涂层一道 3. 刮柔性耐水腻子，2遍成活 4. 7厚1：2.5水泥砂浆找平，内掺5%防水剂及0.9 kg/m³抗拉纤维 5. 13厚1：3水泥砂浆打底，内掺5%防水剂及0.9 kg/m³抗拉纤维，两次成活，扫毛(混凝土墙面增刷素水泥浆一道) 6. 基层墙体 7. 中空玻化微珠保温浆料(厚度详节能设计说明) 8. 5厚聚合物砂浆复合耐碱玻纤网格布一层 9. 满刮腻子一道，磨平 10. 面层，业主自理

出图记录

版本	日期	设计

注 册 执 业 栏

姓　名：
注册证书号码：
注册印章号码：
设计号：
工程名称：××国际城××住宅小区
子项名称：49号楼
建设单位：××房地产开发公司
图　名：
建筑设计说明（三）

单　位	mm	图别	建施
比　例		图号	03
日　期	×年×月	版本	A

专业负责人
设计总负责人
审　核
审　定
制　图
设　计
校　对

××建筑设计公司

工程设计资质证书编号：

外 2b (不保温涂料外墙)	1. 喷刷外墙弹性涂料两遍,喷甲基硅醇钠憎水剂 2. 刷专用高分子乳液弹性底涂层一道 3. 刮柔性耐水腻子,2 遍成活 4. 7 厚 1:2.5 水泥砂浆找平,内掺 5% 防水剂及 0.9 kg/m³ 抗拉纤维 5. 13 厚 1:3 水泥砂浆打底,内掺 5% 防水剂及 0.9 kg/m³ 抗拉纤维,两次成活,扫毛(混凝土墙面增刷素水泥浆一道) 6. 基层墙体 7. 12 厚混合砂浆打底扫毛,8 厚混合砂浆找平 8. 满刮腻子一道,磨平 9. 面层,业主自理
外 3a (内保温干挂石材外墙)	1. 30 厚石材饰面层,宽度根据间距设置 2. 背挂式石材连接件(每块石材 4 支) 3. 角钢次龙骨,按石材大小设置,焊接于主龙骨上 4. 方钢主龙骨,中距 900,配套螺栓接双侧角码锚固于哈芬槽预埋件上 5. 基层墙体 6. 中空玻化微珠保温浆料(厚度详节能设计说明) 7. 5 厚聚合物砂浆复合耐碱玻纤网格布一层 8. 满刮腻子一道,磨平 9. 面层,业主自理
外 3b (不保温干挂石材外墙)	做法参见西南地区建筑标准设计通用图 西南04J516中 第43页

注:本做法表仅表明外墙构造层次,具体材质另详立面图

室内装修部位

区域	名称 部位	楼(地)面	踢脚	墙面	顶棚、吊顶	备注
住宅套内	客厅、餐厅	地3 (强化木地板)	踢3 (面砖踢脚)	墙1 (乳胶漆墙面)	顶1 (乳胶漆顶棚)	
	卧室、书房 衣帽间	地3 (强化木地板)	踢3 (木踢脚)	墙1 (乳胶漆墙面)	顶1 (乳胶漆顶棚)	
	厨房、卫生间	地1 (防滑地砖楼地面)		墙2 (面砖墙面)	顶1 (乳胶漆顶棚)	
	阳台、露台、 入户花园	地1 (防滑地砖楼地面)	踢1 (面砖踢脚)	同外墙做法	顶1 (乳胶漆顶棚)	
住宅公共部分	走道、电梯厅 门厅	地5 (花岗岩地面)	踢4 (花岗岩踢脚)	墙1 (无机涂料墙面)	顶1 (乳胶漆顶棚)	二装范围
	电梯机房 储藏间	地4 (水泥豆石地面)	踢2 (水泥砂浆踢脚)	墙1 (乳胶漆墙面)		
	风井、电井	地4 (水泥豆石地面)	踢2 (水泥砂浆踢脚)	墙3 (水泥砂浆墙面)		
	水井	地6 (水泥砂浆地面)	踢2 (水泥砂浆踢脚)	墙3 (水泥砂浆墙面)		
	楼梯间	地2 (普通地砖楼地面)	踢1 (面砖踢脚)	墙4 (无机涂料墙面)	顶2 (无机涂料顶棚)	

注:土建只做到找平层或打底层(见室内装修表做法中虚线以下部分)本装修做法仅作参考(具体面层确定由甲方二装确定)。

室内装修做法表

名称	构造做法	厚度	耐火等级	备注
墙面				
墙1 (乳胶漆墙面)	1. 乳胶漆 2. 刮腻子两道 3. 12 厚混合砂浆打底扫毛,8 厚混合砂浆 4. 找平 5. 基层	20	B1	门厅、电梯厅取消2,详二装设计
墙2 (面砖墙面)	1. 面砖 2. 专用陶瓷胶黏剂 3. 8 厚 1:2.5 水泥砂浆(搓毛) 4. JS-Ⅱ型防水涂料(卫生间1.5厚,厨房1.2厚) 5. 12 厚 1:2.5 水泥砂浆打底,1.2聚合物水泥基防水涂料高2000 6. 基层	30	A	
墙3 (水泥砂浆墙面)	1. 20 厚 1:2.5 水泥砂浆,表面抹平压光 2. 基层	20	A	
墙4 (无机涂料墙面)	1. 无机涂料 2. 刮腻子两道 3. 12 厚混合砂浆打底扫毛,8 厚混合砂浆找平 4. 基层	20	A	
地面				
基层1	结构钢筋混凝土板			
基层2	1. 80 厚 C15 混凝土垫层 2. 1:6 水泥炉渣填充层			用于同层排水卫生间及其他需回填的楼地面
地1 (防滑地砖楼地面)	1. 8 厚防滑地砖 2. 2 厚干水泥洒适量清水 3. 20 厚 1:2.5 干硬性水泥砂浆结合层 4. 1:6 水泥炉渣填充层兼找坡层,最薄处填至H-0.080(仅用于同层排水卫生间) 5. 15 厚 1:2.5 水泥砂浆保护层 6. JS-Ⅱ型防水涂料(卫生间1.5厚,厨房1.2厚) 1:2 水泥砂浆找平层 7.(兼找坡,最薄处15) 基层1	62	A	第4构造仅用于同层排水卫生间
地2 (普通地砖楼地面)	1. 10 厚 600×600 地砖(水泥浆擦缝) 2. 2 厚干水泥洒适量清水 3. 18 厚 1:3 干硬性水泥砂浆结合层 4. 20 厚 1:2.5 水泥砂浆找平层,单向拉毛 5. 基层清理,素水泥砂浆结合层一道 6. 基层	50	A	
地3 (强化木地板)	1. 实木地板,厚度 10 mm 2. 九厘板,厚度 9 mm 3. 木龙骨,一般空气层,厚度 35 mm 4. 20 厚 1:3 水泥砂浆找平层 5. 基层1	50	B2	

出图记录

版 本	日 期	设 计

注 册 执 业 栏

姓 名:

注册证书号码:

注册印章号码:

设 计 号:

工程名称:
××国际城××住宅小区

子项名称:
49号楼

建设单位:
××房地产开发公司

图 名:
建筑设计说明(四)
图纸目录

单 位	mm	图 别	建施
比 例		图 号	04
日 期	×年×月	版 本	A

专业负责人	
设计总责人	
审 核	
审 定	
制 图	
设 计	
校 对	

××建筑设计公司

工程设计资质证书编号:

续表

名称	构造做法	厚度	耐火等级	备注
地4 (水泥豆石地面)	1. 30厚1：2.5水泥豆石面层铁板赶光 2. 水泥浆结合层一道 3. 基层1	20	A	
地5 (花岗岩地面)	1. 20厚磨光花岗岩，水泥浆擦缝 2. 30厚1：3干硬性水泥砂浆，上撒水泥粉 3. 水泥浆1道(内掺建筑胶) 4. 基层清理，素水泥砂浆结合层一道 5. 基层1	50	A	
地6 (水泥砂浆地面)	1. 25厚1：2水泥砂浆保护层，抹平，压光 2. 1.5厚JS-Ⅱ型防水涂料 3. 1：2水泥砂浆找平层(兼找坡，最薄处10，5%坡向地漏) 4. 基层1	20	A	

选用标准图集和通用图集目录

序号	图集号	图集名称	备注
1	西南04J 合订本(1)	墙~花格、花墙	西南地区建筑标准设计通用图
2	西南04J 合订本(2)	隔断~室外附属工程	西南地区建筑标准设计通用图
3	03J930-1	住宅建筑构造	国家建筑标准设计图集
4	03J122	外墙内保温建筑构造	国家建筑标准设计图集
5	川02J605，705	夏热冬冷地区节能建筑门窗	四川省建筑标准设计图集
6	川02J201	夏热冬冷地区节能建筑屋面	四川省建筑标准设计图集
7	川02J106	夏热冬冷地区 节能建筑墙体、楼地面构造图	四川省建筑标准设计图集

图纸目录

序号	图纸名称	图别	图号	规格
1	建筑设计说明(一)	建施	01	A2
2	建筑设计说明(二)	建施	02	A2
3	建筑设计说明(三)	建施	03	A2
4	建筑设计说明(四)	建施	04	A2
5	建筑设计说明(五)图纸目录	建施	05	A2
6	门窗表 门窗详图	建施	06	A2
7	总平面图	建施	07	A3
8	一层平面图	建施	08	A2
9	二层平面图	建施	09	A2
10	标准层平面图	建施	10	A2
11	十层(跃层下)平面图	建施	11	A2
12	十一层(跃层上)平面图	建施	12	A2
13	屋顶平面图	建施	13	A2
14	①~⑱立面图	建施	14	A1
15	⑱~①立面图	建施	15	A1
16	Ⓝ~Ⓐ立面图 1-1剖面图	建施	16	A1
17	楼电梯放大图	建施	17	A2
18	楼梯A-A剖面图	建施	18	A2
19	屋顶断面图(一)	建施	D01-1	A2
20	屋顶断面图(二)	建施	D01-2	A2
21	节点大样图(一)	建施	D02-1	A2
22	节点大样图(一)	建施	D02-2	A2
23	节点大样图(二)	建施	D03-1	A2
24	节点大样图(二)	建施	D03-2	A2

出图记录

版 本	日 期	设 计

注 册 执 业 栏

姓 名：

注册证书号码：

注册印章号码：

设计号：

工程名称：
ＸＸ国际城ＸＸ住宅小区

子项名称：
49号楼

建设单位：
ＸＸ房地产开发公司

图 名：
建筑设计说明(五)
图纸目录

单 位	mm	图别	建施
比 例		图号	05
日 期	×年×月	版本	A

专 业 负 责 人	
设计总负责人	
审 核	
审 定	
制 图	
设 计	
校 对	

ＸＸ建筑设计公司

工程设计资质证书编号：

类别	序号	门窗编号	名称	洞口尺寸(mm×mm) 宽	洞口尺寸(mm×mm) 高	数量	备注
门	1	FM丙0718	丙级防火门	700	1800	38	
	2	FM乙1221	乙级防火防盗门	1200	2100	40	
	3	LTM1521	铝合金玻璃推拉门	1500	2100	40	
	4	LTM1524	铝合金低辐射中空玻璃推拉门	1500	2400	44	
	5	LTM2424	铝合金低辐射中空玻璃推拉门	2400	2400	40	
	6	LTM2724	铝合金低辐射中空玻璃推拉门	2700	2400	40	
	7	M0821	木质夹板门	800	2100	84	
	8	LM0821	铝合金低辐射中空玻璃平开门	800	2100	4	
	9	LM0924	铝合金低辐射中空玻璃平开门	900	2400	4	
	10	M0921	木质夹板门	900	2100	164	
	11	FM乙1121	乙级防火门	1100	2100	2	
	12	LM3523	铝合金玻璃平开门	3500	2300	2	
	13	LM1024	铝合金低辐射中空玻璃平开门	1000	2400	36	
窗	1	C0612	铝合金玻璃窗	600	1200	84	
	2	C0815	铝合金低辐射中空玻璃窗	800	1500	72	
	3	C0915	铝合金低辐射中空玻璃窗	900	1500	84	
	4	C1215	铝合金玻璃窗	1200	1500	40	
	5	C0811	铝合金玻璃窗	800	1100	22	
	6	C1015	铝合金低辐射中空玻璃窗	1000	1500	8	
	7	LTC1518	铝合金低辐射中空玻璃窗	1500	1800	40	

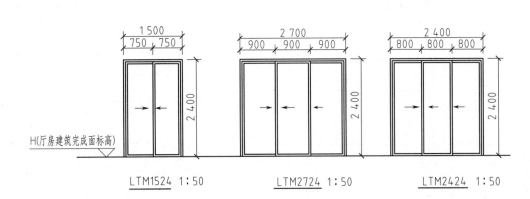

H(厅房建筑完成面标高)
LTM1524 1:50　　LTM2724 1:50　　LTM2424 1:50

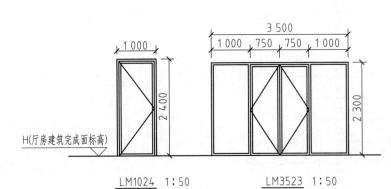

H(厅房建筑完成面标高)
LM1024 1:50　　LM3523 1:50

1.夹板门选用西南J611《常用木门》图集。未选门窗图集之门窗应参照立面图分格。

2.铝合金门窗的设计、制作、安装均应由有资质的专业公司承担，玻璃厚度及安全性均应满足《建筑玻璃应用技术规程》(JGJ 113—2009)的有关规定。

3.铝合金门窗的强度、抗风压强度、水密性、气密性、平整度等技术要求安装均应达到国家有关技术规程的规定。

4.门窗立面仅表示分隔，门及开启窗的位置与形式，复杂者应现场放样无误后再行制作，与设计院协商后再作调整。

5.此门窗表仅供参考。

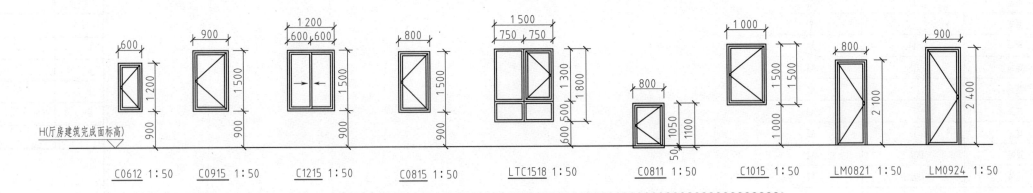

H(厅房建筑完成面标高)
C0612 1:50　C0915 1:50　C1215 1:50　C0815 1:50　LTC1518 1:50　C0811 1:50　C1015 1:50　LM0821 1:50　LM0924 1:50

本页解读：
1.本页包括了门窗表和门窗详图，读图前先仔细阅读本页说明，了解图纸基本信息。
2.门窗表是对整套图纸所用门窗的编号、类型、尺寸、数量的统计。读表可知，编号为C0612的窗户为铝合金玻璃窗，窗宽600、窗高1200，一共有84扇。
3.门窗大样图是对门窗表的补充，通过图样反映了门窗的尺寸、形式、开启方式和定位。例如C0612，为单扇平开窗，距离楼面900。

出图记录
版本 日期 设计

备注 说明

注册执业栏
姓　名：
注册证书号码：
注册印章号码：
设计号：
子项名称：
××国际城××住宅小区
子项名称：
49号楼
建设单位：
××房地产开发公司
图名：
门窗表 门窗详图
单位：mm　图别：结施
比例：1:50　图号：06
日期：×年×月　版本：A
制图
设计
校对
专业负责人
设计负责人
设计总负责人
审核
审定

××建筑设计公司

工程设计资质证书编号：

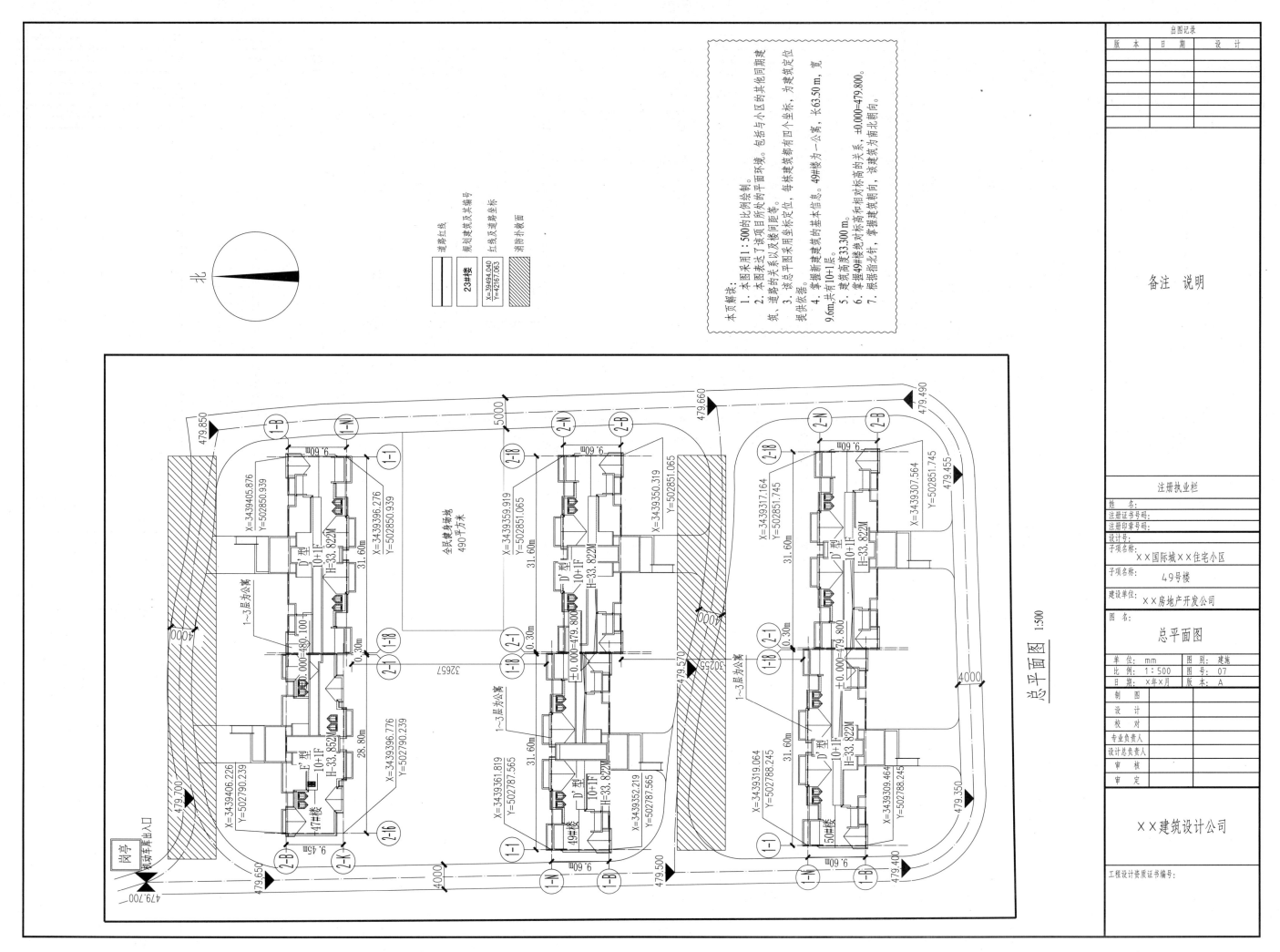

总平面图 1:500

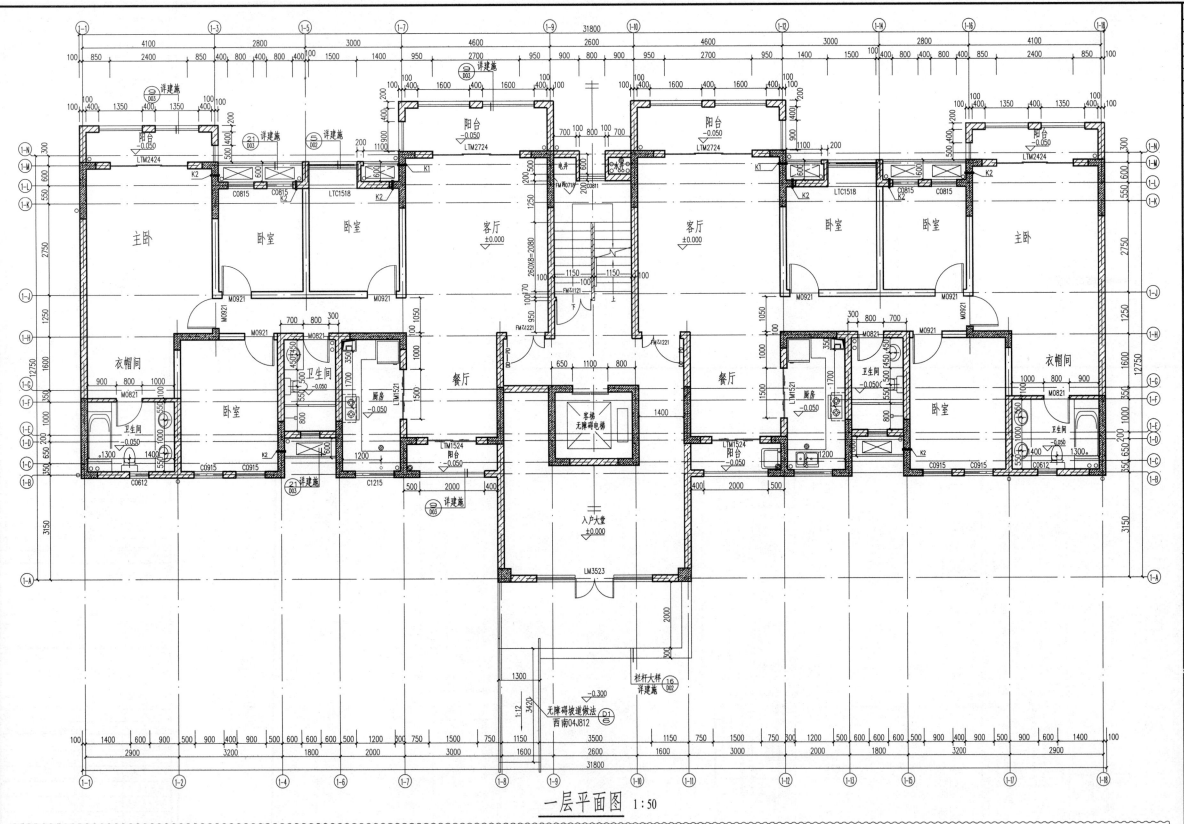

一层平面图 1:50

本页解读：本图重点在于表达一层平面的详细布局和细部尺寸

1. 阅读图名和比例，了解本图的绘图对象和图样与实物间的关系。本图为该住宅的一层平面图，比例为1:50。仔细阅读说明部分，掌握图上相关符号表达的含义。

2. 仔细阅读纵横轴线的排列和编号。阅读建筑的尺寸标注，掌握建筑平面各部分的轴线尺寸和细部尺寸。本图有三道尺寸标注，分别是总尺寸、轴线尺寸和细部尺寸。阅读尺寸标注，可以得到建筑平面的一些基本信息：例如该住宅厨房的开间为2 000，进深为4 150；阳台净宽度为900；户型内走廊净宽度为1 050等。

3. 查看房间的功能、名称、面积以及布局等。该楼层户型包含一个客厅，一个餐厅，四个卧室，两个卫生间及三个阳台，一梯两户，对称布置。

4. 阅读外墙、内墙和隔墙的位置及材料。本建筑为钢筋混凝土剪力墙结构，所以图中所示墙体包括钢筋混凝土承重墙和砖砌非承重墙。通过细部尺寸标注可知，除卫生间隔墙厚度为100以外，其余墙体厚度均为200。

5. 阅读图中门窗的位置、代号和门的开启方式。例如卫生间窗C0612，窗宽600，窗高1 200，位置在距离轴线(1-1)1 400处；阳台门TLM2424，门宽2 400，门高2 400，为推拉门，位置居中。

6. 了解楼梯间的位置、楼梯踏步的步数以及楼梯的尺寸，了解电梯井的位置、形状和尺寸。该楼梯为平行双跑楼梯，步宽260，中间平台宽度为1 250，梯井宽度100，梯段宽度为1 150。

7. 阅读图中的标高，了解平面各处的高度变化，高度差。例如地坪标高±0.000，阳台表面标高则为-0.050，高差50 mm。

8. 了解室外台阶和坡道的位置和尺寸。室外有两步台阶，步宽为300；坡道坡度为1:12，宽度1 300，长度3 420，与台阶的相对位置关系如图所示。

9. 阅读索引符号，找出被索引图和详图的关系。窗户、栏杆、坡道等构造的位置、尺寸、做法翻阅相关详图。

10. 阅读墙体开洞情况，开洞位置。

备注　说明

注册执业栏

姓　名：
注册证书号码：
注册印章号码：
设计号：

子项名称：××国际城××住宅小区
子项名称：49号楼
建设单位：××房地产开发公司

图名：
一层平面图

单位：mm	图别：结施
比例：1:50	图号：08
日期：×年×月	版本：A

制　图
设　计
校　对
专业负责人
设计总负责人
审　核
审　定

××建筑设计公司

工程设计资质证书编号：

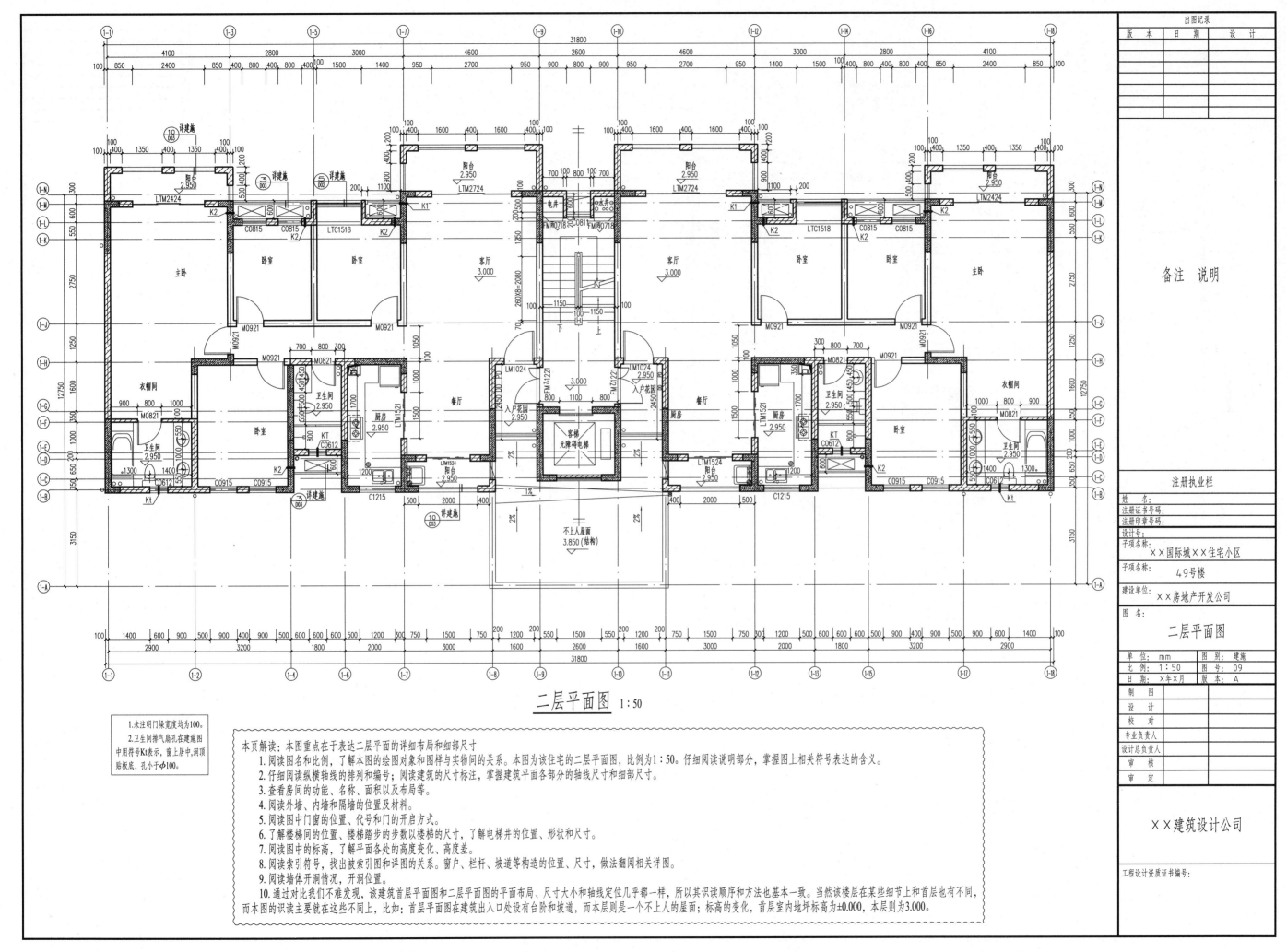

二层平面图 1:50

出图记录

版 本	日 期	设 计

备注 说明

注册执业栏

姓 名：
注册证书号码：
注册印章号码：
设计号：

子项名称：
××国际城××住宅小区

子项名称：
49号楼

建设单位：
××房地产开发公司

图 名：
二层平面图

单 位：mm	图 别：建施
比 例：1：50	图 号：09
日 期：×年×月	版 本：A

制 图	
设 计	
校 对	
专业负责人	
设计总负责人	
审 核	
审 定	

××建筑设计公司

工程设计资质证书编号：

1.未注明门垛宽度均为100。
2.卫生间排气扇气孔在建施图中用符号K1表示，窗上居中，洞顶贴板底，孔小于φ100。

本页解读：本图重点在于表达二层平面的详细布局和细部尺寸
1.阅读图名和比例，了解本图的绘图对象和图样与实物间的关系。本图为该住宅的二层平面图，比例为1：50。仔细阅读说明部分，掌握图上相关符号表达的含义。
2.仔细阅读纵横轴线的排列和编号；阅读建筑的尺寸标注，掌握建筑平面各部分的轴线尺寸和细部尺寸。
3.查看房间的功能、名称、面积以及布局等。
4.阅读外墙、内墙和隔墙的位置及材料。
5.阅读图中门窗的位置、代号和门的开启方式。
6.了解楼梯间的位置、楼梯踏步的步数以楼梯的尺寸，了解电梯井的位置、形状和尺寸。
7.阅读图中的标高，了解平面各处的高度变化、高度差。
8.阅读索引符号，找出被索引图和详图的关系。窗户、栏杆、坡道等构造的位置、尺寸，做法翻阅相关详图。
9.阅读墙体开洞情况，开洞位置。
10.通过对比我们不难发现，该建筑首层平面图和二层平面图的平面布局、尺寸大小和轴线定位几乎都一样，所以其识读顺序和方法也基本一致。当然该楼层在某些细节上和首层也有不同，而本图的识读主要就在这些不同上，比如：首层平面图在建筑出入口处设有台阶和坡道，而本层则是一个不上人的屋面；标高的变化，首层室内地坪标高为±0.000，本层则为3.000。

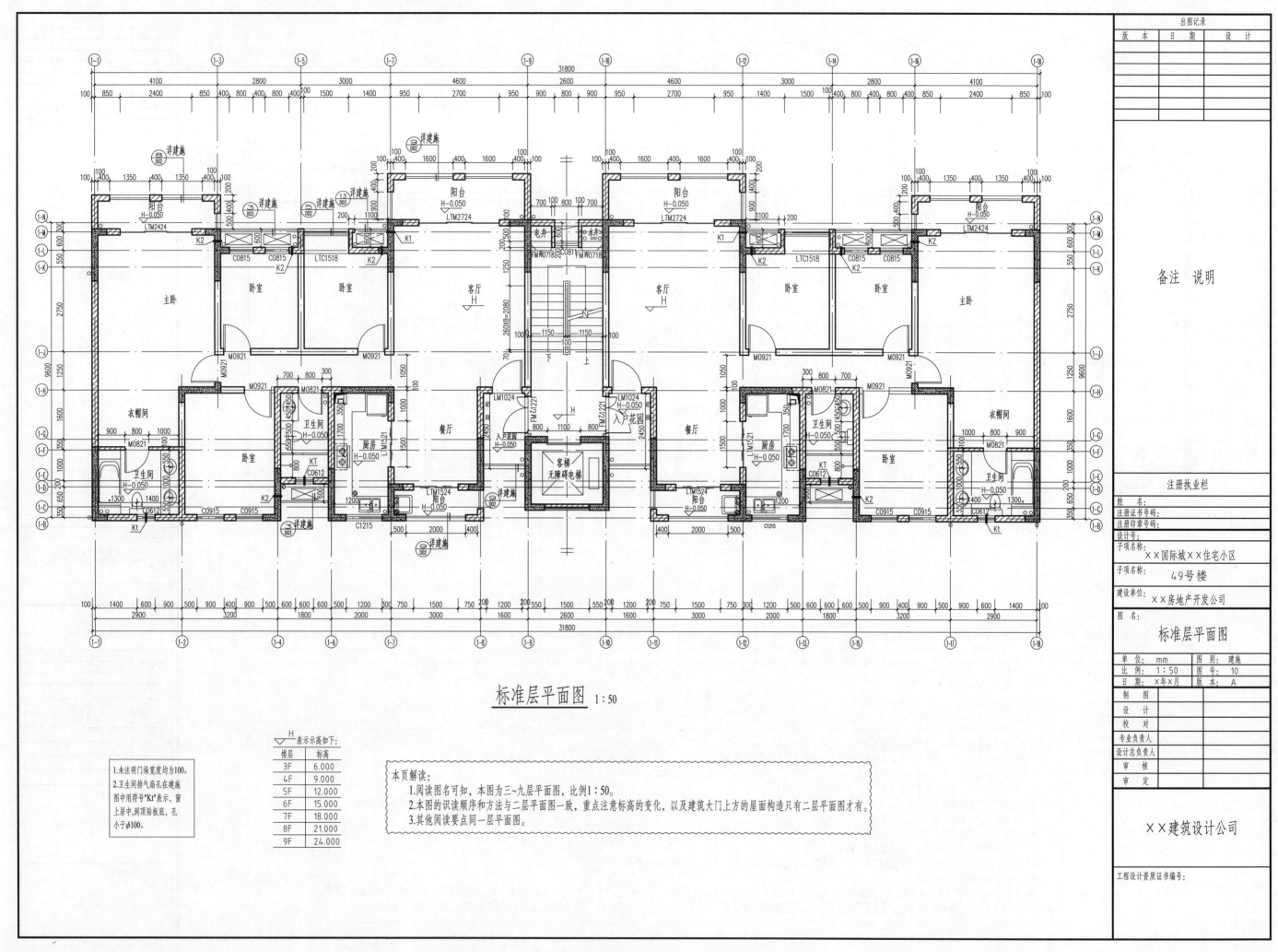

标准层平面图 1:50

H 表示示高如下：

楼层	标高
3F	6.000
4F	9.000
5F	12.000
6F	15.000
7F	18.000
8F	21.000
9F	24.000

1.未注明门垛宽度均为100。
2.卫生间排气扇孔在建施图中用符号"Kt"表示，窗上居中，洞顶贴板底，孔小于φ100。

本页解读：
1.阅读图名可知，本图为三～九层平面图，比例1:50。
2.本图的识读顺序和方法与二层平面图一致，重点注意标高的变化，以及建筑大门上方的屋面构造只有二层平面图才有。
3.其他阅读要点同一层平面图。

出图记录

备注 说明

注册执业栏
姓 名：
注册证书号：
注册印章号：
设计号：
子项名称：××国际城××住宅小区
子项名称：49号楼
建设单位：××房地产开发公司
图 名：
标准层平面图

单位：	mm	图别：	建施
比例：	1:50	图号：	10
日期：	×年×月	版本：	A

制 图
设 计
校 对
专业负责人
设计总负责人
审 核
审 定

××建筑设计公司

工程设计资质证书编号：

100

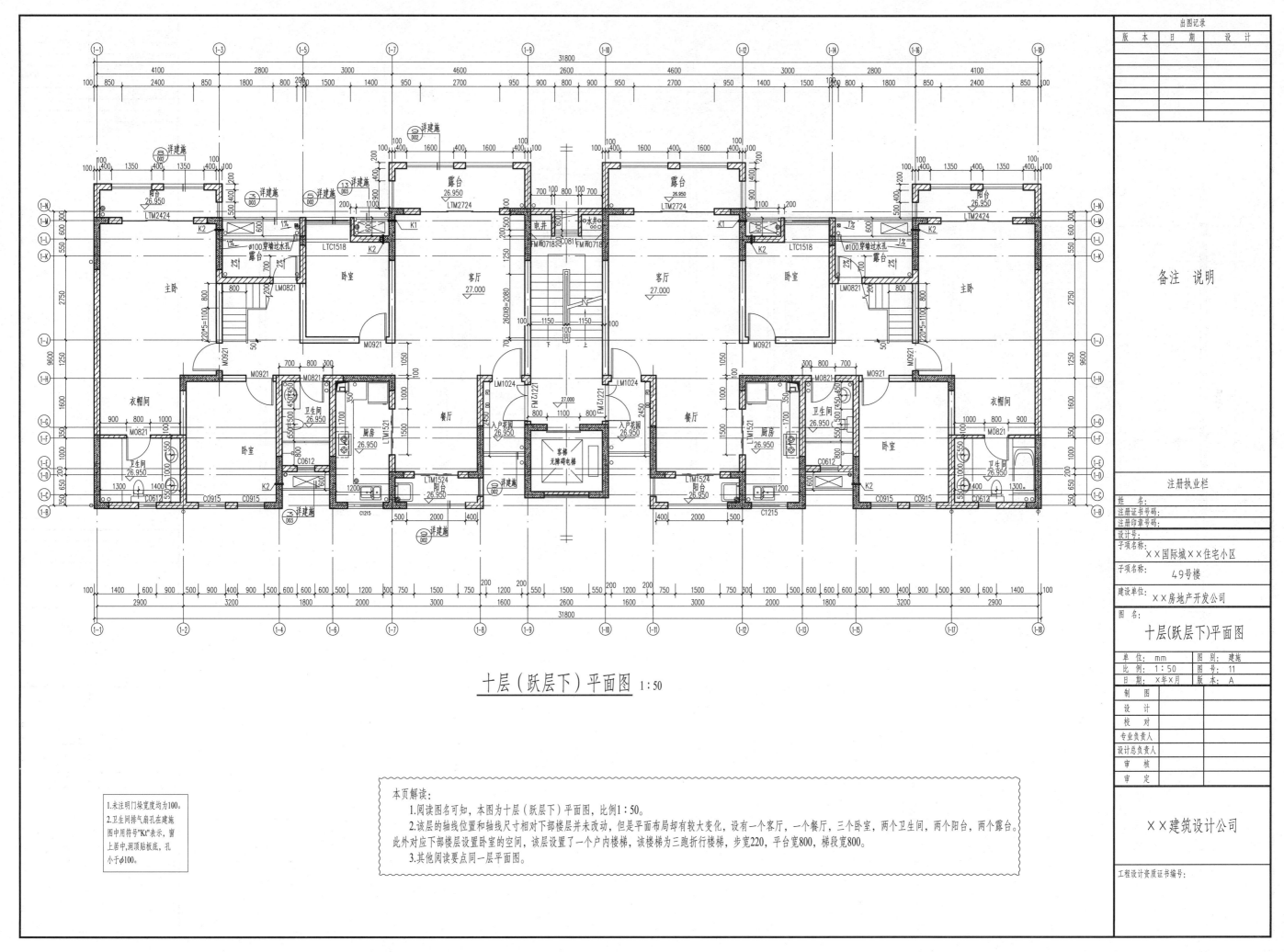

十层(跃层下)平面图 1:50

出图记录

版 本	日 期	设 计

备注 说明

注册执业栏

姓 名：
注册证书号码：
注册印章号码：
设计号：
子项名称：××国际城××住宅小区
子项名称：49号楼
建设单位：××房地产开发公司
图 名：

十层(跃层下)平面图

单 位：mm	图 别：建施
比 例：1：50	图 号：11
日 期：×年×月	版 本：A

制 图	
设 计	
校 对	
专业负责人	
设计总负责人	
审 核	
审 定	

××建筑设计公司

工程设计资质证书编号：

1.未注明门垛宽度均为100。
2.卫生间排气扇孔在建施图中用符号"K↑"表示，窗上居中，洞顶贴板底，孔小于φ100。

本页解读：
1.阅读图名可知，本图为十层(跃层下)平面图，比例1：50。
2.该层的抽线位置和抽线尺寸相对于下部楼层并未改动，但是平面布局却有较大变化，设有一个客厅，一个餐厅，三个卧室，两个卫生间，两个阳台，两个露台。此外对应下部楼层设置卧室的空间，该层设置了一个户内楼梯，该楼梯为三跑折行楼梯，步宽220，平台宽800，梯段宽800。
3.其他阅读要点同一层平面图。

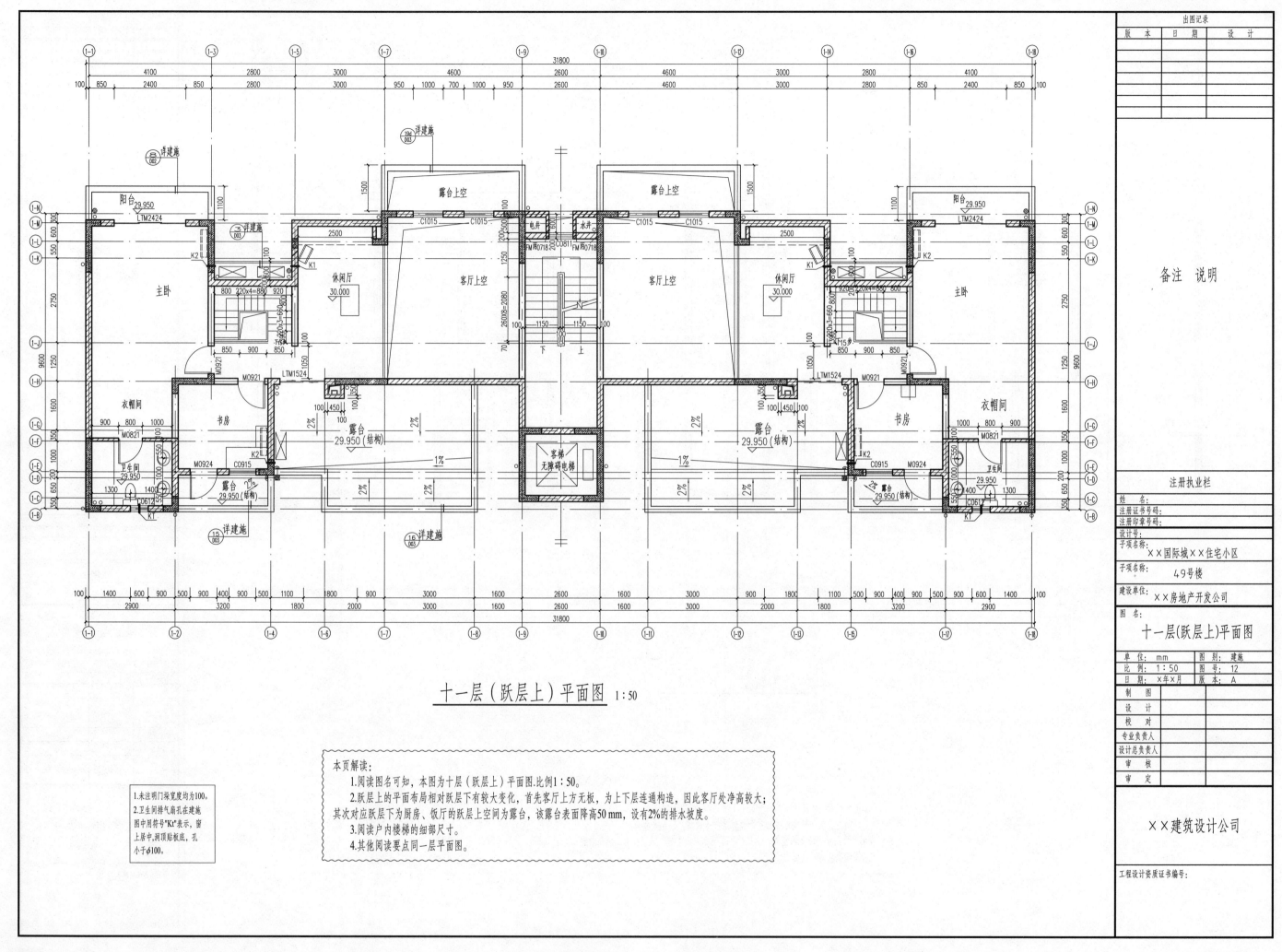

十一层（跃层上）平面图 1:50

本页解读：
1.阅读图名可知，本图为十层（跃层上）平面图.比例1：50。
2.跃层上的平面布局相对跃层下有较大变化，首先客厅上方无板，为上下层连通构造，因此客厅处净高较大；其次对应跃层下为厨房、饭厅的跃层上空间为露台，该露台表面降高50 mm，设有2%的排水坡度。
3.阅读户内楼梯的细部尺寸。
4.其他阅读要点同一层平面图。

1.未注明门垛宽度均为100。
2.卫生间排气扇孔在建施图中用符号"Ki"表示，窗上层中，洞顶贴板底，孔小于φ100。

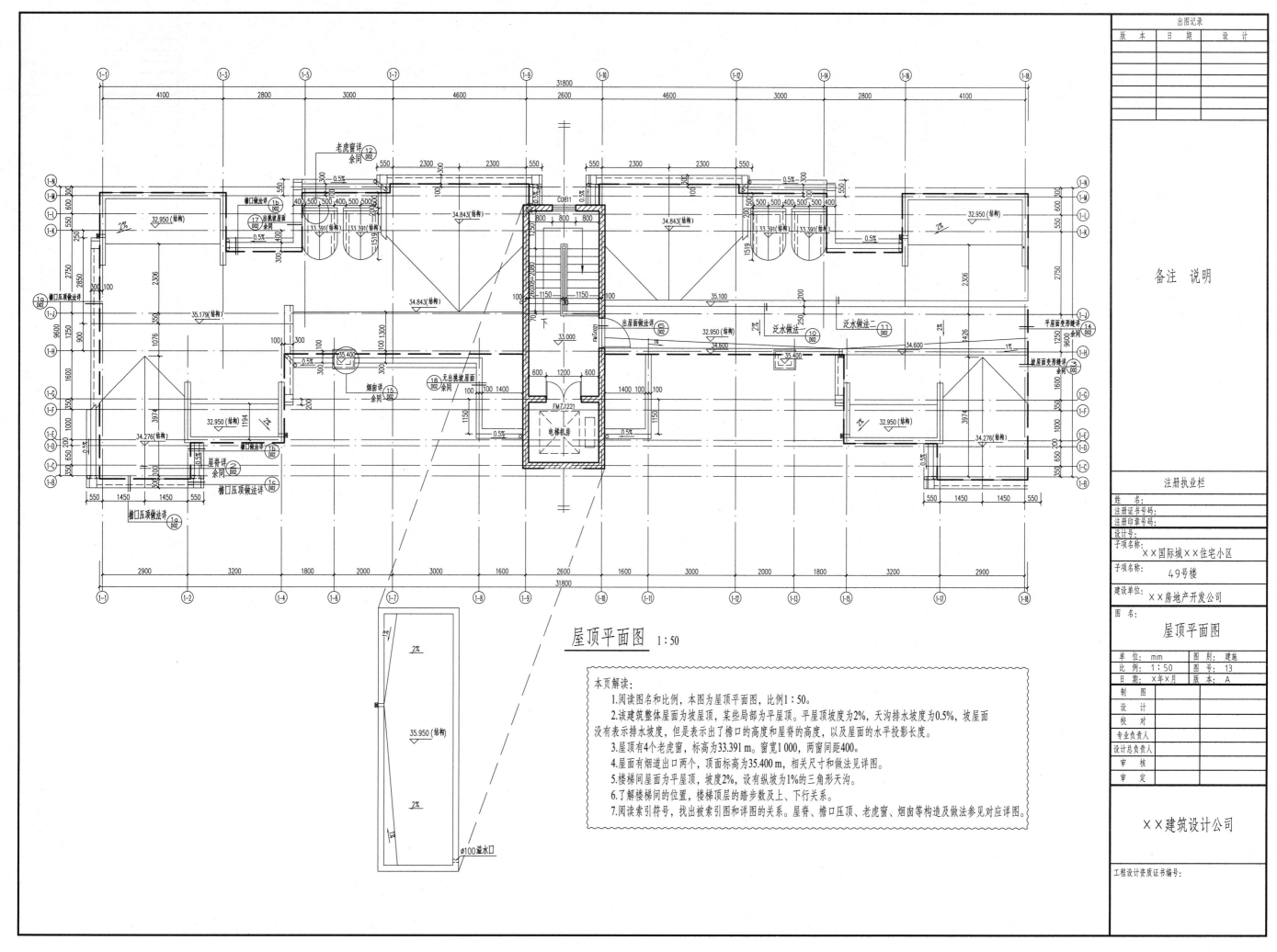

屋顶平面图 1:50

本页解读:
1.阅读图名和比例,本图为屋顶平面图,比例1:50。
2.该建筑整体屋面为坡屋顶,某些局部为平屋顶。平屋顶坡度为2%,天沟排水坡度为0.5%,坡屋面没有表示排水坡度,但是表示出了檐口的高度和屋脊的高度,以及屋面的水平投影长度。
3.屋顶有4个老虎窗,标高为33.391m。窗宽1000,两窗间距400。
4.屋面有烟道出口两个,顶面标高为35.400m,相关尺寸和做法见详图。
5.楼梯间屋面为平屋顶,坡度2%,设有纵坡为1%的三角形天沟。
6.了解楼梯间的位置,楼梯顶层的踏步数及上、下行关系。
7.阅读索引符号,找出被索引图和详图的关系。屋脊、檐口压顶、老虎窗、烟囱等构造及做法参见对应详图。

出图记录

版 本	日 期	设 计

备 注 说 明

注册执业栏
姓 名:
注册证书号码:
注册印章号码:
设计号:

子项名称: ××国际城××住宅小区
子项名称: 49号楼
建设单位: ××房地产开发公司
图 名:

屋顶平面图

单 位: mm	图 别: 建施
比 例: 1:50	图 号: 13
日 期: ×年×月	版 本: A

制 图	
设 计	
校 对	
专业负责人	
设计总负责人	
审 核	
审 定	

××建筑设计公司

工程设计资质证书编号:

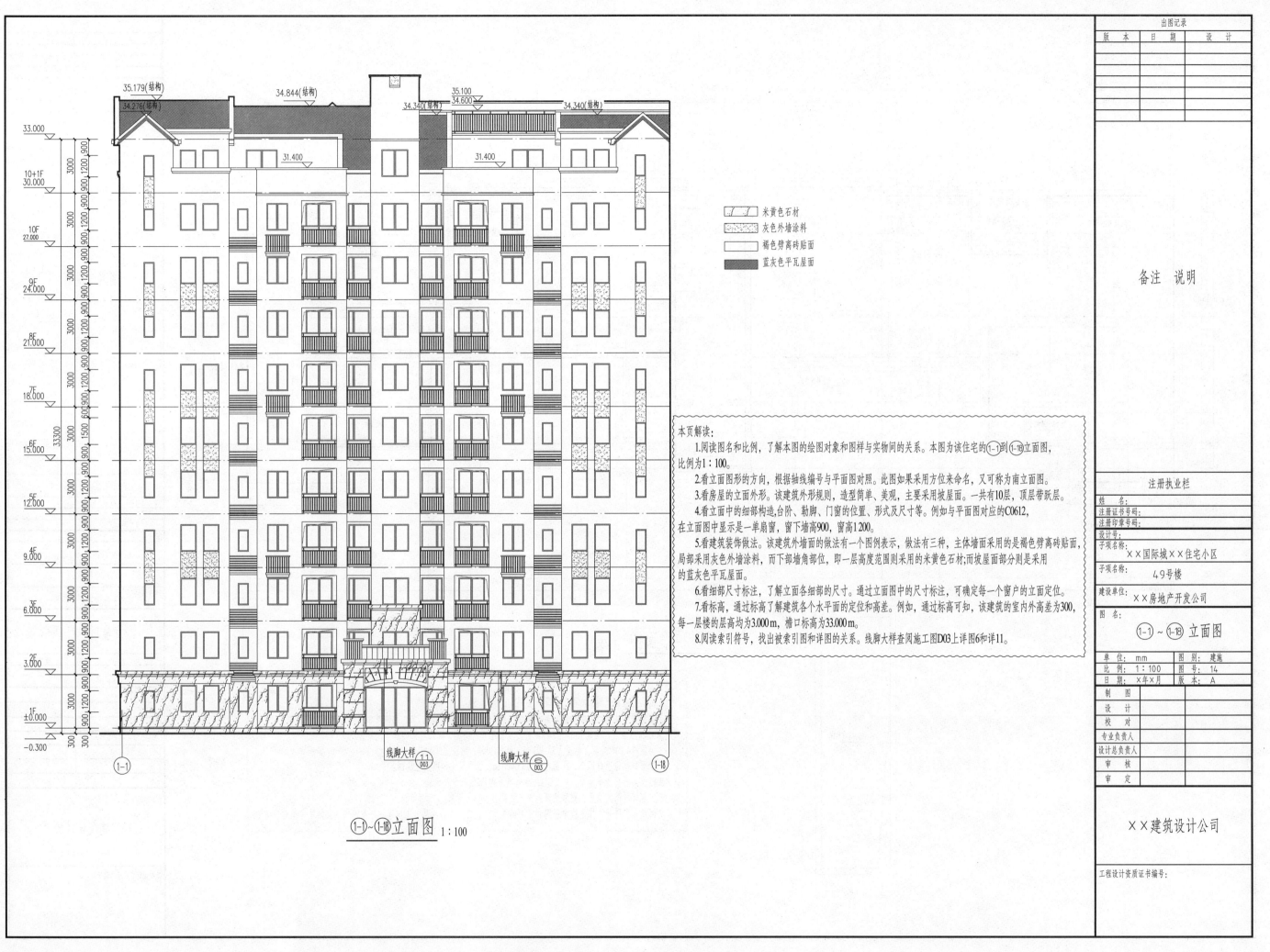

本页解读：

1.阅读图名和比例，了解本图的绘图对象和图样与实物间的关系。本图为该住宅的①-1到①-18立面图，比例为1：100。

2.看立面图形的方向，根据轴线编号与平面图对照。此图如果采用方位来命名，又可称为南立面图。

3.看房屋的立面外形。该建筑外形规则，造型简单、美观，主要采用坡屋面。一共有10层，顶层带跃层。

4.看立面图中的细部构造台阶、勒脚、门窗的位置、形式及尺寸等。例如与平面图对应的C0612，在立面图中显示是一单扇窗，窗下墙高900，窗高1200。

5.看建筑装饰做法。该建筑外墙面的做法有一图例表示，做法有三种，主体墙面采用的是褐色劈离砖贴面，局部采用灰色外墙涂料，而下部墙角部位，即一层高度范围则采用的米黄色石材;而坡屋面部分则是采用的蓝灰色平瓦屋面。

6.看细部尺寸标注，了解立面各细部的尺寸。通过立面图中的尺寸标注，可确定每一个窗户的立面定位。

7.看标高，通过标高了解建筑各个水平面的定位和高差。例如，通过标高可知，该建筑的室内外高差为300，每一层楼的层高均为3.000m，檐口标高为33.000m。

8.阅读索引符号，找出被索引图和详图的关系。线脚大样查阅施工图D03上详图6和详图11。

图例：
- 米黄色石材
- 灰色外墙涂料
- 褐色劈离砖贴面
- 蓝灰色平瓦屋面

①-1 ~ ①-18 立面图 1：100

出图记录

版 本	日 期	设 计

备注 说明

注册执业栏

姓　名：	
注册证书号码：	
注册印章号码：	
设计号：	
子项名称：	××国际城××住宅小区
子项名：	49号楼
建设单位：	××房地产开发公司
图　名：	①-1 ~ ①-18 立面图

单位： mm	图别：建施
比例： 1：100	图号： 14
日期： ×年×月	版本：A

制　图	
设　计	
校　对	
专业负责人	
设计总负责人	
审　核	
审　定	

××建筑设计公司

工程设计资质证书编号：

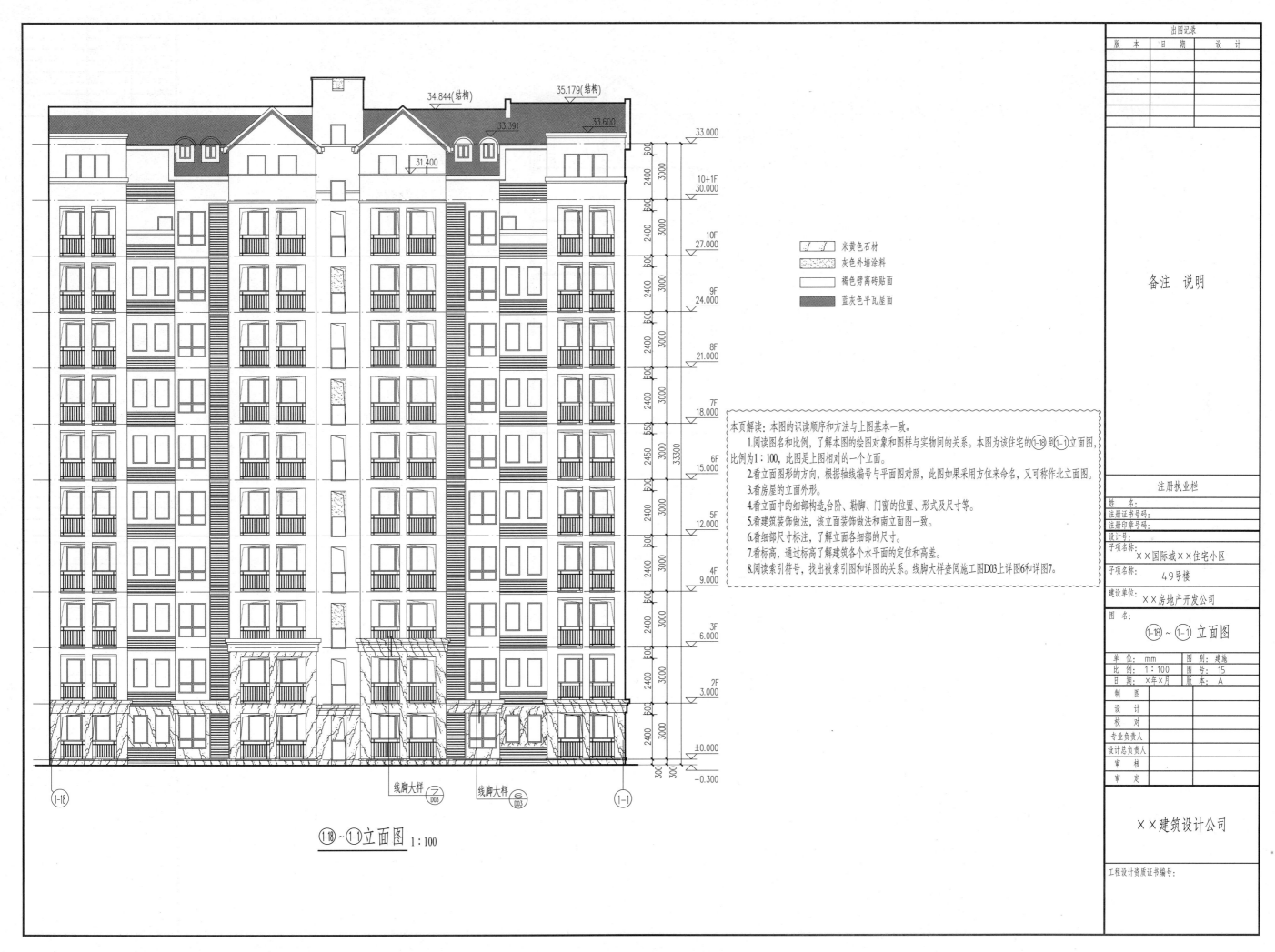

本页解读：本图的识读顺序和方法与上图基本一致。

1.阅读图名和比例，了解本图的绘图对象和图样与实物间的关系。本图为该住宅的⑴-18到⑴-1立面图，比例为1：100，此图是上图相对的一个立面。

2.看立面图形的方向，根据轴线编号与平面图对照，此图如果采用方位来命名，又可称作北立面图。

3.看房屋的立面外形。

4.看立面中的细部构造,台阶、勒脚、门窗的位置、形式及尺寸等。

5.看建筑装饰做法，该立面装饰做法和南立面图一致。

6.看细部尺寸标注，了解立面各细部的尺寸。

7.看标高，通过标高了解建筑各个水平面的定位和高差。

8.阅读索引符号，找出被索引图和详图的关系。线脚大样查阅施工图D03上详图6和详图7。

米黄色石材
灰色外墙涂料
褐色劈离砖贴面
蓝灰色平瓦屋面

⑴-18~⑴-1立面图 1：100

线脚大样 7/D03   线脚大样 6/D03

出图记录

版本	日 期	设 计

备注 说明

注册执业栏

姓 名：	
注册证书号码：	
注册印章号码：	

设计号：
子项名称： ××国际城××住宅小区
子项编号： 49号楼
建设单位： ××房地产开发公司
图 名：
⑴-18~⑴-1立面图

单 位： mm	图 别： 建施
比 例： 1：100	图 号： 15
日 期： ×年×月	版 本： A

制 图	
设 计	
校 对	
专业负责人	
设计总负责人	
审 核	
审 定	

××建筑设计公司

工程设计资质证书编号：

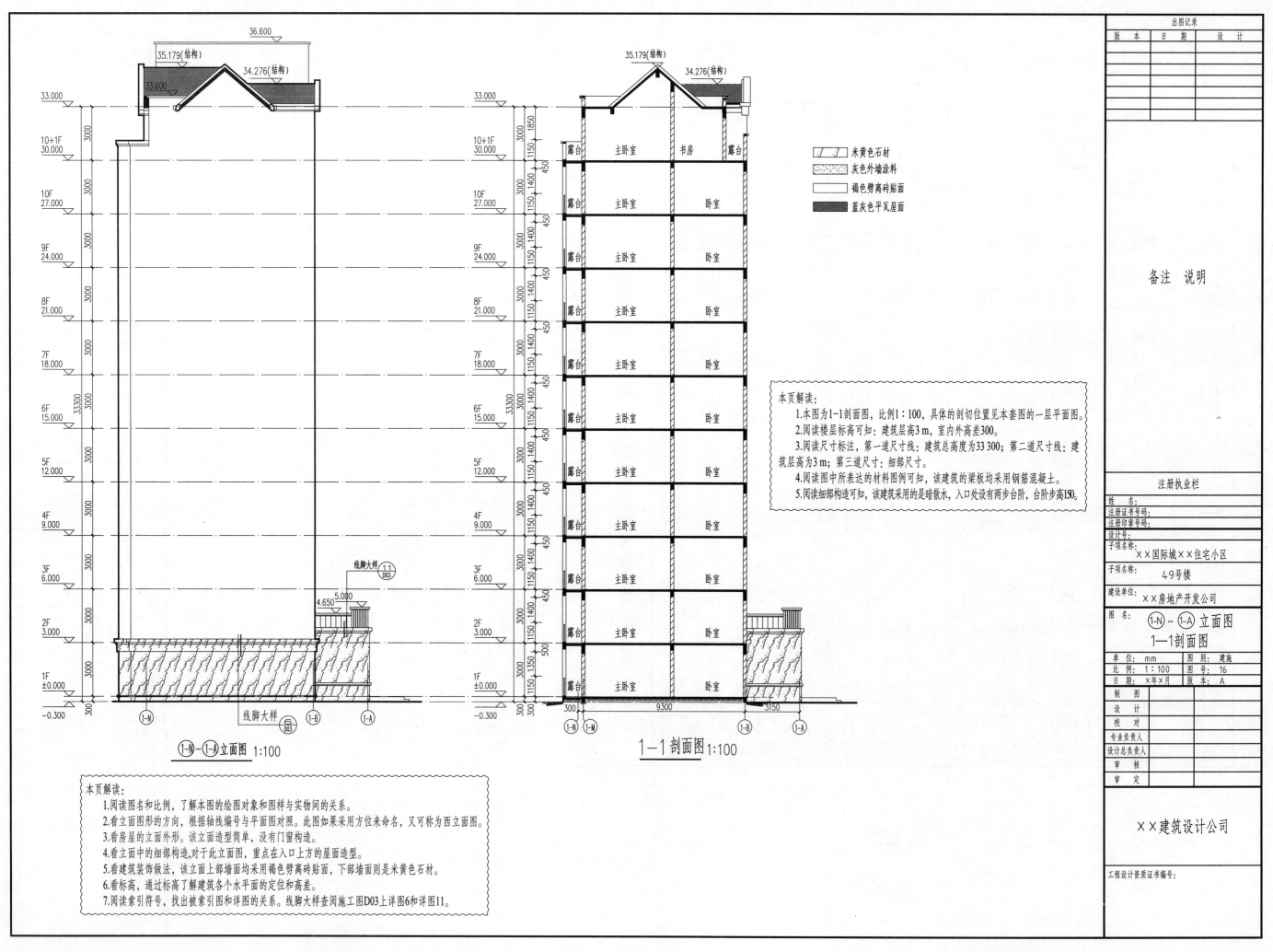

本页解读：
1. 本图为1-1剖面图，比例1：100，具体的剖切位置见本套图的一层平面图。
2. 阅读楼层标高可知：建筑层高3m，室内外高差300。
3. 阅读尺寸标注，第一道尺寸线：建筑总高度为33 300；第二道尺寸线：建筑层高为3m；第三道尺寸：细部尺寸。
4. 阅读图中所表达的材料图例可知，该建筑的梁板均采用钢筋混凝土。
5. 阅读细部构造可知，该建筑采用的是暗散水，入口处设有两步台阶，台阶步高150。

米黄色石材
灰色外墙涂料
褐色劈离砖贴面
蓝灰色平瓦屋面

①-N ~ ①-A 立面图 1:100

1—1 剖面图 1:100

本页解读：
1. 阅读图名和比例，了解本图的绘图对象和图样与实物间的关系。
2. 看立面图形的方向，根据轴线编号与平面图对照。此图如果采用方位来命名，又可称为西立面图。
3. 看房屋的立面外形。该立面造型简单，没有门窗构造。
4. 看立面中的细部构造，对于此立面图，重点在入口上方的屋面造型。
5. 看建筑装饰做法，该立面上部墙面均采用褐色劈离砖贴面，下部墙面则是米黄色石材。
6. 看标高，通过标高了解建筑各个水平面的定位和高差。
7. 阅读索引符号，找出被索引图和详图的关系。线脚大样查阅施工图D03上详图6和详图11。

出图记录
版 本	日 期	设 计

备注 说明

注册执业栏
姓 名：
注册证书号码：
注册印章号码：
设计号：
子项名称： ××国际城××住宅小区
子项名称： 49号楼
建设单位： ××房地产开发公司
图 名：
①-N ~ ①-A 立面图
1—1剖面图

单 位：	mm	图 别：	建施
比 例：	1：100	图 号：	16
日 期：	×年×月	版 本：	A

制 图	
设 计	
校 对	
专业负责人	
设计总负责人	
审 核	
审 定	

××建筑设计公司

工程设计资质证书编号：

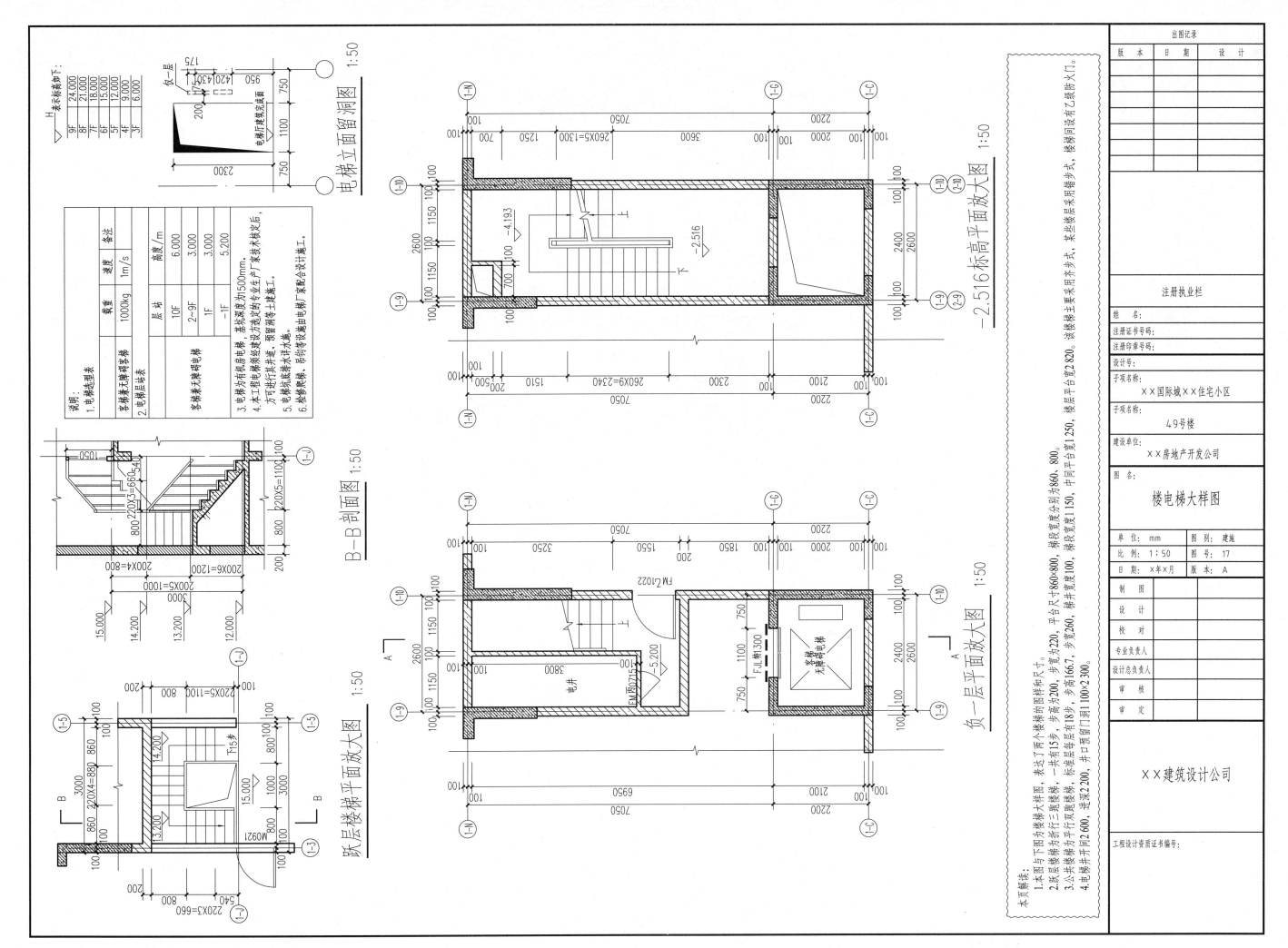

楼电梯大样图

电梯立面留洞图 1:50

H表示标高如下：
9F	24.000
8F	21.000
7F	18.000
6F	15.000
5F	12.000
4F	9.000
3F	6.000

电梯选型表

	载重	速度	备注
	1000kg	1m/s	

客梯兼无障碍客梯

电梯层站表

	层站	高度/m
	10F	6.000
	2~9F	3.000
	1F	3.000
	-1F	5.200

客梯兼无障碍电梯

说明：
1. 电梯为有机房电梯。
2. 本工程电梯底坑经建议改造宽度为生产厂家技术核定后，方可进行井道土建。基坑深度为500mm。
3. 电梯井道为有机房电梯，基坑深度为生产厂家技术核定后，方可进行井道土建。
4. 电梯底坑土建。预留洞排水通。
5. 检修爬梯。
6. 井坑等设备由电梯厂家配合设计施工。

B-B剖面图 1:50

跃层楼梯平面放大图 1:50

-2.516标高平面放大图 1:50

负一层平面放大图 1:50

FM乙1022

FM丙0715

客梯无障碍电梯

本页解读：
1. 本图与下图为楼梯大样图，表达了两个楼梯的图样和尺寸。
2. 跃层楼梯为折行三跑楼梯，一共有15步，步高为200，步宽为220，步高为220。
3. 公共楼梯为折行双跑楼梯，标准层每层有18步，步宽260，步高166.7，平台尺寸860×800，平台长度220，平台宽度860、800。楼梯宽度1150，楼井宽度100，该楼梯主要采用错步式，某些楼层采用错步表，某些楼层间设有乙级防火门。
4. 电梯井开洞2 600，进深2 200，井口顶留门洞1 100×2 300。

出图记录

版 本	日 期	设 计

注册执业栏

姓名：
注册证书号码：
注册印章号码：

设计号：
子项名称：
××国际城××住宅小区
子项名称：
49号楼
建设单位：
××房地产开发公司
图名：

楼电梯大样图

单位： mm	图别：建施
比例： 1:50	图号：17
日期： ×年×月	版本：A

制 图	
设 计	
校 对	
专业负责人	
设计负责人	
设计总负责人	
审 核	
审 定	

××建筑设计公司

工程设计资质证书编号：

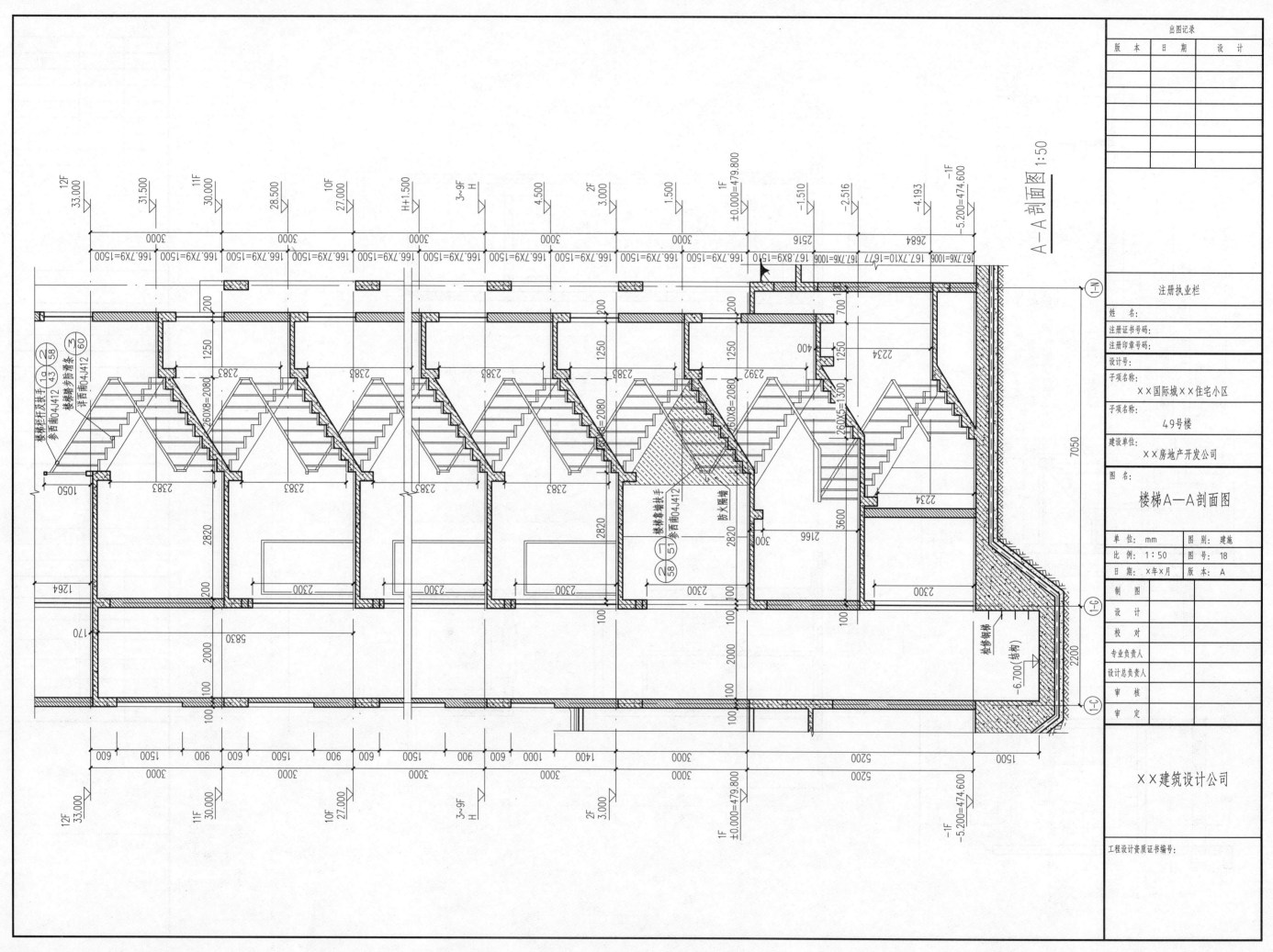

楼梯A—A剖面图 1:50

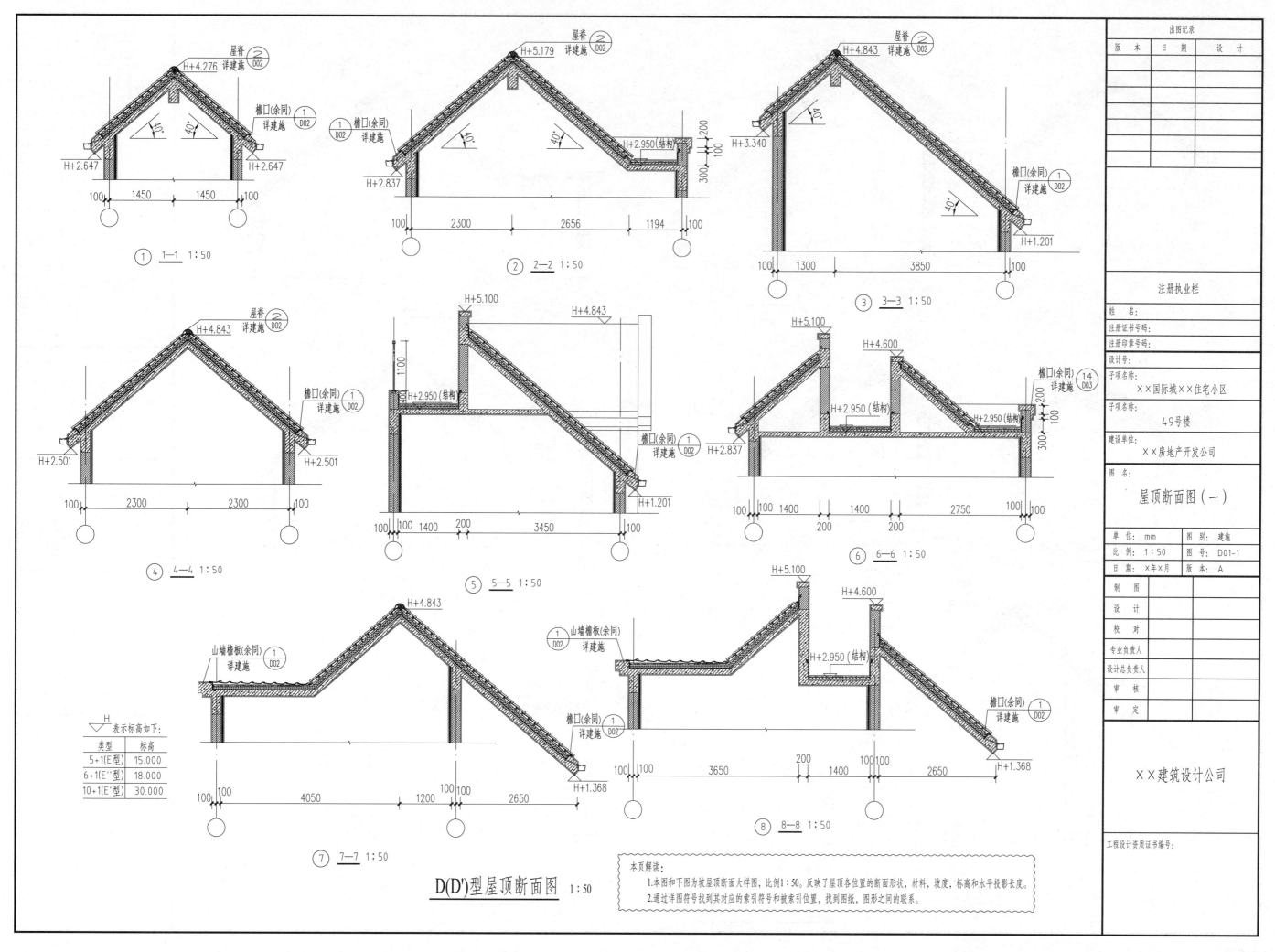

屋脊 ②
详建施 D02
H+4.276
檐口(余同) ①
详建施 D02
40° 40°
H+2.647
H+2.647
100 1450 1450 100
① 1—1 1:50

屋脊 ②
详建施 D02
H+5.179
① 檐口(余同)
详建施 D02
40° 40°
H+2.837
H+2.950(结构)
200 100 300
100 2300 2656 1194 100
② 2—2 1:50

屋脊 ②
详建施 D02
H+4.843
40°
H+3.340
檐口(余同) ①
详建施 D02
40°
H+1.201
100 1300 3850 100
③ 3—3 1:50

屋脊 ②
详建施 D02
H+4.843
檐口(余同) ①
详建施 D02
H+2.501
H+2.501
100 2300 2300 100
④ 4—4 1:50

H+5.100
H+4.843
1100
H+2.950(结构)
檐口(余同) ①
详建施 D02
H+2.837
H+1.201
100 100 1400 200 3450 100
⑤ 5—5 1:50

H+5.100
H+4.600
檐口(余同) ⑭
详建施 D03
H+2.950(结构)
H+2.950(结构)
200 100 300
100 100 1400 1400 2750 100 100
200 200
⑥ 6—6 1:50

H+4.843
山墙檐板(余同) ①
详建施 D02
H+1.368
100 100 4050 1200 100 100 2650
⑦ 7—7 1:50

D(D')型屋顶断面图 1:50

H▽ 表示标高如下:

类型	标高
5+1(E型)	15.000
6+1(E''型)	18.000
10+1(E'型)	30.000

H+5.100
H+4.600
① 山墙檐板(余同)
详建施 D02
H+2.950(结构)
檐口(余同) ①
详建施 D02
檐口(余同) ①
详建施 D02
H+1.368
100 100 3650 200 1400 100 100 2650
⑧ 8—8 1:50

本页解读:
1.本图和下图为坡屋顶断面大样图,比例1:50,反映了屋顶各位置的断面形状、材料、坡度、标高和水平投影长度。
2.通过详图符号找到其对应的索引符号和被索引位置,找到图纸,图形之间的联系。

出图记录

版 本	日 期	设 计

注册执业栏

姓 名:
注册证书号码:
注册印章号码:
设计号:
子项名称:
××国际城××住宅小区
子项名称:
49号楼
建设单位:
××房地产开发公司
图 名:

屋顶断面图(一)

单 位: mm	图 别: 建施
比 例: 1:50	图 号: D01-1
日 期: ×年×月	版 本: A

制 图	
设 计	
校 对	
专业负责人	
设计总负责人	
审 核	
审 定	

××建筑设计公司

工程设计资质证书编号:

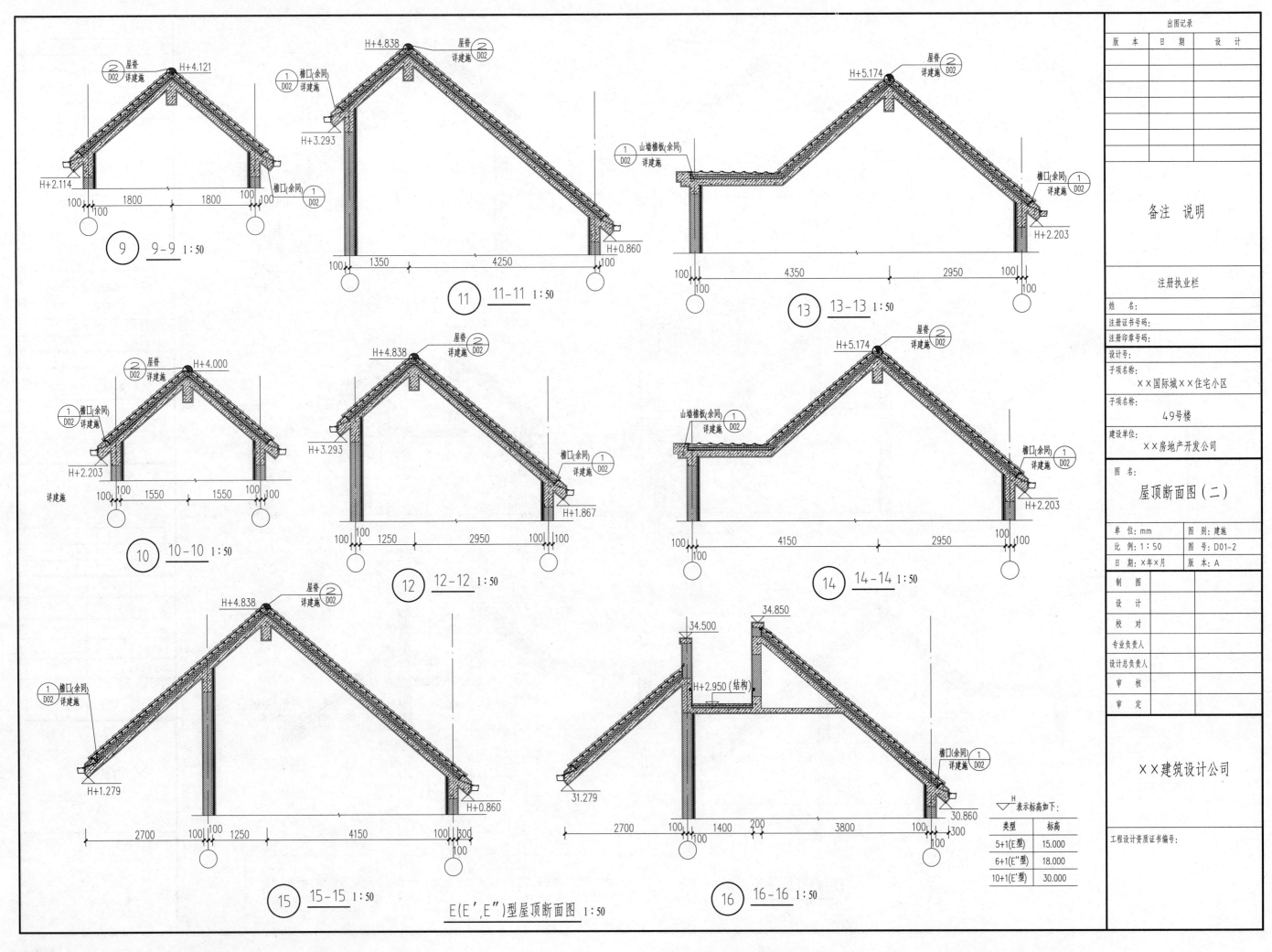

屋顶断面图（二）

9-9 1:50
H+4.121
H+2.114
100 1800 1800 100
100

10-10 1:50
H+4.000
H+2.203
100 1550 1550 100 100

11-11 1:50
H+4.838
H+3.293
H+0.860
100 1350 4250 100

12-12 1:50
H+4.838
H+3.293
H+1.867
100 1250 2950 100 100

13-13 1:50
H+5.174
H+2.203
100 4350 2950 100

14-14 1:50
H+5.174
H+2.203
100 4150 2950 100

15-15 1:50
H+4.838
H+1.279
H+0.860
2700 100 1250 4150 100

E(E',E")型屋顶断面图 1:50

16-16 1:50
34.850
34.500
H+2.950(结构)
31.279
30.860
2700 100 1400 200 3800 100 300

出图记录
版 本 | 日 期 | 设 计

备注 说明

注册执业栏

姓 名：
注册证书号码：
注册印章号码：
设计号：
子项名称：
××国际城××住宅小区
子项名称：
49号楼
建设单位：
××房地产开发公司
图 名：
屋顶断面图（二）
单 位：mm | 图 别：建施
比 例：1：50 | 图 号：D01-2
日 期：×年×月 | 版 本：A
制 图
设 计
校 对
专业负责人
设计总负责人
审 核
审 定

××建筑设计公司

工程设计资质证书编号：

类型	标高
5+1(E型)	15.000
6+1(E"型)	18.000
10+1(E'型)	30.000

H 表示标高如下：

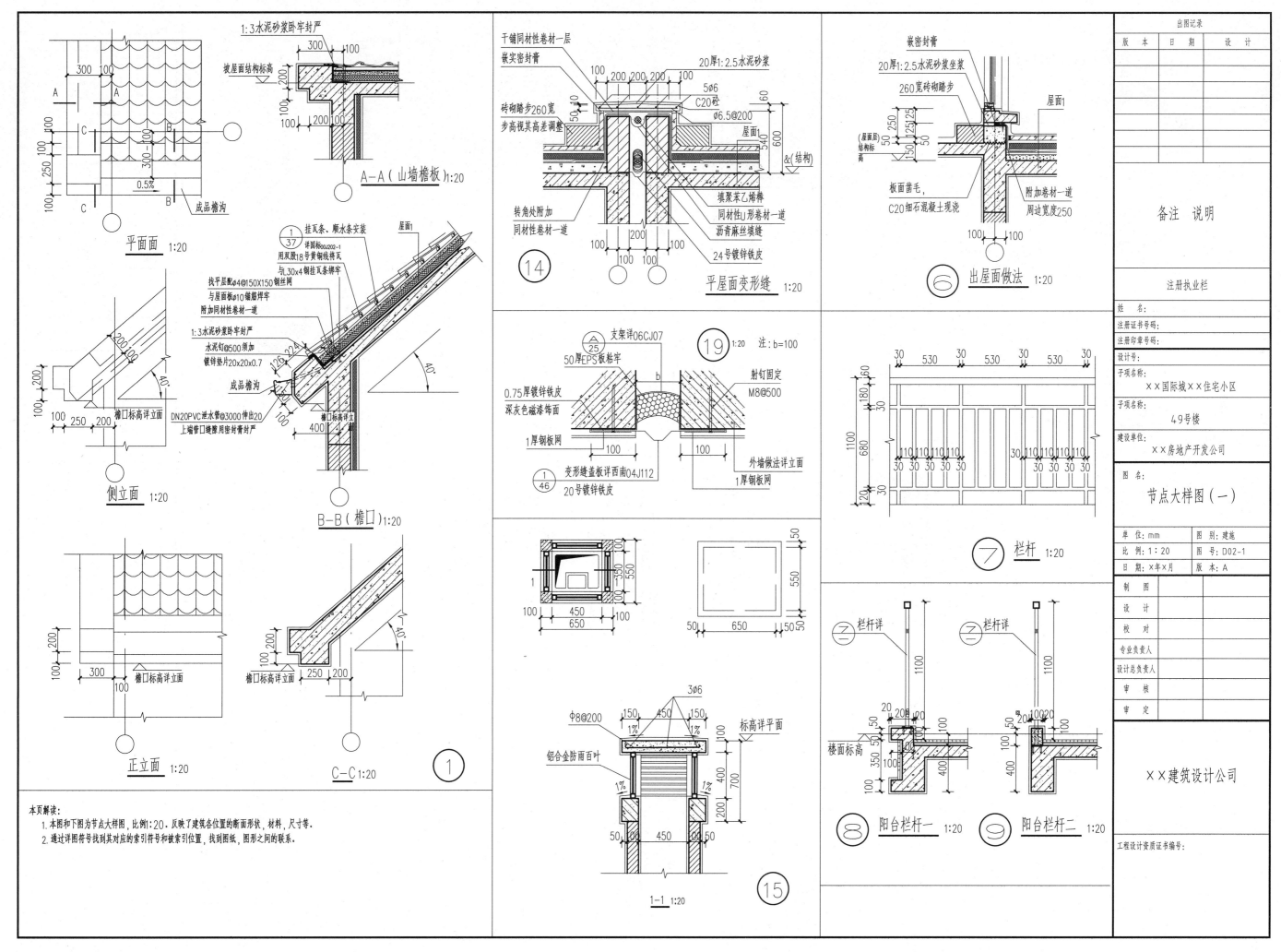

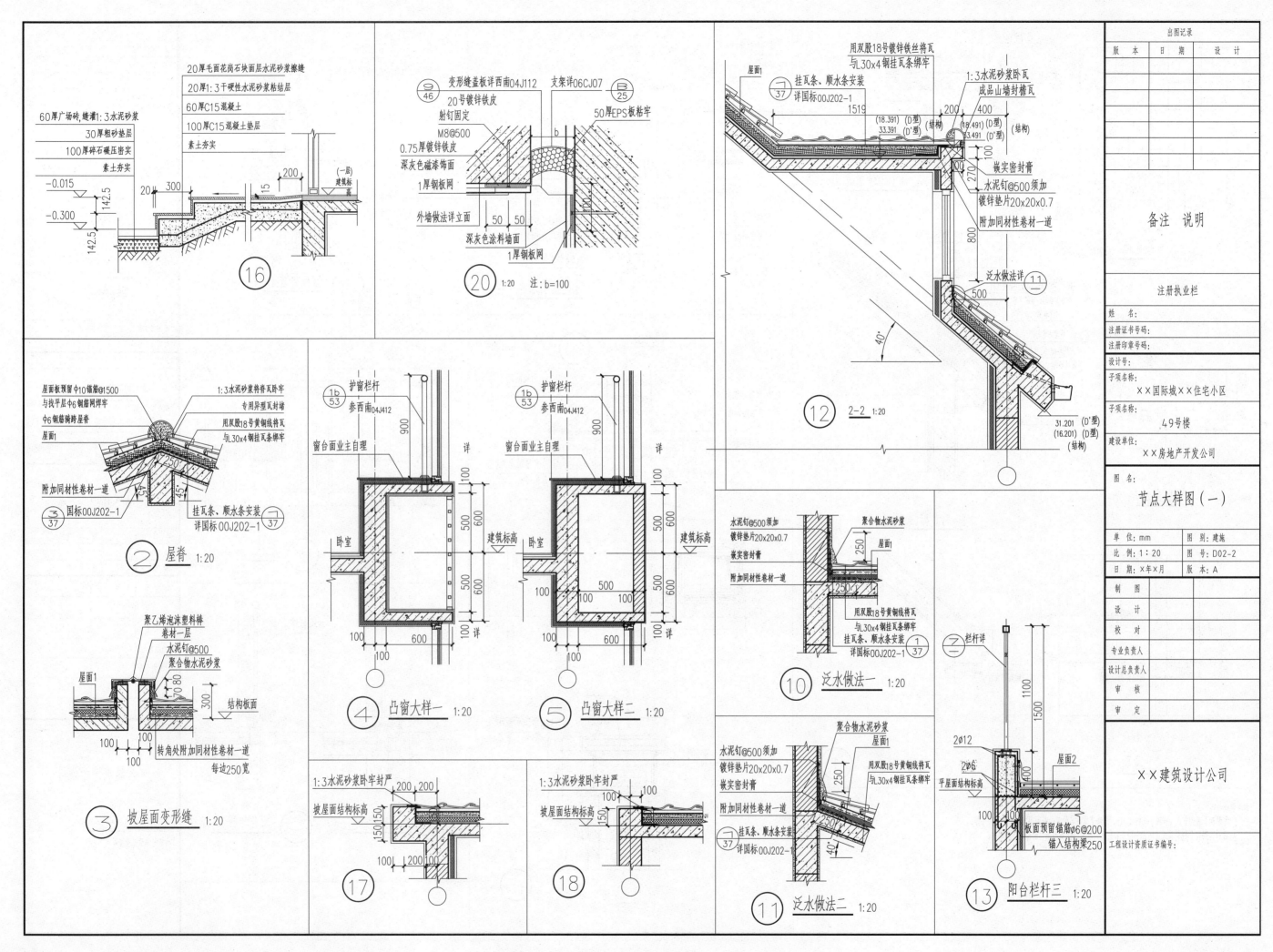

节点大样图（一）

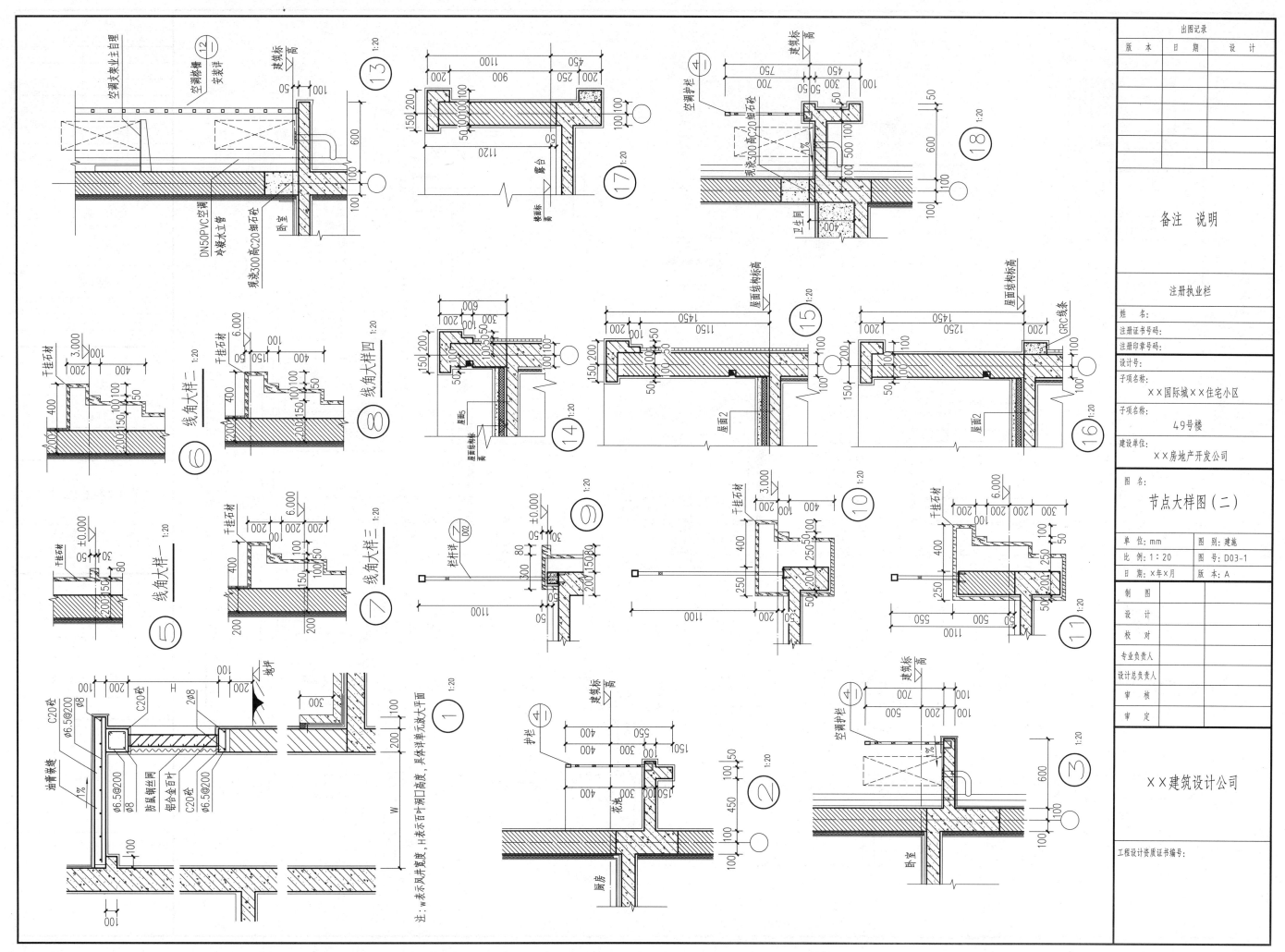

节点大样图（二）

单 位：mm	图 别：建施
比 例：1：20	图 号：D03-1
日 期：X年X月	版 本：A

ＸＸ国际城ＸＸ住宅小区

49号楼

ＸＸ房地产开发公司

ＸＸ建筑设计公司

注：w表示风井宽度，H表示百叶洞口高度，具体详单元放大平面

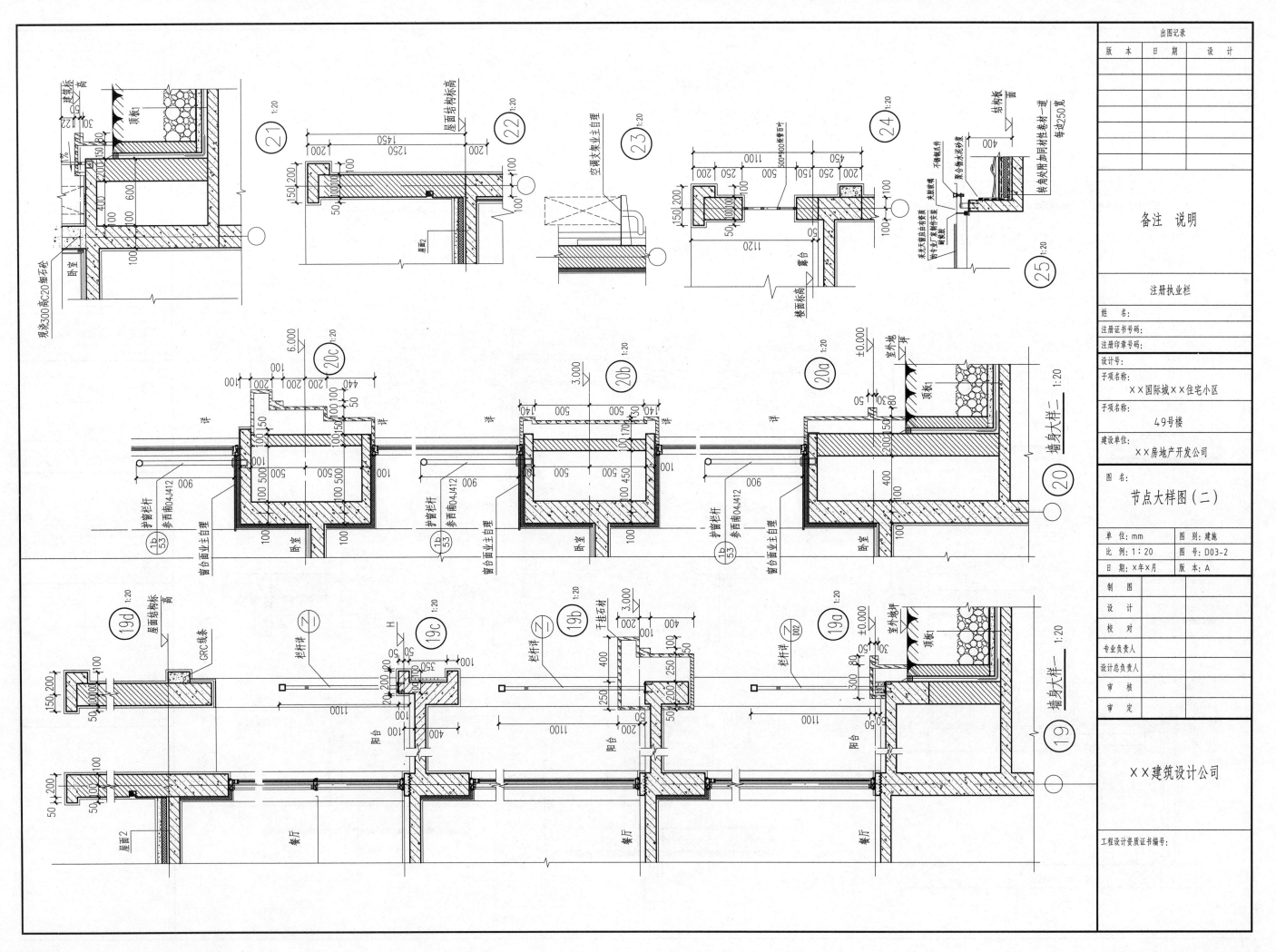

节点大样图（二）

结构设计总说明

一、工程概况

本工程位于××市××国际城整体用地东部，东邻××路，西靠××路，北毗××路，南为××路。地上 10+1 层，房屋高度 33.300 m，主楼结构型式为剪力墙结构，主楼基础采用筏板基础。

二、设计依据

2.1 在正常使用条件下，本建筑结构设计使用年限为 50 年。

2.2 自然条件

2.2.1 基本风压：$w_0=0.30$ kN/m²，地面粗糙度类别为 B 类，风荷载体型系数取 1.3。

2.2.2 本工程场地地震基本烈度为 7 度，按地震烈度 7 度设防，设计地震分组为第二组，设计基本地震加速度值为 0.10 g，特征周期值为 0.405，II 类场地。

2.2.3 ××有限公司于 2011 年 07 月提供的《××项目岩土工程勘察报告》。

2.3 本专业设计所执行的主要法规和所采用的主要标准：

建筑结构可靠度设计统一标准	GB 50068—2001
建筑工程抗震设防分类标准	GB 50223—2008
建筑结构荷载规范	GB 50009—2001（2006 年版）
混凝土结构设计规范	GB 50010—2002
建筑抗震设计规范	GB 50011—2001（2008 年版）
高层建筑混凝土结构技术规程	JGJ 3—2002 J 186—2002
建筑地基基础设计规范	GB 50007—2002
建筑地基处理技术规范	JGJ 79—2002 J 220—2002
冷轧带肋钢筋混凝土结构技术规程	JGJ 95—2003
住宅建筑规范	GB 50368—2005
高层民用建筑设计防火规范	GB 50045—95（2005 年版）
钢筋焊接及验收规程	JGJ 18—2003
钢筋机械连接通用技术规程	JGJ 107—2003
工程建设标准强制性条文（房屋建筑部分）	（2009 年版）
混凝土外加剂应用技术规范	GB 50119—2003

本工程按现行国家设计标准进行设计，施工时除应遵守本说明及各设计图纸说明外，尚应严格执行现行国家及四川省的有关规范、规。

三、图纸说明

3.1 本图中标高以米（m）计，其余均以毫米（mm）计。

3.2 本工程 ±0.000 标高相当于绝对标高详建施。

3.3 本工程所引用的图集，施工时应满足图集中相关说明的要求。

四、建筑分类等级

4.1 本工程建筑抗震设防类别为丙类，建筑结构的安全等级为二级，地基基础设计等级为乙级；主楼结构抗震等级：框架和剪力墙均为三级。

4.2 建筑物耐火等级为一级。

五、本工程设计计算所采用的计算程序

5.1 采用 PKPM 系列"多层及高层建筑结构空间有限元分析与设计软件——SATWE"进行结构整体分析。

5.2 采用 PKPM 系列"独基、条基、钢筋混凝土地基梁、桩基础和筏板基础设计软件——JCCAD"进行基础计算。

六、设计采用的荷载取值

6.1 楼面找平层和二次装修恒载标准值不得超过下列数值：

(1) 客厅、餐厅 　　　　　　　　　　　1.5 kN/m²

(2) 卧室、厨房、卫生间、阳台 　　　　1.0 kN/m²

(3) 吊顶及抹灰荷载 　　　　　　　　　0.5 kN/m²

所有结构板面低于建筑面层 50 mm 以上时（含卫生间），回填部分需采用轻质填料（加气混凝土、水泥炉渣等），容重不大于 14 kN/m³。

6.2 活荷载标准值（单位 kN/m²）：

部位	办公、会议	电梯机房
荷载	2.0	7.0

部位	客厅、卧室	公共走道、门厅	楼梯	库房	厨房	生活阳台	露台	入户花园	屋顶花园	上人屋面	非上人屋面
荷载	2.0	3.0	3.5	5.0	2.0	2.5	3.5	3.0	3.0	2.0	0.5

注：1. 卫生间荷载，当不带浴缸时为 2.0 kN/m²，带浴缸时为 4.0 kN/m²。

　　2. 楼梯、阳台和上人屋面等栏杆顶部水平荷载 1.0 kN/m。

6.3 页岩空心砖干容重 　　　　8.5 kN/m³

　　页岩实心砖 　　　　　　　19 kN/m³

　　页岩多孔砖 　　　　　　　16 kN/m³

6.4 大型设备按设计荷载取用。

6.5 其他荷载按《建筑结构荷载规范》(GB 50009—2001)(2006 版)规定的数值采用，使用单位应严格控制各部分使用荷载，不得随意改变功能。

七、地基基础

本工程基础说明详各子项基础施工图。

八、主要结构材料

8.1 混凝土强度等级见下表：

构件	位置	混凝土强度等级
主楼柱、剪力墙	全楼	C30
主楼主梁、次梁、板	全楼	C30
楼梯		C30
其他构件		C20

备注 说明

注册执业栏

姓　名：

注册证书号码：

注册印章号码：

设计号：

子项名称：

××国际城××住宅小区

子项名称：

49号楼

建设单位：

××房地产开发公司

图　名：

结构设计总说明（一）

单　位：mm	图　别：结施
比　例：	图　号：01
日　期：×年×月	版　本：A

制　图	
设　计	
校　对	
专业负责人	
设计总负责人	
审　核	
审　定	

××建筑设计公司

工程设计资质证书编号：

8.2 钢筋:HPB235(Q235)(符号φ)、HRB335(20MnSi)(符号Φ)、HRB400(20MnSiV、20MnSiNb、20MnTi)(符号Φ)及冷轧带肋钢筋CRB550(φ^R),型钢采用Q235—B。所有钢材的化学成分和机械性能均应符合国家标准有关规定,钢筋的强度标准值应具有不小于95%的保证率。抗震等级为一、二、三级的框架结构,其纵向受力钢筋采用普通钢筋时,钢筋的抗拉强度实测值与屈服强度实测值之比不应小于1.25;钢筋的屈服强度实测值与强度标准值之比不应大于1.3;且钢筋在最大拉力下的总伸长率实测值不应小于9%。图中直径为6的钢筋均为6.5。

8.3 焊条:按《钢筋焊接及验收规程》(JGJ 18—2003)选用,钢筋与型钢焊接随钢筋定型焊条。

8.4 隔墙

地坪以下埋在土中的墙体采用MU10页岩实心砖,电梯井、卫生间及电、水管道井、设备用房采用页岩多孔砖,其他采用页岩空心砖;地坪以下采用M5水泥砂浆砌筑,地坪以上采用M5混合砂浆砌筑。

九、钢筋混凝土结构构造

采用标准图集目录

序号	图集名称	图集代号	备注
1	混凝土结构施工图平面整体表示方法制图规则和构造详图(修正版)	国标03G101-1	通用图
2	框架轻质填充墙构造详图	西南05G701(四)	通用图

本工程采用国家标准《混凝土结构施工图平面整体表示方法制图规则和构造详图》03G101-1(修正版)的表示方法. 施工图中未注明的构造要求应按照标准图的有关要求执行.

9.1 主筋的混凝土保护层厚度(图中注明者除外)按03G101-1第33页采用(板受力钢筋的混凝土保护层最小厚度同墙)。与土壤或水直接接触部分的梁、板、柱、侧壁处于二类中a类环境,其他部分构件均处于一类环境中。结构混凝土耐久性基本要求见下表:

部位或构件	环境类别	最大水灰比	最小水泥用量 /(kg/m³)	最大氯离子含量 /%	最大碱含量 /(kg/m³)
地上部分	一	0.65	225	1.0	不限制
地下结构	二 a	0.60	250	0.3	3

9.2 纵向受拉钢筋的最小锚固长度 l_a、l_{aE} 和搭接长度 l_l、l_{LE} 按03G101-1第33、34页采用,冷轧带肋钢筋的最小锚固长度 l_a 见下表:

l_a 混凝土等级 钢筋等级	C20	C25	C30	C35	≥C40
冷轧带肋钢筋CRB550(φ^R)	40 d	35 d	30 d	28 d	25 d

注:冷轧带肋钢筋的搭接长度及其余构造及施工应按《冷轧带肋钢筋混凝土结构技术规程》(JGJ 95—2003),最小锚固长度不应小于200 mm,最小搭接长度不应小于250 mm,钢筋接头不得采用焊接,板下部钢筋伸入支座的锚固长度为10 d,且不小于100 mm,且应伸入到支座中心线。

9.3 钢筋的连接和锚固

9.3.1 柱:机械连接、焊接或绑扎搭接连接。

9.3.2 框架梁

a.上部通长钢筋在跨中1/3范围连接;当相邻两跨跨度相差较大时,在较长一跨连接;

b.下部钢筋在框架柱内锚固和搭接。

9.3.3 楼板

a.上部通长钢筋在跨中1/3范围内连接;当相邻两跨跨度相差较大时,在较长一跨连接;

b.下部钢筋在梁内锚固。

9.4 现浇钢筋混凝土板

除具体施工图中有特别规定者外,现浇钢筋混凝土板的施工应符合以下要求:

9.4.1 板的底部钢筋伸入支座长度应≥5 d(冷轧带肋钢筋伸入支座应≥10 d,且不小于100 mm),且应伸入到支座中心线。

9.4.2 板的边支座和中间支座板顶标高不同时,负筋在梁或墙内的锚固应满足受拉钢筋最小锚固长度 l_a。

9.4.3 双向板的底部钢筋,短跨钢筋置于下排,长跨钢筋置于上排。板面钢筋在角部相交时,短跨钢筋放在上排,长跨钢筋放在下排。

9.4.4 当板底与梁底平时,板的下部钢筋伸入梁内须弯折后置于梁的下部纵向钢筋之上。

9.4.5 板上孔洞应预留,一般结构平面图中只表示出洞口尺寸>300 mm的孔洞,施工时各工种必须根据各专业图纸配合土建预留全部孔洞,不得后凿。当孔洞尺寸≤300 mm时,洞边不再另加钢筋,板内外钢筋由洞边绕过,不得截断。当洞口尺寸>300 mm时,应按图1设置加强筋。

9.4.6 管道井(通风井道除外)待设备安装完毕后封板,板厚及配筋见平面(未注明的板厚100 mm,上部筋φ^R8@200,下部筋φ^R8@200),施工中应预留板钢筋。

9.4.7 板内分布钢筋包括楼梯梯板,除注明者外,按如下要求:

单向板(板长边与矩边之比≥3)

板厚/mm	分布钢筋直径及间距	板厚/mm	分布钢筋直径及间距
80	φ6.5@250	120	φ6.5@150
100	φ6.5@200	130	φ8@250
110	φ6.5@180	140～150	φ8@220

9.4.8 当内隔墙下未设小梁时,墙下板内应另加钢筋,当板跨度>3.6 m时为3Φ16,板跨≤3.6 m时为2Φ16,钢筋两端锚入板边的梁内12 d。楼板上后砌隔墙的位置应严格遵守建筑施工图,不可随意砌筑。

9.4.9 浇捣楼、屋面混凝土时,应采取必要措施以保证板厚及板面钢筋的准确位置,严禁踩踏负钢筋。

9.4.10 为控制温度应力,屋面板在无负筋范围内,纵横增设φ8@200的钢筋网,增设筋两端与板内负筋搭接,如图2所示。

9.4.11 对于外露的现浇钢筋混凝土女儿墙、挂板、栏板、檐口等构件,当其水平直线长度超过12 m时,应按图3设置伸缩缝,伸缩缝间距≤12 m。

9.4.12 悬臂板转角位于阳角时应按图4设加强钢筋,当L<500 mm时设3根;当500 mm≤L<800 mm时设5根;当800 mm≤L<1 000 mm时设7根;当1 000 mm≤L<1 200 mm时设9根;悬臂板转角位于阴角时应按图5设加强钢筋。

9.4.13 挑板上有墙(包括各种材料墙体),且墙下无梁时,按图6a所示在墙下加筋;交错挑板且中间有墙时,挑板尚应重叠按图6b,当悬挑板有下挂板时,按图6c。

9.4.14 不规则房间凸角板顶负筋构造方式按图7(间距详模板图且不大于150),钢筋规格见模板图。

9.4.15 本工程短向板跨≥4 m时,模板应起拱,起拱高度为跨度的3/1 000。

9.4.16 楼板内预埋暗管时,管径应<1/3板厚,且应将暗管预埋在板截面中心部位,以防楼板开裂。楼板内有5根以上(含5根)预埋管并排时,应在垂直走管方向设置φ6@125的附加短筋,短筋每边伸出管边250 mm,如图8所示,埋管并排数量不得多于8根,否则应与设计院协调解决。

9.4.17 当相邻楼板有高差且梁上隔墙厚小于梁宽时,做法详见图9。

9.5 钢筋混凝土梁

9.5.1 除设计注明者外,主楼框架梁构造要求按图集(03G101—1)中三级抗震等级选用。

9.5.2 主次梁高度相同时,次梁的下部纵向钢筋应经弯折后置于主梁下部纵向钢筋之上。

出图记录

版 本	日 期	设 计

备注 说明

注册执业栏

姓 名:
注册证书号:
注册印章号:

设计号:

子项名称:
××国际城××住宅小区

子项名称:
49号楼

建设单位:
××房地产开发公司

图 名:

结构设计总说明(二)

单位: mm   图 别: 结施
比例: ××年×月   图 号: 02
日 期: ×年×月   版 本: A

制 图	
设 计	
校 对	
专业负责人	
设计总负责人	
审 核	
审 定	

××建筑设计公司

工程设计资质证书编号:

出图记录

版 本	日 期	设 计

9.5.3 普通梁跨度大于4.0 m时应按3L/1 000起拱(L为跨度);悬臂梁长度大于2.0 m时,应按5L/1 000起拱(L为悬臂梁长度),并保证底模不发生下沉,起拱不得削弱梁截面高度。

9.5.4 在梁腰上开不大于φ150的洞,在具体设计中未说明做法时,洞的位置应在梁跨中1/3范围内,梁高的中间1/3范围内,洞边及洞上下的配筋见图9,梁高小于450时,未经设计许可不得开洞。

9.5.5 凡斜向梁及弧形梁尺寸均以现场放样为准。

9.5.6 剪力墙与其相连的梁宽同按图10施工。

9.5.7 半框梁(即一端为柱或墙支座,另一端为梁支座)编号为KL者,无特别注明时,靠近梁支座一端箍筋可不加密。

9.5.8 交叉梁相交处附加箍筋按图11设置;主次梁相交处附加箍筋按图12设置;悬挑梁端部,边梁内侧附加箍筋按图13设置;在梁中有竖向线管时,在线管两侧附加箍筋按图14设置。

9.5.9 梁 $h_w \geq 450$ mm时,在梁的两个侧面配置构造腰筋,见下表:

梁宽 \ h_w	$h_w \leq 550$	$550 < h_w \leq 650$	$650 < h_w \leq 800$	$800 < h_w \leq 1000$	$1000 < h_w \leq 1200$	$1200 < h_w \leq 1400$	$1400 < h_w \leq 1650$
200	2φ10	3φ10	3φ10	4φ10	5φ10	6φ10	7φ10
250	2φ10	3φ10	3φ10	4φ10	5φ10	6φ10	7φ10
300	2φ12	3φ10	3φ10	4φ10	5φ10	6φ10	7φ10
350	2φ12	3φ10	3φ12	4φ12	5φ12	6φ12	7φ12
400	2φ12	3φ12	3φ12	4φ12	5φ12	6φ12	7φ12

注:1. 表中腰筋为梁一侧的数量。
2. 当梁设置有抗扭腰筋时,如已满足构造腰筋要求则不需再配置构造腰筋。

9.5.10 框架梁在屋顶处按屋面框架梁(WKL)构造。

9.5.11 连梁按03G101-1图集施工,混凝土等级同墙身,均应设腰筋,当连梁高度大于700或跨高比≤2.5时,梁侧腰筋为φ10@200(连梁宽度<300),或φ10@150(连梁宽度≥300)且不得小于墙身水平筋;图中未注明腰筋时,其直径间距同墙身水平分布筋。当墙身水平分布筋满足上述要求时,应将水平分布筋连续拉通作为连梁腰筋。

9.5.12 墙肢长度≤600或≤L_{aE},且左右两端均为连梁或框架梁时,同直径梁的纵筋可在中间支座拉通。

9.5.13 XL上部为三排钢筋时,第三排钢筋的延伸长度同第二排。

9.6 钢筋混凝土柱

9.6.1 除设计注明者外,主楼柱构造要求按图集03G101-1中三级抗震等级选用。

9.6.2 柱、剪力墙应按建筑施工图中填充墙的位置预留拉结筋,拉结措施详西南05G701(四)中相关大样。

9.6.3 当柱净高 H_0 与柱截面长边尺寸(b 或 h)之比 H_0/b(h)≤4时,该高度范围内柱箍筋全长加密,间距为100。

9.6.4 标号为LZ*的柱按框架柱施工。

9.7 钢筋混凝土剪力墙

9.7.1 除设计注明者外,剪力墙构造要求按图集03G101-1中三级抗震等级选用。

9.7.2 剪力墙内双排钢筋之间用拉结钢筋连接,拉结钢筋直径、间距见结构图,拉结筋采用梅花形布置。

9.7.3 剪力墙上孔洞必须预留,不得后凿,除按结构图纸预留孔洞外,还应由各工种的施工人员根据各工种的施工图纸认真核对,确定无遗漏后才能浇筑混凝土。图中未注明洞边加筋者,按下述要求:如洞口尺寸≤200 mm时,洞边不再设附加筋,墙内钢筋由洞边绕过,不得截断。当洞口尺寸>200 mm且不大于800 mm时设置洞口加筋,做法见03G101-1第53页。

9.7.4 剪力墙补强大样见图15a~15h。

9.7.5 剪力墙变截面时,如遇到楼层降板,则剪力墙在降板处变截面,如图16所示。

9.8 当柱、剪力墙混凝土强度等级仅高于梁混凝土一个等级时,梁柱、剪力墙节点处混凝土可随梁混凝土强度等级浇筑。当柱、剪力墙混凝土强度等级高于或等于梁混凝土两个等级时,梁柱、剪力墙节点处混凝土应按柱、剪力墙混凝土强度等级浇筑。此时,应先浇筑柱、剪力墙的高等级混凝土,然后再浇筑梁的低等级混凝土。也可以同时浇注,但应特别注意,不应使低等级混凝土扩散到高等级混凝土的结构部位中去,以确保高强度混凝土结构质量。柱、剪力墙高等级混凝土浇筑范围见图17。

9.9 预埋件

所有钢筋混凝土构件均应按各工种的要求,如建筑吊顶、门窗、栏杆、管道吊架等设置预埋件,各工种应配合土建施工,将需要的埋件留全,浇注混凝土前应核查无误后方可施工。

十、填充墙

10.1 拉结构造和做法按西南05G701(四)《框架轻质填充墙构造详图》进行,根据建筑平面图中的布置和尺寸,在框架柱上,分别按图集中7度抗震要求做法预埋拉结钢筋和在墙中设置配筋带。当墙高超过4.0 m时在洞口上方设一道沿墙长的钢筋混凝土带,截面为墙厚×120,配4φ8、箍筋φ6.5@200,φ8钢筋伸入柱内280,可在浇筑柱前预埋短筋,砌筑时接长。同时该图集说明第5.1.5条中,除"内外墙交接处宜设置构造柱"外,其他各处"宜"均改为"应"。

10.2 砌体上的门窗过梁,可根据墙厚和洞宽采用预制过梁表做法,当门窗洞边为钢筋混凝土柱、墙、构造柱或洞边与之距离<240时,过梁与钢筋混凝土墙、柱现浇。此时过梁上部纵筋配筋等同下部纵筋,且锚入墙、柱35 d。

预制钢筋混凝土过梁表

mm

门窗洞宽 (L_n)	梁高 (H)	截面形式	钢筋 ①	②	③	备注
$L_n \leq 1200$	120	A	2φ8		φ6.5@200	
$1200 < L_n \leq 1800$	120	B	2φ10	2φ8	φ6.5@200	
$1800 < L_n \leq 2400$	180	B	2φ12	2φ8	φ6.5@200	
$2400 < L_n \leq 2700$	180	B	3φ12	2φ8	φ6.5@200	
$2700 < L_n \leq 3000$	240	B	2φ14	2φ8	φ6.5@200	
$3000 < L_n \leq 3300$	240	B	3φ14	2φ10	φ6.5@200	
$3300 < L_n \leq 3600$	300	B	3φ12	2φ8	φ6.5@200	
$3600 < L_n \leq 4200$	300	B	3φ14	2φ10	φ6.5@200	

注:梁长L=L_n+250×2,梁宽B=墙宽,采用C20混凝土。

10.3 构造柱及边框柱设置按西南05G701(四)《框架轻质填充墙构造详图》进行,位置详建筑平面,构造柱及边框柱均须后浇。

10.4 女儿墙构造详西南05G701(四)第37页。女儿墙应在墙体转角处、内外墙相交处、直墙端头及挑梁端头等处位置设置构造柱(GZ),且构造柱间距≤2 500。女儿墙顶设压顶圈梁(QL),楼层处当外墙开窗>2 500以上时,窗台以上填充墙应按女儿墙构造要求设构造柱(GZ)及压顶圈梁(QL),图中注明除外。凡异型压顶、挑檐挑长>200时,若未注明做法时,压顶和挑梁两端无框架柱时均设置构造柱,间距为1 500。楼梯间隔墙构造柱的设置:除墙两端外,当墙体高度小于长度时,中间增置构造柱。当阳台拦板为填充墙时,也应按本条规定施工。

十一、其他

11.1 必须严格按图施工,若有修改必须经结构设计人签字同意,施工中发现问题应及时通知我事务所。

11.2 基础及上部结构构件施工时,应配合水、电等有关施工图预留孔洞、预埋管道、接地线等,不得事后任意打洞,浇注混凝土前应核查无误后方可施工。

11.3 墙、柱、梁内作为防雷要求的主筋,应按电施要求焊接连通,确保防雷效果。

11.4 当洞顶离结构梁(板)底的距离小于过梁高度时,过梁与结构梁(板)浇成整体,做法见图18。

11.5 当梁在楼层板面上翻时,剪力墙、柱应延伸至梁顶。

11.6 电梯定货必须符合本图所提供的电梯井道尺寸、门洞尺寸以及建筑图纸的电梯机房设计。门洞边的预留孔洞、电梯机房楼板、检修吊钩等,需待电梯定货后,经核实无误后方能施工。电梯井道用页岩多孔砖砌砌墙,四角设构造柱,详图19。井道周边设圈梁,截面为墙厚×300(高),上下各配2φ12纵筋,φ6.5@200箍筋。圈梁沿竖向间距一般为2.5 m,具体详电梯土建安装样本,当圈梁与楼层梁重合时取消圈梁,电梯门洞上方应设圈梁一道。电梯顶板吊勾大样见图20。

11.7 所有设备基础应参照设备样本的有关要求施工。

备注 说明

注册执业栏

姓名:
注册证书号号:
注册印章号号:
设计号:
子项名称:
××国际城××住宅小区
子项名称:
49号楼
建设单位:
××房地产开发公司

图名:
结构设计总说明(三)

单位:mm	图别:结施
比例:	图号:03
日期:×年×月	版本:A

制图
设计
校对
专业负责人
设计总负责人
审核
审定

××建筑设计公司

工程设计资质证书编号:

11.8 各楼层的悬挑构件在混凝土浇灌完后其强度必须达到100%(其余构件达到70%)后方可拆除支撑及底模。并且构件施工荷载应,施工期间要严格控制楼面上的荷载,防止超载。

11.9 未经技术鉴定或设计许可,不得改变结构的用途和使用环境。

11.10 本图应经过施工图审查合格后方可用于施工。

11.11 本页图例所注配筋若与施工详图不符时,应取二者大值。

十二、构件代号

构件名称	桩	承台	基础梁	承台拉梁	板	预制板	楼梯板	框架梁	次梁	连梁	框支梁	框支次梁	楼梯梁
代号	ZH×	CT×	JL×	DL×	B×	YB×	TB××	KL××	L××	LL××	KZL××	ZL××	TL××
构件名称	柱	梁上柱	框支柱	墙									
代号	Z×	LZ×	KZZ××	Q×									

图 纸 目 录

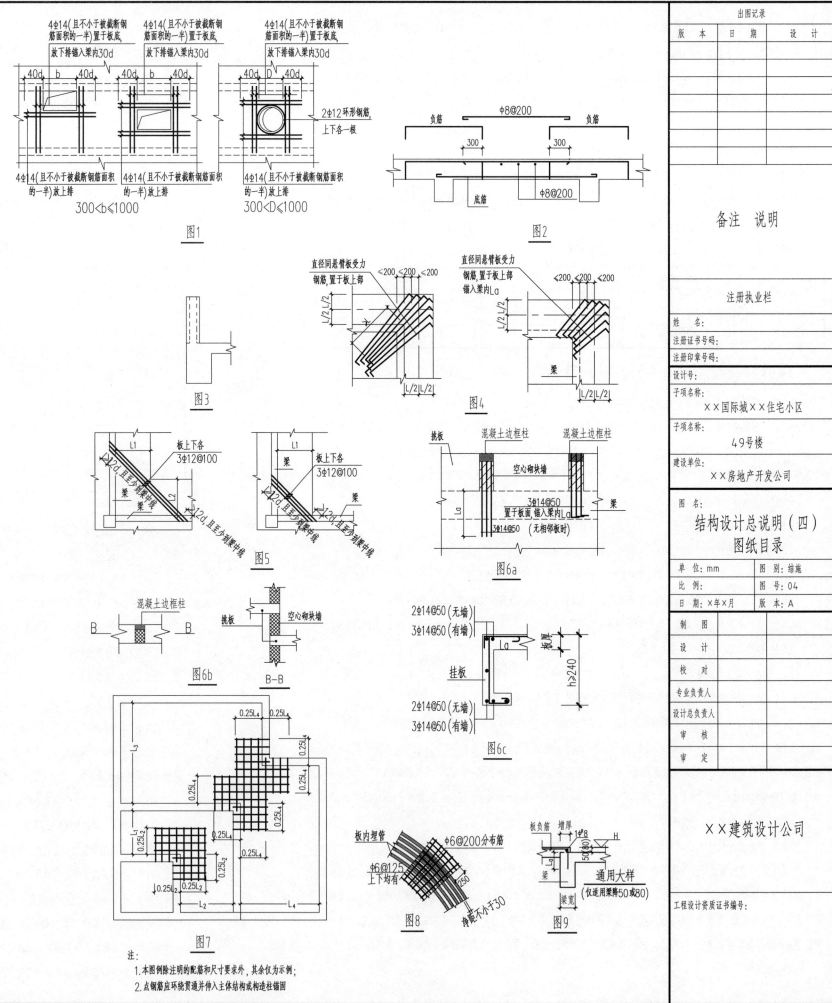

注:
1.本图例除注明的配筋和尺寸要求外,其余仅为示例;
2.点钢筋应绕环贯通并伸入主体结构或构造柱锚固

出图记录

版 本	日 期	设 计

备注 说明

注册执业栏

姓　名:
注册证书号码:
注册印章号码:
设计号:
子项名称:
××国际城××住宅小区
子项名称:
49号楼
建设单位:
××房地产开发公司

图 名:
结构设计总说明(四)
图纸目录

单位:mm　图别:结施
比 例:　图号:04
日 期:×年×月　版本:A

制 图	
设 计	
校 对	
专业负责人	
设计总负责人	
审 核	
审 定	

××建筑设计公司

工程设计资质证书编号:

118

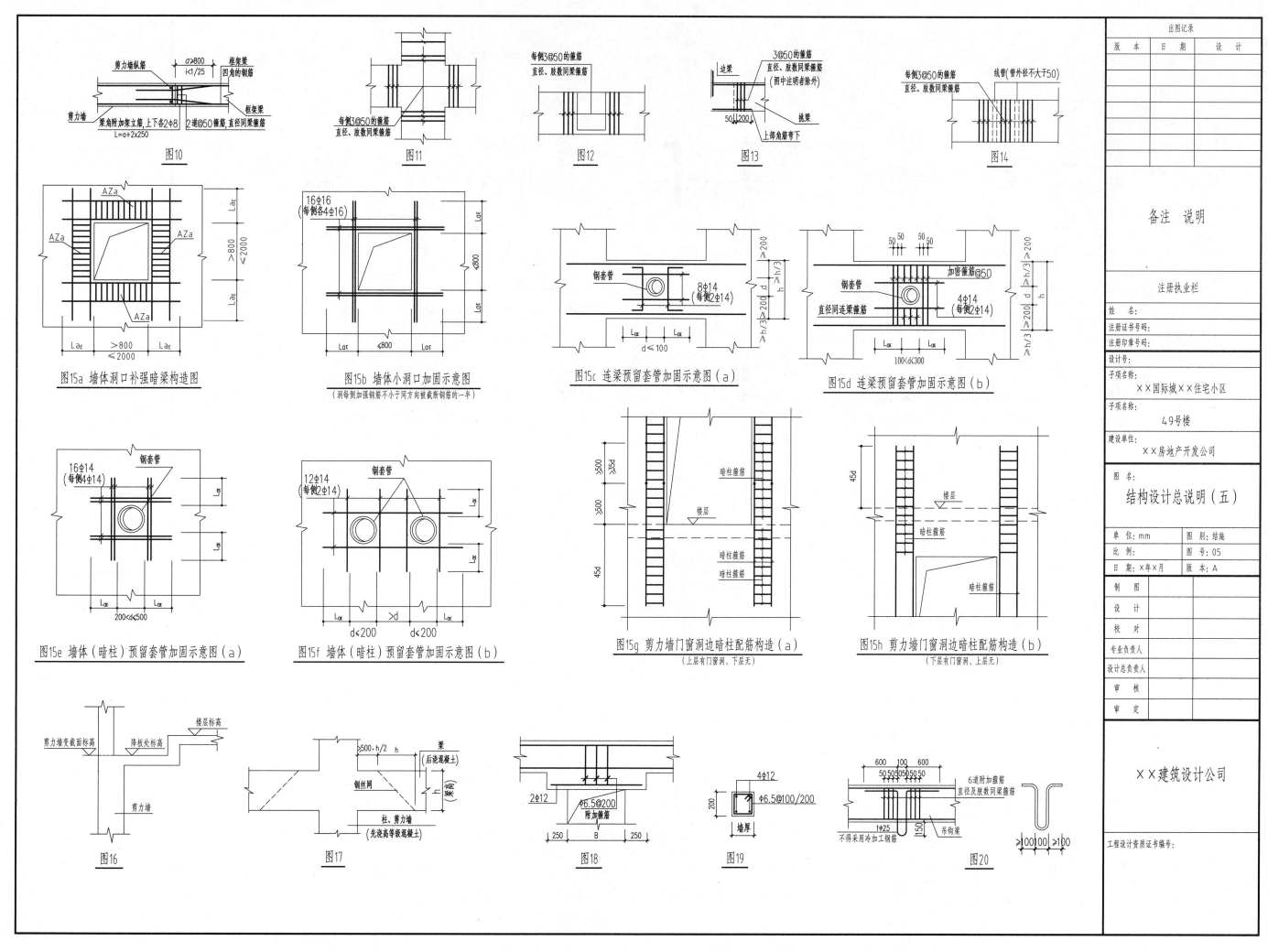

图10

图11

图12

图13

图14

图15a 墙体洞口补强暗梁构造图

图15b 墙体小洞口加固示意图
（洞每侧加强钢筋不小于同方向被截断钢筋的一半）

图15c 连梁预留套管加固示意图（a）

图15d 连梁预留套管加固示意图（b）

图15e 墙体（暗柱）预留套管加固示意图（a）

图15f 墙体（暗柱）预留套管加固示意图（b）

图15g 剪力墙门窗洞边暗柱配筋构造（a）
（上层有门窗洞、下层无）

图15h 剪力墙门窗洞边暗柱配筋构造（b）
（下层有门窗洞、上层无）

图16

图17

图18

图19

图20

出图记录

版本	日期	设计

备注　说明

注册执业栏

姓　名：
注册证书号码：
注册印章号码：
设计号：
子项名称：
　××国际城××住宅小区
子项名称：
　49号楼
建设单位：
　××房地产开发公司
图名：
　结构设计总说明（五）

单位: mm	图别: 结施
比例:	图号: 05
日期: ×年×月	版本: A

制　图
设　计
校　对
专业负责人
设计总负责人
审　核
审　定

××建筑设计公司

工程设计资质证书编号：

119

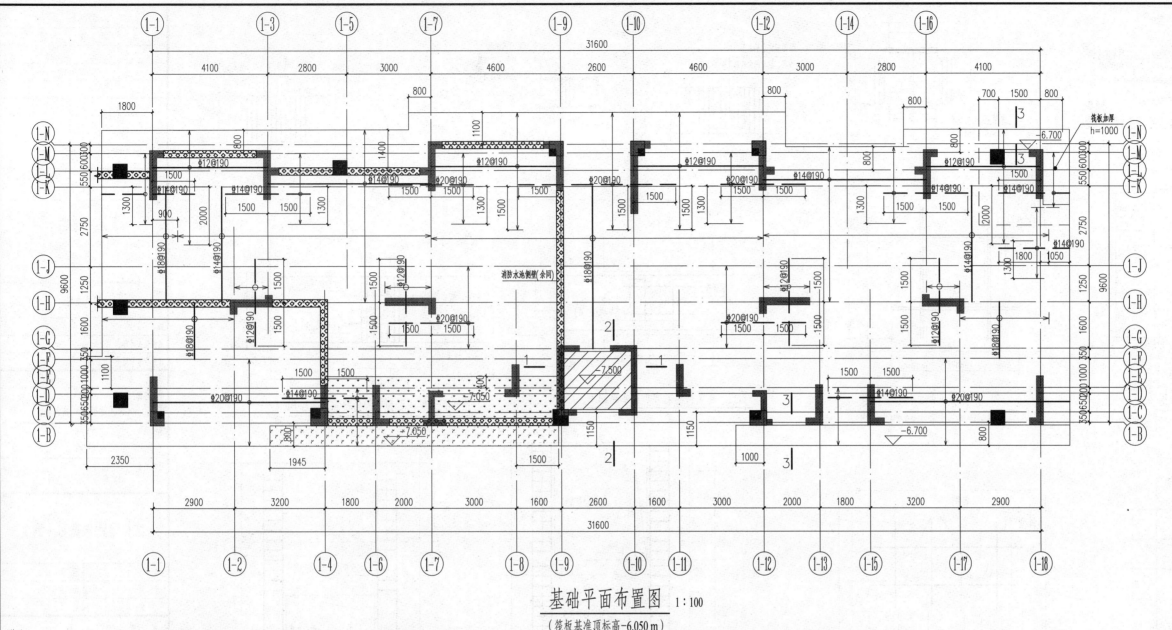

基础平面布置图 1:100
(筏板基准顶标高-6.050 m)

出图记录

版　本	日　期	设　计

备注　说明

注册执业栏

姓　名:

注册证书号码:

注册印章号码:

设计号:

子项名称:

ＸＸ国际城ＸＸ住宅小区

子项名称:

49号楼

建设单位:

ＸＸ房地产开发公司

图名:

基础平面布置图

单位: mm	图 别: 结施
比 例: 1:100	图 号: 06
日 期: Ｘ年Ｘ月	版 本: A

制　图	
设　计	
校　对	
专业负责人	
设计总负责人	
审　核	
审　定	

ＸＸ建筑设计公司

工程设计资质证书编号:

附注:

1. 本工程地下室子项±0.000相当于绝对标高480.600(以最终建筑总图为准),抗浮设计水位为476.500m。

2. 根据xx勘察研究有限公司于xx年xx月提供的《xx项目岩土工程勘察报告》,主楼基础采用筏板基础 筏板基础置于圆砾或松散卵石层上,地基承载力特征值f_{ak}≥160kPa;当基础挖至基底设计标高后,施工单位应会同勘察、设计、监理、质监等单位验槽。

3. 本工程筏板基础采用C30混凝土,基础垫层采用C15混凝土。基础底面钢筋(与土壤接触一侧)保护层厚度为40mm;基础顶面钢筋保护层厚度为20mm,且不小于受力钢筋直径。基础设100mm厚C15素混凝土垫层,每边外扩100mm。

4. 基础中剪力墙及柱插筋的数量、大小见剪力墙及柱详图,柱与剪力墙的定位见柱及剪力墙平面图。

5. 本工程筏板厚度h=700mm,上部钢筋双向通长⊕16@190,下部双向通长⊕16@190,筏板分布筋为⊕12@200。图中所示钢筋均为附加筋,其中━表示筏板另需的第二排附加底筋,━表示筏板另需的第二排附加面筋。

6. 筏板通长钢筋应采用焊接或采用机械连接,焊接或机械连接的接头应相互错开,接头数量不大于50%,上部钢筋在支座处接头(即在剪力墙的部位),下部钢筋在板中部接头(即剪力墙之间部位)。

7. 基础混凝土采用C30抗渗混凝土。

8. 任何情况下,相邻柱下独立基础或者筏板之间基底高差须小于或等于基础净距;当筏板基础较深而采用放坡开挖等影响到相邻独立基础持力层时,影响部分应用C15素混凝土填至独立基础底标高。

9. 开挖时,应采取有效措施降低地下水位,保证正常施工,同时应防止因降低地下水位对周围建筑物产生不利影响,降水深度应大于基底下最深处500mm。

10. 本工程基坑较深,开槽时应根据勘查报告提供的参数进行放坡,对基坑距道路、市政现有建筑物较近处应进行边坡支护,以确保道路、市政管线和现有管线和现有建筑物的安全和施工的顺利进行。边坡支护应由有相应设计施工资质的单位承担。

11. 采取机械开挖时,应保护坑底土不受扰动,并在基底设计标高以上保留300mm厚原土层采用人工挖除。

12. 基础混凝土应连续浇筑,并采取有效措施控制混凝土水化热,控制混凝土内外温差不超过25℃。

13. 地下室侧壁应按设备专业要求预留洞口,不得事后打洞。

14. 未注明事项应严格按照现行施工规范验收执行。

15. 本图须经施工图审查合格后方可用于施工。

16. 本图中后浇带、加强带位置及做法详见地下室平面。

本页解读:

1. 阅读图名,了解本图绘图对象。本图为基础平面布置图,表达了基础的位置,比例为1:100。

2. 仔细阅读本图附注第三条可知,本图为筏板基础,通过图示和尺寸标注,可知基础形状与定位。

3. 阅读附注第五、七条可知,本工程基础筏板采用C30抗渗混凝土,板厚h=700mm(局部有加厚),配筋采用双层双向,上部钢筋双向通长⊕16@190,下部双向通长⊕16@190,筏板分布筋为⊕12@200。

4. 筏板除双层双向拉通钢筋以外,局部布置有附加钢筋,读图确定附加钢筋的范围和配筋。

5. 基础垫层采用C15混凝土,垫层厚度100mm。

6. 阅读标高可知,筏板基准顶标高-6.050m,局部有升降标高,例如电梯基坑为-7.500m。

7. 阅读剖切符号,了解剖切对象和剖切位置,找到对应的剖面图。

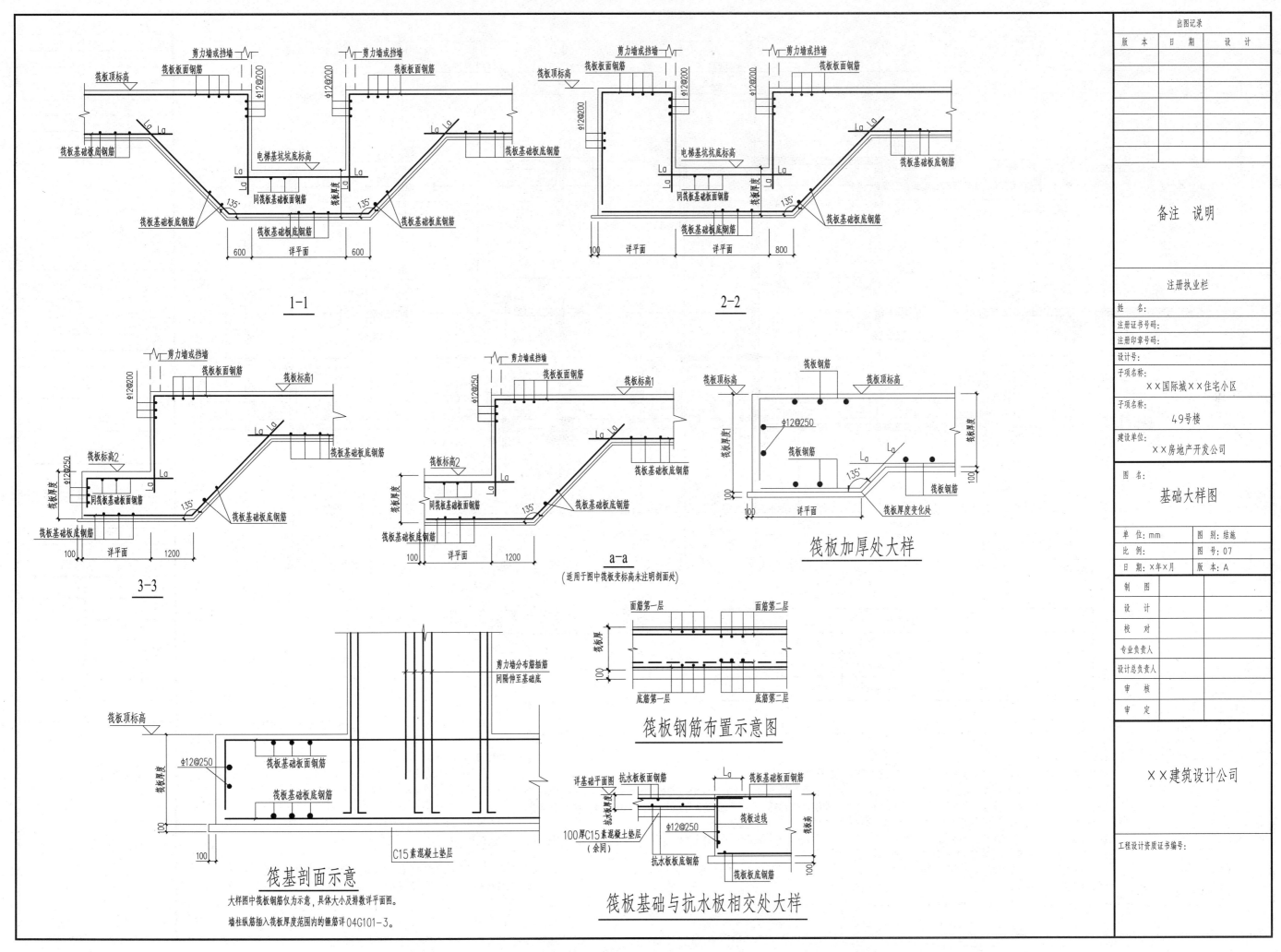

1-1

2-2

3-3

a-a
(适用于图中筏板变标高未注明剖面处)

筏板加厚处大样

筏板钢筋布置示意图

筏基剖面示意

大样图中筏板钢筋仅为示意，具体大小及排数详平面图。
墙柱纵筋插入筏板厚度范围内的锚筋详04G101-3。

筏板基础与抗水板相交处大样

出图记录

版 本	日 期	设 计

备注 说明

注册执业栏

姓 名:
注册证书号码:
注册印章号码:
设计号:
子项名称:
ＸＸ国际城ＸＸ住宅小区
子项名称:
49号楼
建设单位:
ＸＸ房地产开发公司

图 名:
基础大样图

单位: mm	图 别: 结施
比 例:	图 号: 07
日 期: ×年×月	版 本: A

制 图	
设 计	
校 对	
专业负责人	
设计总负责人	
审 核	
审 定	

ＸＸ建筑设计公司

工程设计资质证书编号:

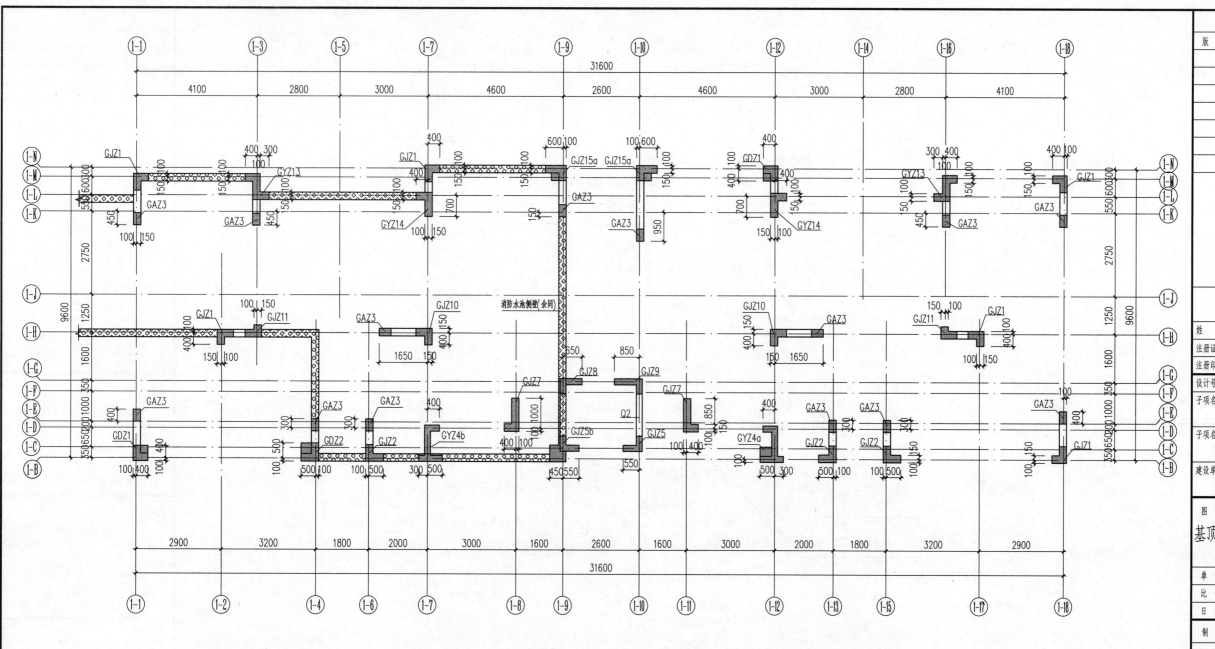

基顶~一层平面墙柱平法施工图 1:100

剪力墙墙身表

编号	标高	墙厚	水平分布筋	垂直分布筋	拉筋
Q1(两排)	基顶~一层板面	250	Φ8@150	Φ8@150	Φ6.5@300×300
Q2(两排)	基顶~一层板面	200	Φ8@200	Φ8@200	Φ6.5@400×400

结构层楼面标高 结构层高

坡屋面		
10+1	29.950	
10	26.950	3.000
9	23.950	3.000
8	20.950	3.000
7	17.950	3.000
6	14.950	3.000
5	11.950	3.000
4	8.950	3.000
3	5.950	3.000
2	2.950	3.000
1	-0.050	3.000
地下室		
层号	标高H(m)	层高(m)

本页解读:

1. 阅读图名,了解本图绘图对象。本图为基顶~一层平面墙柱平法施工图,比例1:100。
2. 本建筑采用的是剪力墙结构,因此竖向受力构件为钢筋混凝土剪力墙。读图了解轴线编号,轴线尺寸和剪力墙的定位(即剪力墙与轴线的位置关系)。
3. 剪力墙分为墙身、墙柱和墙梁。本图所示墙身有两种,Q1和Q2,其中Q2图中有编号表示,而未表达的均为Q1;通过剪力墙墙身表可知,Q1两排钢筋,墙厚为250 mm,其中水平受力钢筋为Φ8@150,竖向非受力钢筋为Φ8@150,拉筋为Φ6.5@300×300。
4. 本图所示墙柱(边缘构件)比较多,通过图中编号可以了解其位置、种类和尺寸。其中GAZ表示构造边缘暗柱,GJZ表示构造边缘转角柱,GYZ表示构造边缘翼墙柱,GDA表示构造边缘端柱,其配筋采用的列表注写表达在下一图纸中。
5. 本图未表达墙梁,墙梁在相应楼层梁平法施工图中表达。
6. 了解结构层楼面结构标高。

附注:

1. 未定位的剪力墙均轴线居中;未标注的剪力墙编号均为Q1。
2. 本图应配合《混凝土结构施工图平面整体表示方法制图规则和构造详图》(03G101-01)中三级剪力墙及三级框架柱有关节点做法施工。
3. 钢筋混凝土墙上留洞应配合各设备专业图纸预留,不得事后任意打洞。
4. 电梯门洞。预埋件及门洞牛腿应配合电梯厂家提供的详图施工。
5. 剪力墙边缘构件纵向钢筋采用搭接连接时,应在纵筋搭接长度范围内均按≤5d(d为搭接钢筋较小直径)及≤100的间距加密箍筋。
6. 楼面标高结构平面布置图。
7. 未尽事宜望补充结构设计总说明。
8. 图中 ⊠⊠⊠ 表示消防水池侧壁,定位及配筋详地下室施工图。剪力墙与侧壁重合时,其边缘构件配筋为侧壁纵筋外附加,墙身配筋值取二者的较大值。

出图记录

版 本	日 期	设 计

备注 说明

注册执业栏

姓 名:
注册证书号码:
注册印章号码:
设计号:
子项名称:
××国际城××住宅小区
子项名称:
49号楼
建设单位:
××房地产开发公司

图 名:
基顶~一层平面墙柱平法施工图

单 位:mm	图 别:结施
比 例:1:100	图 号:08
日 期:×年×月	版 本:A

制 图	
设 计	
校 对	
专业负责人	
设计总负责人	
审 核	
审 定	

××建筑设计公司

工程设计资质证书编号:

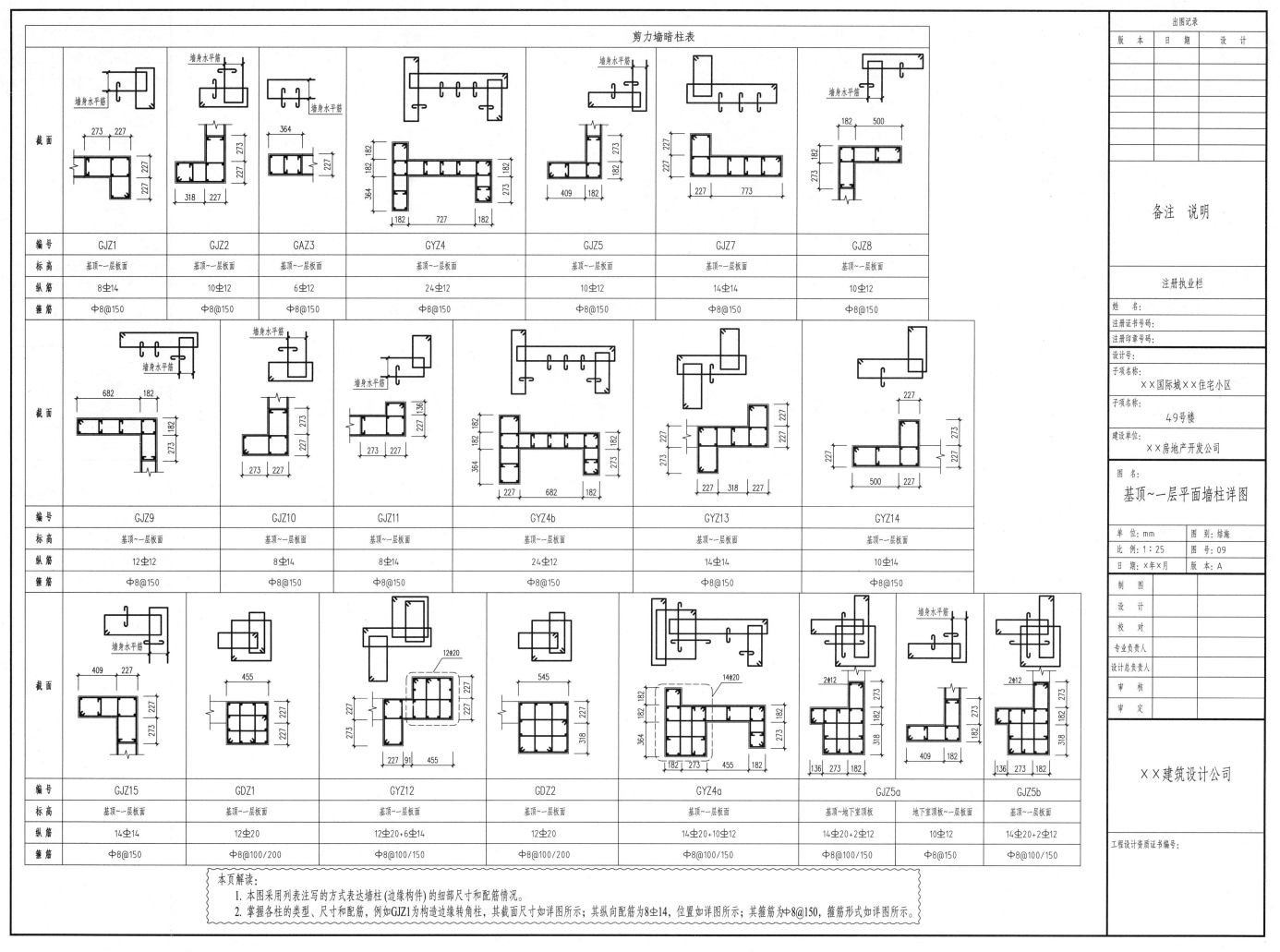

剪力墙暗柱表

截面							
编号	GJZ1	GJZ2	GAZ3	GYZ4	GJZ5	GJZ7	GJZ8
标高	基顶~一层板面	基顶~一层板面	基顶~一层板面	基顶~一层板面	基顶~一层板面	基顶~一层板面	基顶~一层板面
纵筋	8⊥14	10⊥12	6⊥12	24⊥12	10⊥12	14⊥14	10⊥12
箍筋	Φ8@150	Φ8@150	Φ8@150	Φ8@150	Φ8@150	Φ8@150	Φ8@150

截面						
编号	GJZ9	GJZ10	GJZ11	GYZ4b	GYZ13	GYZ14
标高	基顶~一层板面	基顶~一层板面	基顶~一层板面	基顶~一层板面	基顶~一层板面	基顶~一层板面
纵筋	12⊥12	8⊥14	8⊥14	24⊥12	14⊥14	10⊥14
箍筋	Φ8@150	Φ8@150	Φ8@150	Φ8@150	Φ8@150	Φ8@150

截面							
编号	GJZ15	GDZ1	GYZ12	GDZ2	GYZ4a	GJZ5a	GJZ5b
标高	基顶~一层板面	基顶~一层板面	基顶~一层板面	基顶~一层板面	基顶~一层板面	基顶~地下室顶板	地下室顶板~一层板面
纵筋	14⊥14	12⊥20	12⊥20+6⊥14	12⊥20	14⊥20+10⊥12	14⊥20+2⊥12	10⊥12	14⊥20+2⊥12
箍筋	Φ8@150	Φ8@100/200	Φ8@100/150	Φ8@100/200	Φ8@100/150	Φ8@100/150	Φ8@150	Φ8@100/150

本页解读:
1. 本图采用列表注写的方式表达墙柱(边缘构件)的细部尺寸和配筋情况。
2. 掌握各柱的类型、尺寸和配筋,例如GJZ1为构造边缘转角柱,其截面尺寸如详图所示;其纵向配筋为8⊥14,位置如详图所示;其箍筋为Φ8@150,箍筋形式如详图所示。

出图记录		
版 本	日 期	设 计

备注 说明

注册执业栏

姓 名:
注册证书号码:
注册印章号码:
设 计 号:

子项名称:
××国际城××住宅小区
子项名称:
49号楼
建设单位:
××房地产开发公司

图 名:
基顶~一层平面墙柱详图

单 位:mm	图 别:结施
比 例:1:25	图 号:09
日 期:×年×月	版 本:A

制 图	
设 计	
校 对	
专业负责人	
设计总负责人	
审 核	
审 定	

××建筑设计公司

工程设计资质证书编号:

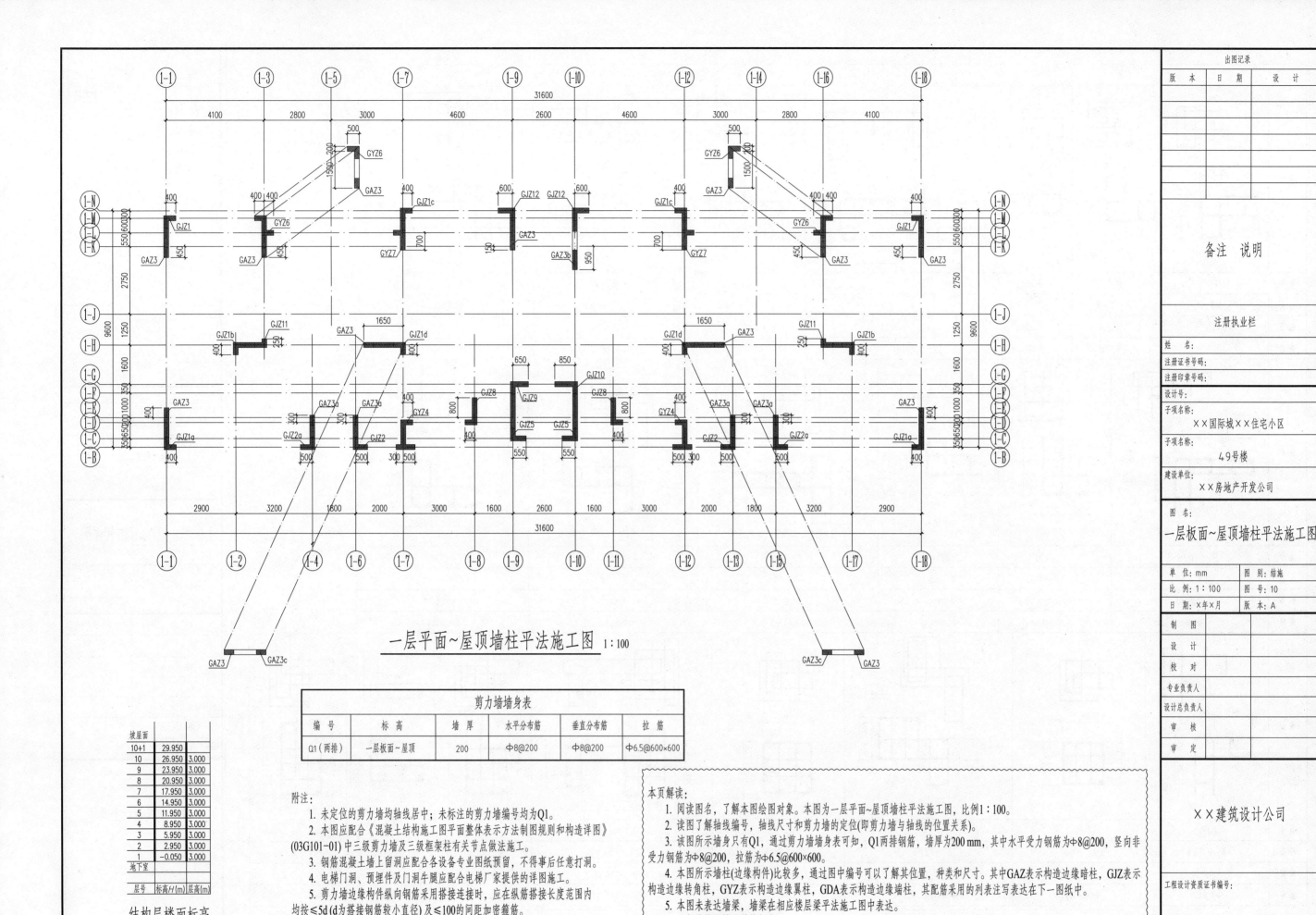

一层平面~屋顶墙柱平法施工图 1:100

剪力墙墙身表

编 号	标 高	墙 厚	水平分布筋	垂直分布筋	拉 筋
Q1（两排）	一层板面~屋顶	200	Φ8@200	Φ8@200	Φ6.5@600×600

结构层楼面标高
结 构 层 高

坡屋面		
10+1	29.950	
10	26.950	3.000
9	23.950	3.000
8	20.950	3.000
7	17.950	3.000
6	14.950	3.000
5	11.950	3.000
4	8.950	3.000
3	5.950	3.000
2	2.950	3.000
1	-0.050	3.000
地下室		
层号	标高H(m)	层高(m)

附注：
1. 未定位的剪力墙均轴线居中；未标注的剪力墙编号均为Q1。
2. 本图应配合《混凝土结构施工图平面整体表示方法制图规则和构造详图》(03G101-01)中三级剪力墙及三级框架柱有关节点做法施工。
3. 钢筋混凝土墙上留洞应配合各设备专业图纸预留，不得事后任意打洞。
4. 电梯门洞、预埋件及门洞牛腿应配合电梯厂家提供的详图施工。
5. 剪力墙边缘构件纵向钢筋采用搭接连接时，应在纵筋搭接长度范围内均按≤5d(d为搭接钢筋较小直径)及≤100的间距加密箍筋。
6. 楼面标高详结构平面布置图。
7. 未尽事宜均详结构设计总说明。

本页解读：
1. 阅读图名，了解本图绘图对象。本图为一层平面~屋顶墙柱平法施工图，比例1:100。
2. 读懂了解轴线编号，轴线尺寸和剪力墙的定位（即剪力墙与轴线的位置关系）。
3. 该图所示墙身只有Q1，通过剪力墙墙身表可知，Q1两排钢筋，墙厚为200 mm，其中水平受力钢筋为Φ8@200，竖向非受力钢筋为Φ8@200，拉筋为Φ6.5@600×600。
4. 本图所示墙柱(边缘构件)比较多，通过图中编号可以了解其位置，种类和尺寸。其中GAZ表示构造边缘暗柱，GJZ表示构造边缘转角柱，GYZ表示构造边缘翼柱，GDA表示构造边缘端柱，其配筋采用的列表注写表达在下一图纸中。
5. 本图未表达墙梁，墙梁在相应楼层梁平法施工图中表达。
6. 了解结构层楼面结构标高。

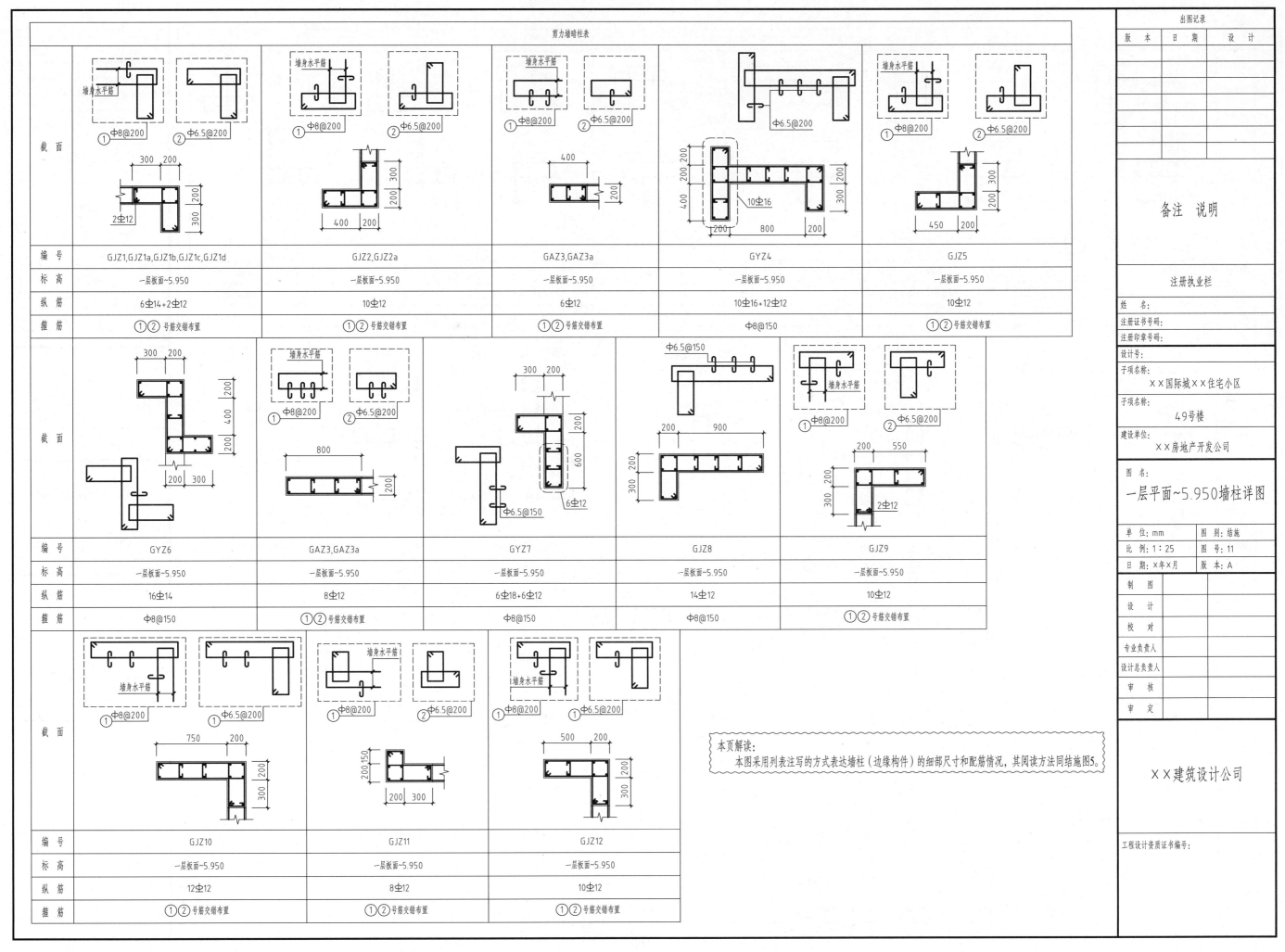

剪力墙暗柱表

截面	①Φ8@200　②Φ6.5@200　2Φ12	①Φ8@200　②Φ6.5@200	①Φ8@200　②Φ6.5@200	Φ6.5@200　10Φ16	①Φ8@200　②Φ6.5@200
编号	GJZ1,GJZ1a,GJZ1b,GJZ1c,GJZ1d	GJZ2,GJZ2a	GAZ3,GAZ3a	GYZ4	GJZ5
标高	一层板面~5.950	一层板面~5.950	一层板面~5.950	一层板面~5.950	一层板面~5.950
纵筋	6Φ14+2Φ12	10Φ12	6Φ12	10Φ16+12Φ12	10Φ12
箍筋	①②号筋交错布置	①②号筋交错布置	①②号筋交错布置	Φ8@150	①②号筋交错布置

截面	2Φ12	①Φ8@200　②Φ6.5@200	Φ6.5@150　6Φ12	Φ6.5@150	①Φ8@200　②Φ6.5@200　2Φ12
编号	GYZ6	GAZ3,GAZ3a	GYZ7	GJZ8	GJZ9
标高	一层板面~5.950	一层板面~5.950	一层板面~5.950	一层板面~5.950	一层板面~5.950
纵筋	16Φ14	8Φ12	6Φ18+6Φ12	14Φ12	10Φ12
箍筋	Φ8@150	①②号筋交错布置	Φ8@150	Φ8@150	①②号筋交错布置

截面	①Φ8@200　②Φ6.5@200	①Φ8@200　②Φ6.5@200	①Φ8@200　②Φ6.5@200
编号	GJZ10	GJZ11	GJZ12
标高	一层板面~5.950	一层板面~5.950	一层板面~5.950
纵筋	12Φ12	8Φ12	10Φ12
箍筋	①②号筋交错布置	①②号筋交错布置	①②号筋交错布置

本页解读:
本图采用列表注写的方式表达墙柱(边缘构件)的细部尺寸和配筋情况,其阅读方法同结施图5。

出图记录

版本	日期	设计

备注　说明

注册执业栏

姓　名:	
注册证书号码:	
注册印章号码:	
设计号	

子项名称:
××国际城××住宅小区
子项名称:
49号楼
建设单位:
××房地产开发公司

图名:
一层平面~5.950墙柱详图

单　位:mm	图别:结施
比　例:1:25	图号:11
日　期:×年×月	版本:A
制　图	
设　计	
校　对	
专业负责人	
设计总负责人	
审　核	
审　定	

××建筑设计公司

工程设计资质证书编号:

剪力墙暗柱表

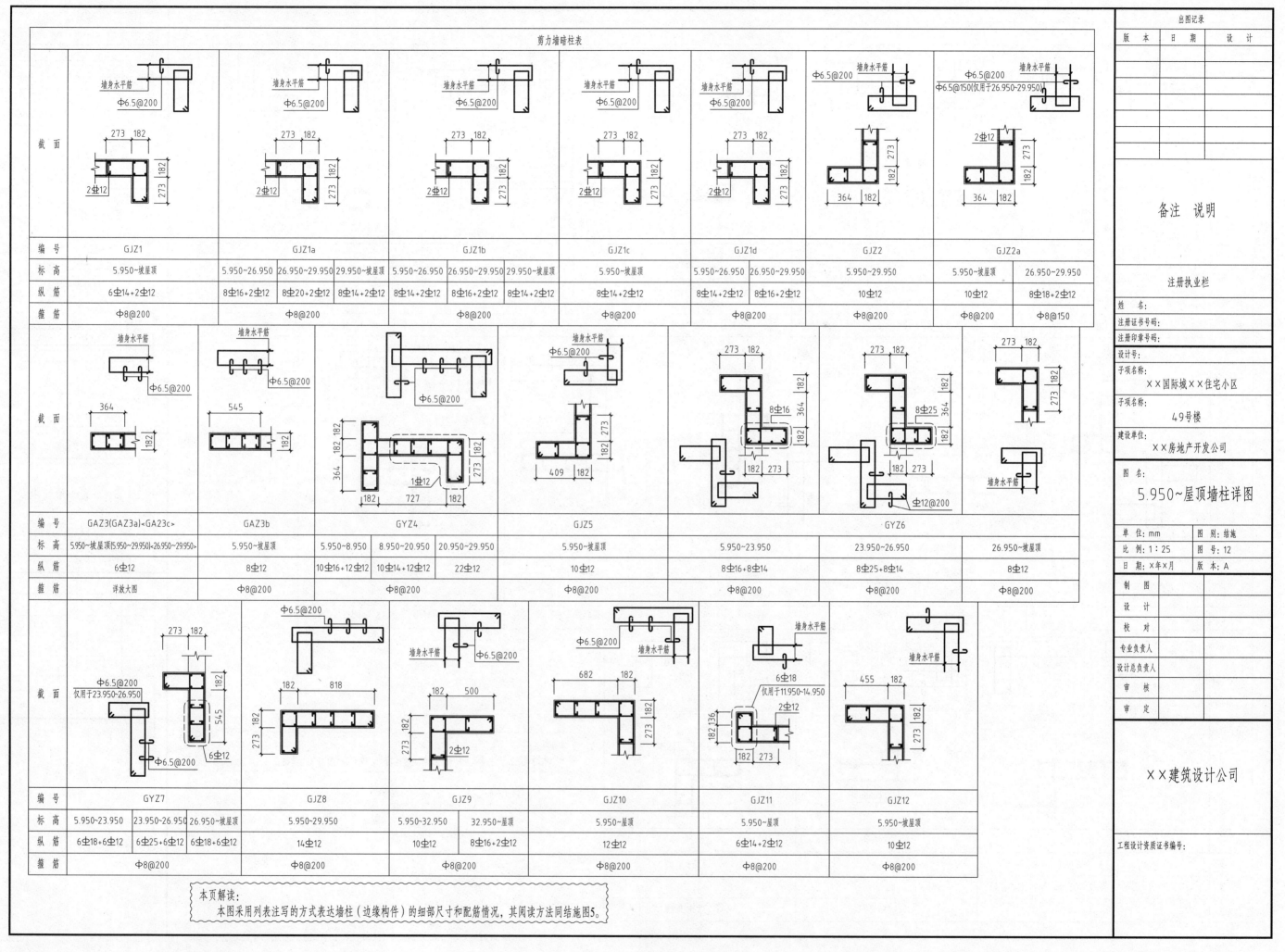

编号	GJZ1	GJZ1a			GJZ1b			GJZ1c	GJZ1d		GJZ2	GJZ2a	
标高	5.950~坡屋顶	5.950~26.950	26.950~29.950	29.950~坡屋顶	5.950~26.950	26.950~29.950	29.950~坡屋顶	5.950~坡屋顶	5.950~26.950	26.950~29.950	5.950~29.950	5.950~坡屋顶	26.950~29.950
纵筋	6Φ14+2Φ12	8Φ16+2Φ12	8Φ20+2Φ12	8Φ14+2Φ12	8Φ14+2Φ12	8Φ16+2Φ12	8Φ14+2Φ12	8Φ14+2Φ12	8Φ14+2Φ12	8Φ16+2Φ12	10Φ12	10Φ12	8Φ18+2Φ12
箍筋	Φ8@200	Φ8@200			Φ8@200			Φ8@200	Φ8@200		Φ8@200	Φ8@150	

编号	GAZ3(GAZ3a)<GA23c>	GAZ3b	GYZ4			GJZ5	GYZ6		
标高	5.950~坡屋顶(5.950~29.950)<26.950~29.950>	5.950~坡屋顶	5.950~8.950	8.950~20.950	20.950~29.950	5.950~坡屋顶	5.950~23.950	23.950~26.950	26.950~坡屋顶
纵筋	6Φ12	8Φ12	10Φ16+12Φ12	10Φ14+12Φ12	22Φ12	10Φ12	8Φ16+8Φ14	8Φ25+8Φ14	8Φ12
箍筋	详放大图	Φ8@200	Φ8@200			Φ8@200	Φ8@200	Φ8@200	Φ8@200

编号	GYZ7			GJZ8	GJZ9		GJZ10	GJZ11	GJZ12
标高	5.950~23.950	23.950~26.950	26.950~坡屋顶	5.950~29.950	5.950~32.950	32.950~屋顶	5.950~屋顶	5.950~屋顶	5.950~坡屋顶
纵筋	6Φ18+6Φ12	6Φ25+6Φ12	6Φ18+6Φ12	14Φ12	10Φ12	8Φ16+2Φ12	12Φ12	6Φ14+2Φ12	10Φ12
箍筋	Φ8@200			Φ8@200	Φ8@200		Φ8@200	Φ8@200	Φ8@200

本页解读:
本图采用列表注写的方式表达墙柱(边缘构件)的细部尺寸和配筋情况,其阅读方法同结施图5。

出图记录

版本	日期	设计

备注 说明

注册执业栏

姓名:
注册证书号码:
注册印章号码:
设计号:
子项名称: ××国际城××住宅小区
子项名称: 49号楼
建设单位: ××房地产开发公司

图名:
5.950~屋顶墙柱详图

单位: mm 　图别: 结施
比例: 1:25 　图号: 12
日期: ×年×月 　版本: A

制图
设计
校对
专业负责人
设计总负责人
审核
审定

××建筑设计公司

工程设计资质证书编号:

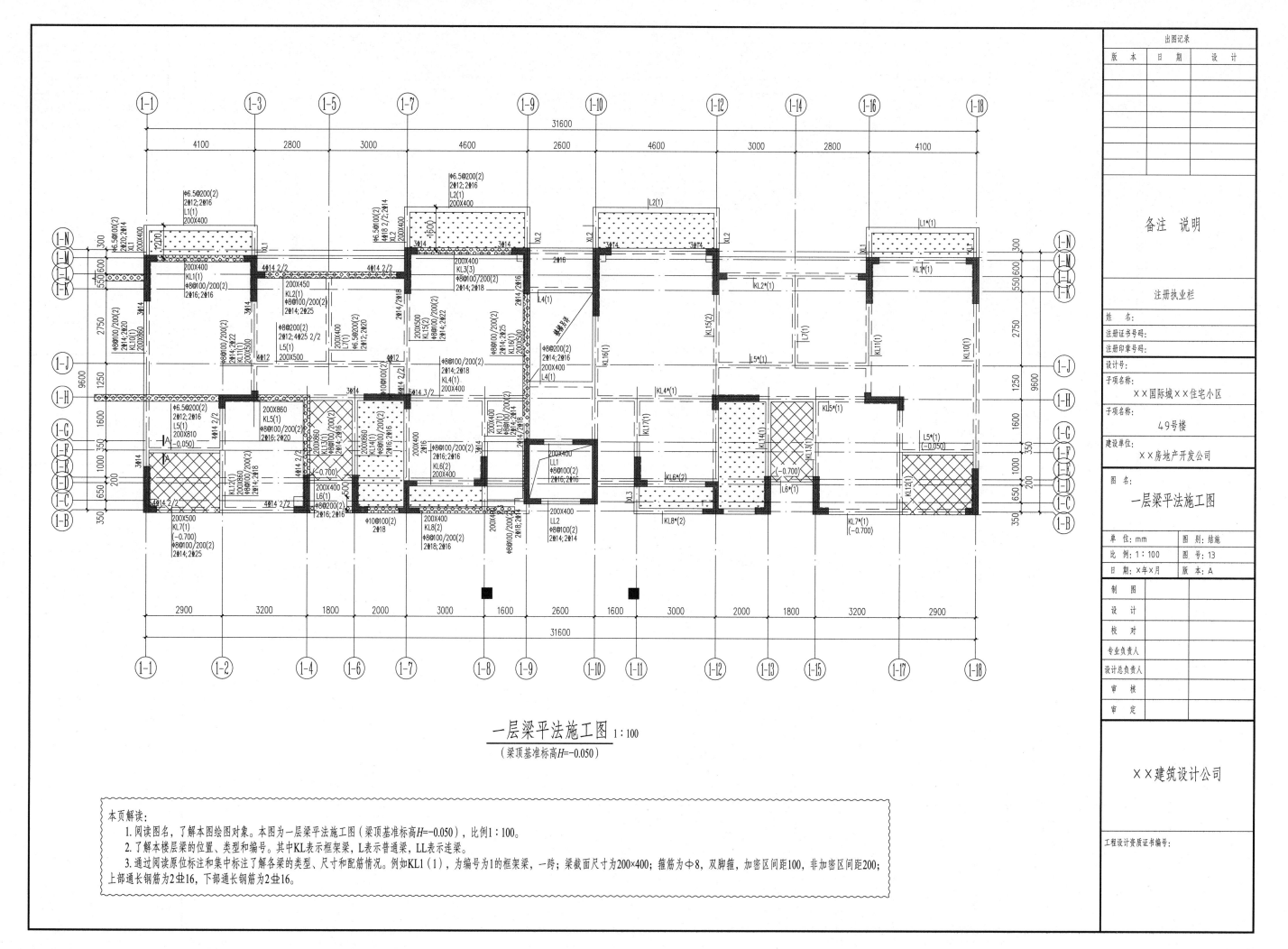

一层梁平法施工图 1:100
（梁顶基准标高H=-0.050）

本页解读：
1. 阅读图名，了解本图绘图对象。本图为一层梁平法施工图（梁顶基准标高H=-0.050），比例1：100。
2. 了解本楼层梁的位置、类型和编号。其中KL表示框架梁，L表示普通梁，LL表示连梁。
3. 通过阅读原位标注和集中标注了解各梁的类型、尺寸和配筋情况。例如KL1（1），为编号为1的框架梁，一跨；梁截面尺寸为200×400；箍筋为Φ8，双脚箍，加密区间距100，非加密区间距200；上部通长钢筋为2业16，下部通长钢筋为2业16。

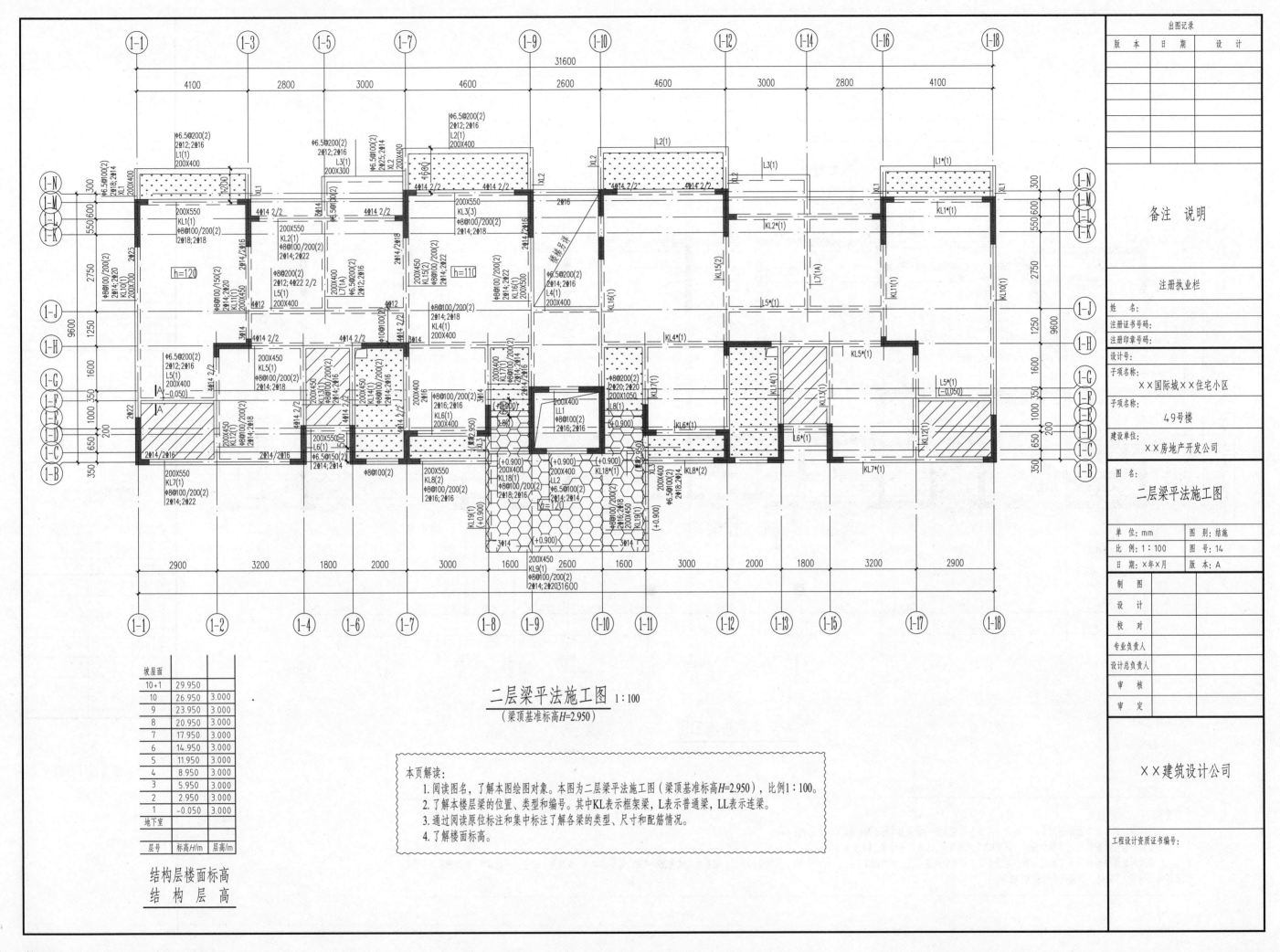

二层梁平法施工图 1:100
（梁顶基准标高H=2.950）

结构层楼面标高
结构层高

坡屋面		
10+1	29.950	
10	26.950	3.000
9	23.950	3.000
8	20.950	3.000
7	17.950	3.000
6	14.950	3.000
5	11.950	3.000
4	8.950	3.000
3	5.950	3.000
2	2.950	3.000
1	-0.050	3.000
地下室		
层号	标高H/m	层高/m

本页解读：
1. 阅读图名，了解本图绘图对象。本图为二层梁平法施工图（梁顶基准标高H=2.950），比例1:100。
2. 了解本楼层梁的位置、类型和编号。其中KL表示框架梁，L表示普通梁，LL表示连梁。
3. 通过阅读原位标注和集中标注了解各梁的类型、尺寸和配筋情况。
4. 了解楼面标高。

备注 说明

注册执业栏

姓　名：
注册证书号号：
注册印章号号：

设计号：
子项名称：
ＸＸ国际城ＸＸ住宅小区
子项名称：
49号楼
建设单位：
ＸＸ房地产开发公司

图　名：
二层梁平法施工图

单 位：mm	图 别：结施
比 例：1:100	图 号：14
日 期：ｘ年ｘ月	版 本：A

制　图
设　计
校　对
专业负责人
设计总负责人
审　核
审　定

ＸＸ建筑设计公司

工程设计资质证书编号：

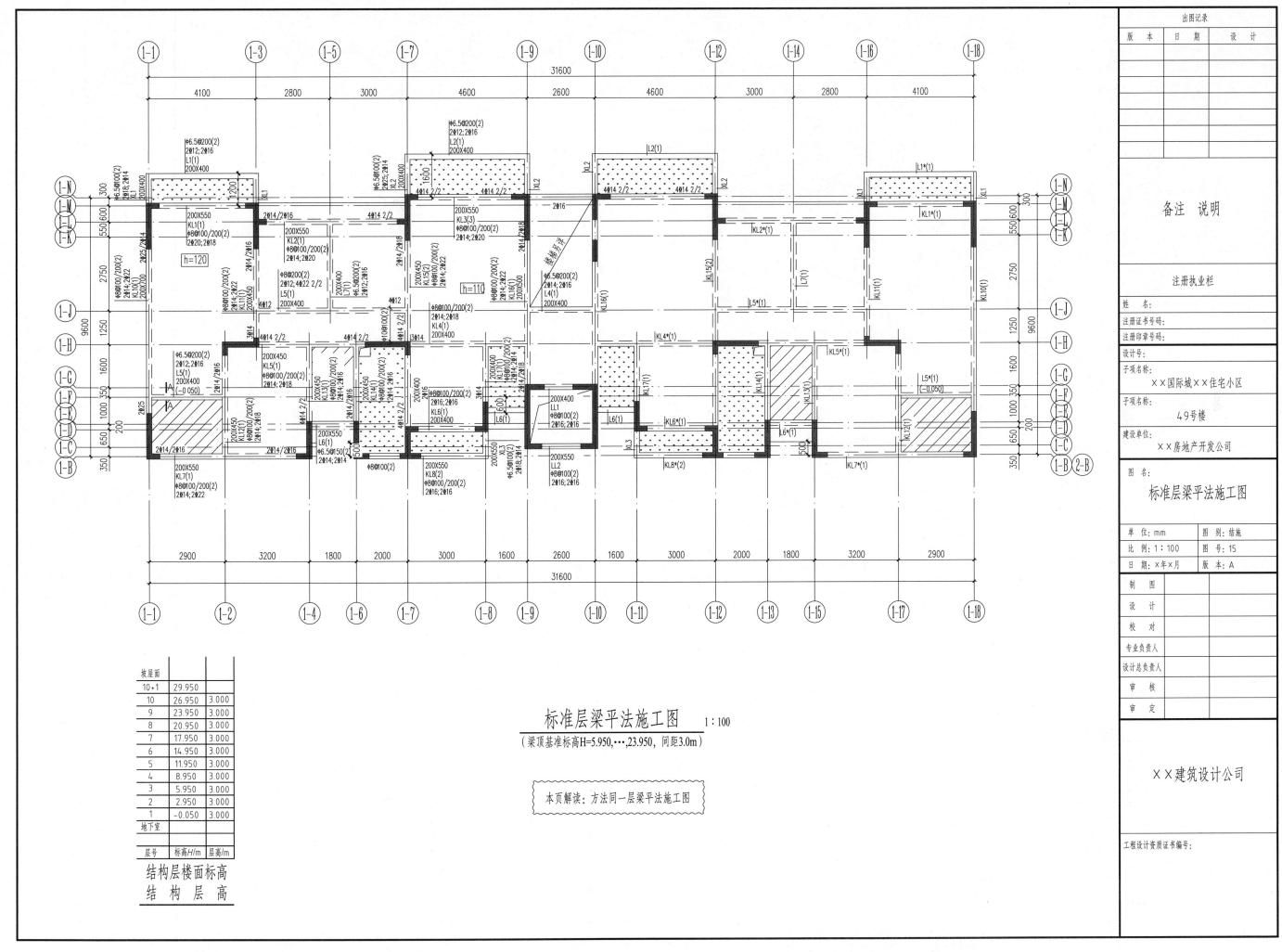

标准层梁平法施工图 1:100

(梁顶基准标高H=5.950,···,23.950, 间距3.0m)

本页解读：方法同一层梁平法施工图

坡屋面		
10+1	29.950	
10	26.950	3.000
9	23.950	3.000
8	20.950	3.000
7	17.950	3.000
6	14.950	3.000
5	11.950	3.000
4	8.950	3.000
3	5.950	3.000
2	2.950	3.000
1	-0.050	3.000
地下室		
层号	标高H/m	层高/m

结构层楼面标高
结构层高

出图记录

版 本	日 期	设 计

备注 说明

注册执业栏

姓 名：
注册证书号码：
注册印章号码：
设计号：
子项名称：
　　××国际城××住宅小区
子项名称：
　　49号楼
建设单位：
　　××房地产开发公司

图 名：

标准层梁平法施工图

单 位：mm	图 别：结施
比 例：1：100	图 号：15
日 期：×年×月	版 本：A

制 图	
设 计	
校 对	
专业负责人	
设计总负责人	
审 核	
审 定	

××建筑设计公司

工程设计资质证书编号：

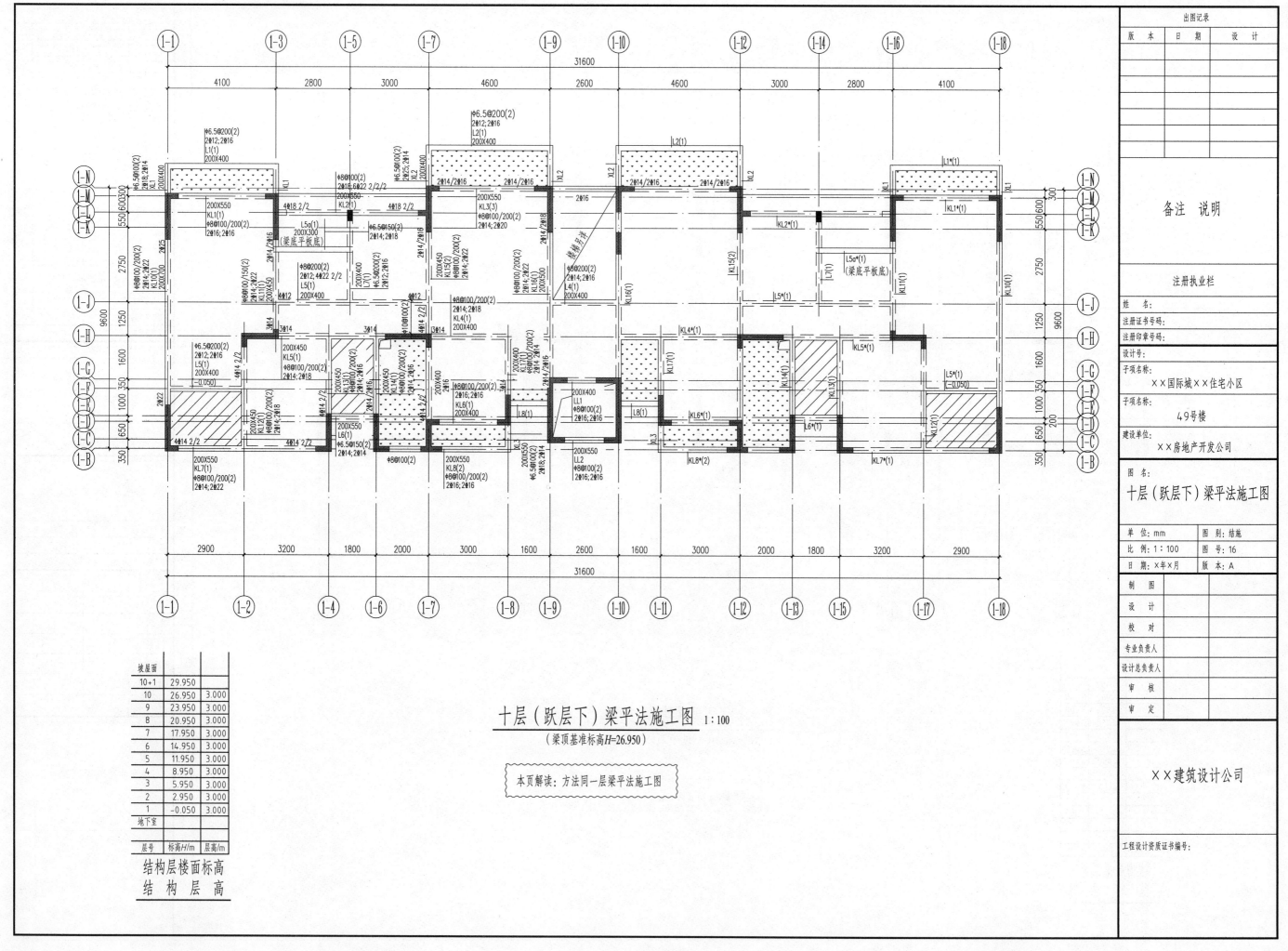

十层（跃层下）梁平法施工图 1:100
（梁顶基准标高H=26.950）

本页解读：方法同一层梁平法施工图

坡屋面		
10+1	29.950	
10	26.950	3.000
9	23.950	3.000
8	20.950	3.000
7	17.950	3.000
6	14.950	3.000
5	11.950	3.000
4	8.950	3.000
3	5.950	3.000
2	2.950	3.000
1	-0.050	3.000
地下室		
层号	标高H/m	层高/m

结构层楼面标高
结构层高

出图记录

版本	日期	设计

备注 说明

注册执业栏

姓　名：
注册证书号码：
注册印章号码：
设计号：
子项名称： ××国际城××住宅小区
子项名称： 49号楼
建设单位： ××房地产开发公司

图名：
十层（跃层下）梁平法施工图

单 位: mm	图 别: 结施
比 例: 1：100	图 号: 16
日 期: ×年×月	版 本: A

制 图	
设 计	
校 对	
专业负责人	
设计总负责人	
审 核	
审 定	

××建筑设计公司

工程设计资质证书编号：

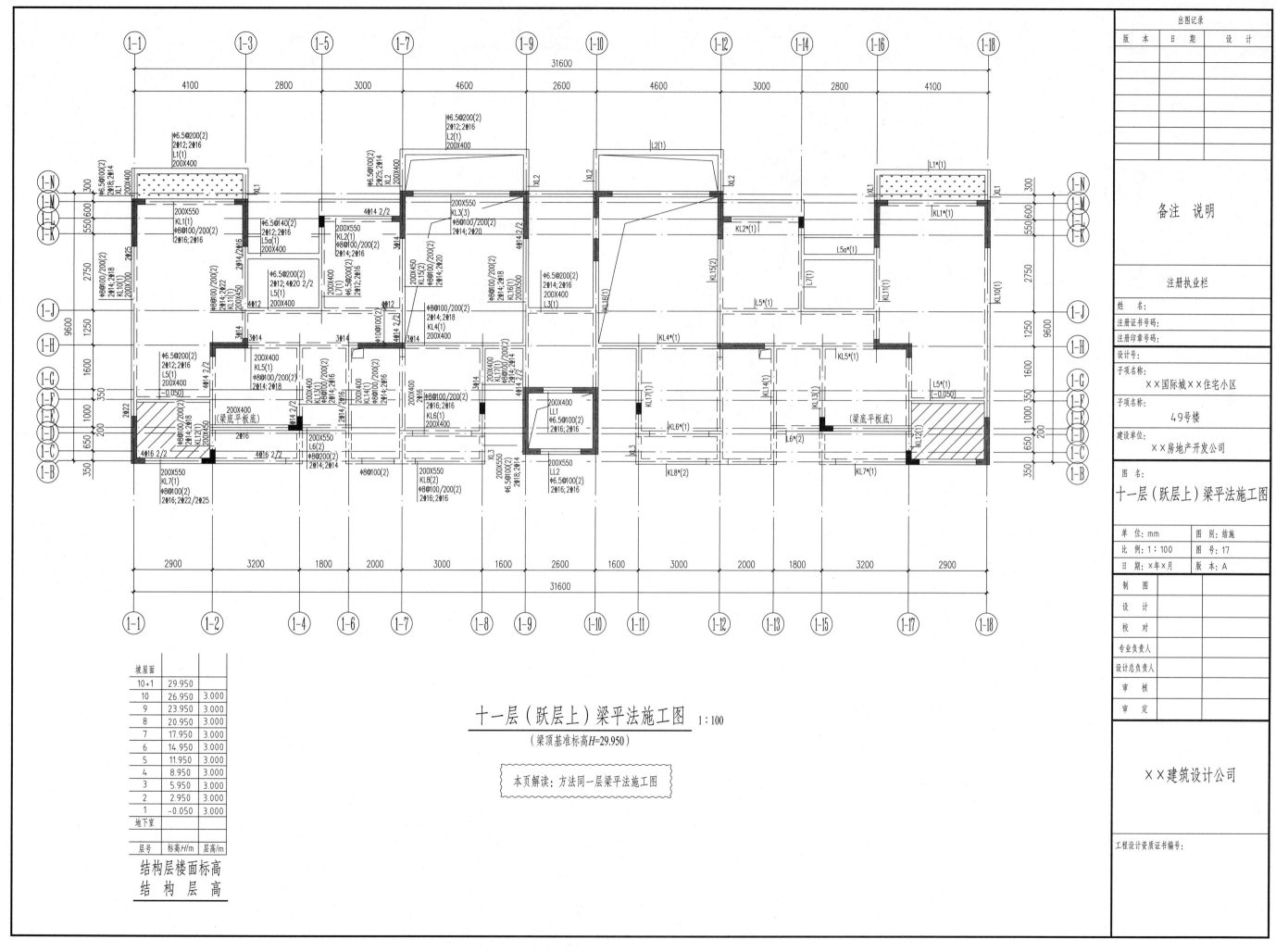

十一层（跃层上）梁平法施工图 1:100

（梁顶基准标高H=29.950）

本页解读：方法同一层梁平法施工图

坡屋面		
10+1	29.950	
10	26.950	3.000
9	23.950	3.000
8	20.950	3.000
7	17.950	3.000
6	14.950	3.000
5	11.950	3.000
4	8.950	3.000
3	5.950	3.000
2	2.950	3.000
1	-0.050	3.000
地下室		
层号	标高H/m	层高/m

结构层楼面标高
结构层高

出图记录

版 本	日 期	设 计

备注 说明

注册执业栏

姓 名：
注册证书号码：
注册印章号码：
设计号：
子项名称：
××国际城××住宅小区
子项名称：
49号楼
建设单位：
××房地产开发公司

图 名：
十一层（跃层上）梁平法施工图

单 位：mm   图 别：结施
比 例：1：100   图 号：17
日 期：×年×月   版 本：A

制 图	
设 计	
校 对	
专业负责人	
设计总负责人	
审 核	
审 定	

××建筑设计公司

工程设计资质证书编号：

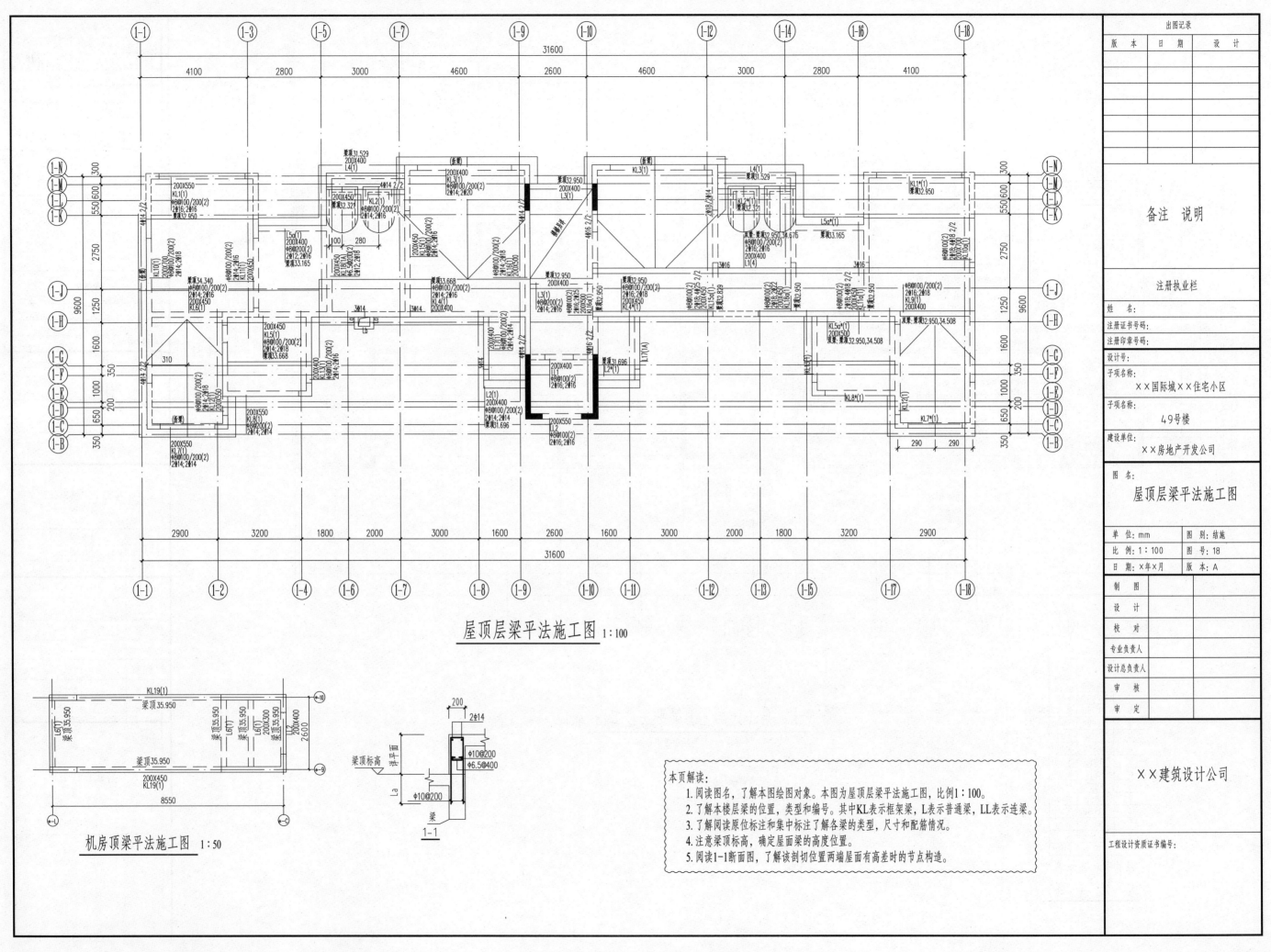

屋顶层梁平法施工图 1:100

机房顶梁平法施工图 1:50

出图记录

版 本	日 期	设 计

备注 说明

注册执业栏

姓 名：

注册证书号码：

注册印章号码：

设计号：

子项名称：
××国际城××住宅小区

子项名称：
49号楼

建设单位：
××房地产开发公司

图 名：

屋顶层梁平法施工图

单 位：mm	图 别：结施
比 例：1:100	图 号：18
日 期：×年×月	版 本：A

制 图	
设 计	
校 对	
专业负责人	
设计总负责人	
审 核	
审 定	

××建筑设计公司

工程设计资质证书编号：

本页解读：
1. 阅读图名，了解本图绘图对象。本图为屋顶层梁平法施工图，比例1:100。
2. 了解本楼层梁的位置、类型和编号。其中KL表示框架梁，L表示普通梁，LL表示连梁。
3. 了解阅读原位标注和集中标注了解梁的类型、尺寸和配筋情况。
4. 注意梁顶标高，确定屋面梁的高度位置。
5. 阅读1-1断面图，了解该剖切位置两端屋面有高差时的节点构造。

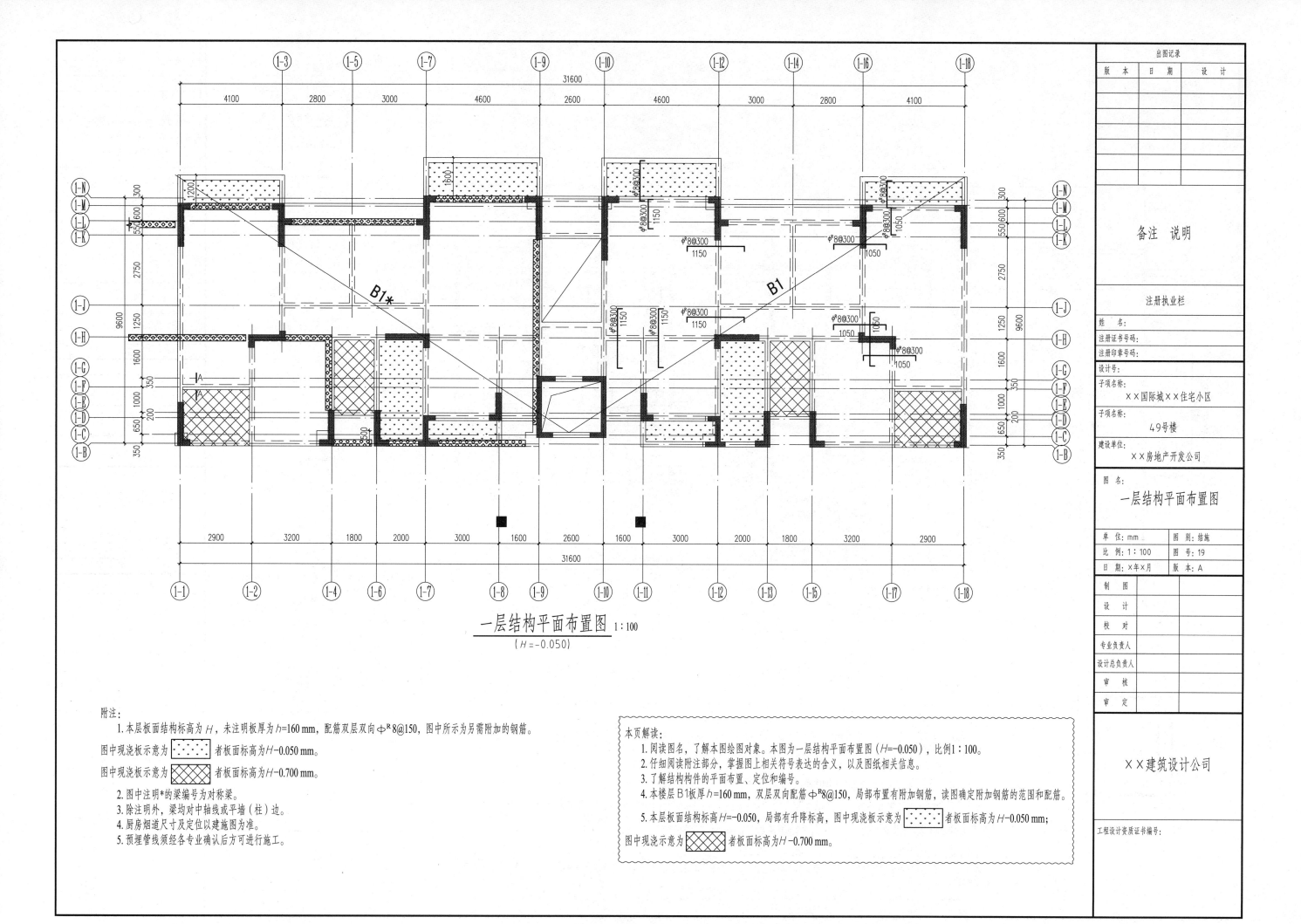

一层结构平面布置图 1:100
(H=-0.050)

附注:
　　1.本层板面结构标高为 H，未注明板厚为 h=160 mm，配筋双层双向中R8@150，图中所示为另需附加的钢筋。

　图中现浇板示意为 [点状图例] 者板面标高为H-0.050 mm。

　图中现浇板示意为 [斜纹图例] 者板面标高为H-0.700 mm。

　　2.图中注明*的梁编号为对称梁。
　　3.除注明外，梁均对中轴线或平墙（柱）边。
　　4.厨房烟道尺寸及定位以建施图为准。
　　5.预埋管线须经各专业确认后方可进行施工。

本页解读:
　　1.阅读图名，了解本图绘图对象。本图为一层结构平面布置图（H=-0.050），比例1:100。
　　2.仔细阅读附注部分，掌握图上相关符号表达的含义，以及图纸相关信息。
　　3.了解结构构件的平面布置、定位和编号。
　　4.本楼层B1板厚 h=160 mm，双层双向配筋中R8@150，局部布置有附加钢筋，读图确定附加钢筋的范围和配筋。
　　5.本层板面结构标高 H=-0.050，局部有升降标高，图中现浇板示意为 [点状图例] 者板面标高为 H-0.050 mm;

　图中现浇示意为 [斜纹图例] 者板面标高为 H-0.700 mm。

出图记录
版 本　日 期　设 计

备注 说明

注册执业栏
姓　名:
注册证书号码:
注册印章号码:
设计号:
子项名称:
　ⅩⅩ国际城ⅩⅩ住宅小区
子项名称:
　49号楼
建设单位:
　ⅩⅩ房地产开发公司

图 名:
一层结构平面布置图

单位: mm　图 别: 结施
比 例: 1:100　图 号: 19
日 期: Ⅹ年Ⅹ月　版 本: A

制 图
设 计
校 对
专业负责人
设计总负责人
审 核
审 定

ⅩⅩ建筑设计公司

工程设计资质证书编号:

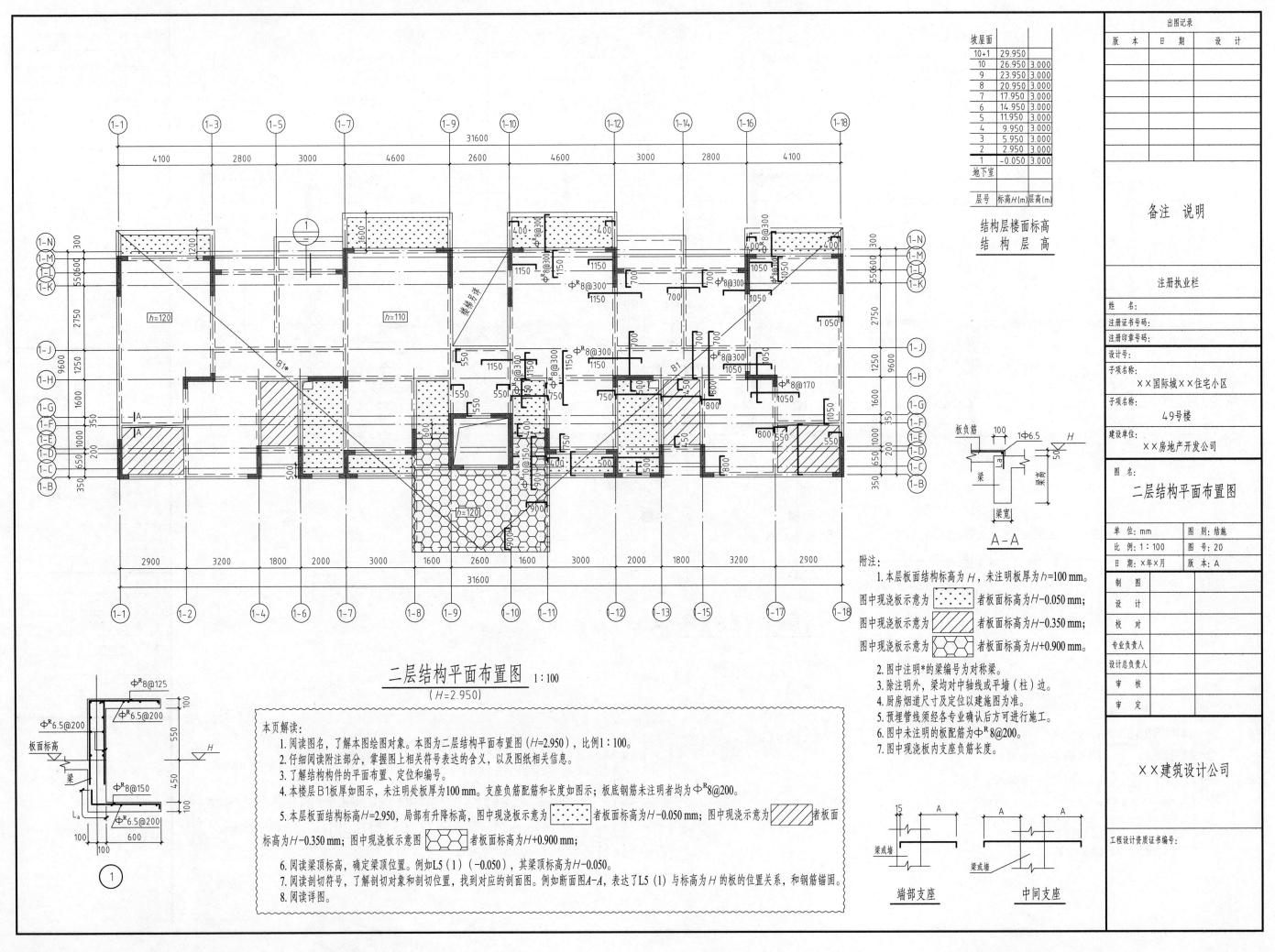

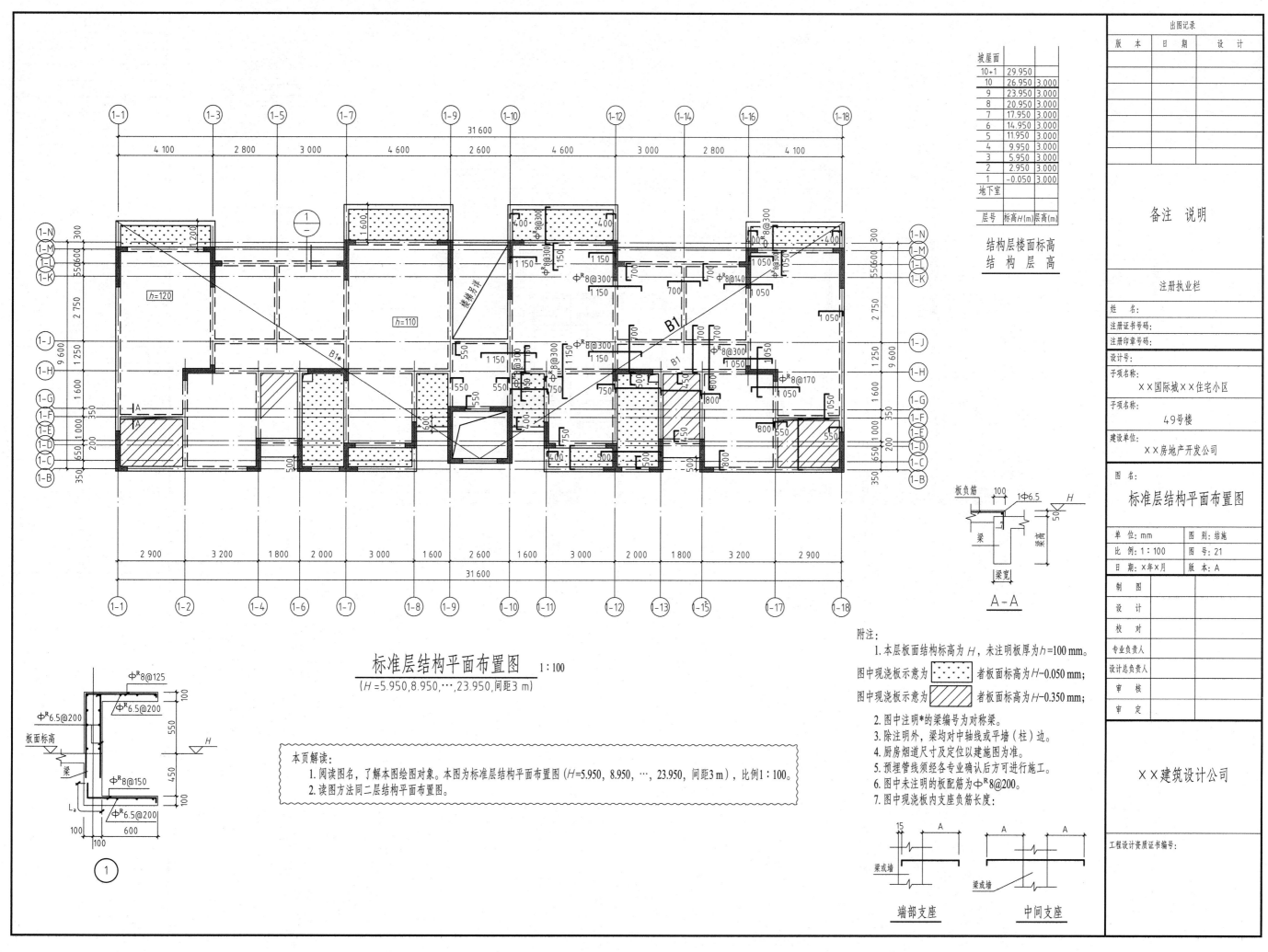

标准层结构平面布置图 1:100
(H=5.950,8.950,…,23.950,间距3m)

A-A

坡屋面		
10+1	29.950	
10	26.950	3.000
9	23.950	3.000
8	20.950	3.000
7	17.950	3.000
6	14.950	3.000
5	11.950	3.000
4	9.950	3.000
3	5.950	3.000
2	2.950	3.000
1	-0.050	3.000
地下室		
层号	标高H(m)	层高(m)
结构层楼面标高		
结构 层 高		

备注 说明

注册执业栏

姓 名：
注册证书号码：
注册印章号码：
设计号：
子项名称：
××国际城××住宅小区
子项名称：
49号楼
建设单位：
××房地产开发公司

图 名：
标准层结构平面布置图

单 位：mm	图 别：结施
比 例：1：100	图 号：21
日 期：×年×月	版 本：A

制 图	
设 计	
校 对	
专业负责人	
设计总负责人	
审 核	
审 定	

××建筑设计公司

工程设计资质证书编号：

附注：
1. 本层板面结构标高为 H，未注明板厚为 h=100 mm。
图中现浇板示意为 :::::: 者板面标高为 H-0.050 mm；
图中现浇板示意为 ///// 者板面标高为 H-0.350 mm；
2. 图中注明*的梁编号为对称梁。
3. 除注明外，梁均对中轴线或平墙（柱）边。
4. 厨房烟道尺寸及定位以建施图为准。
5. 预埋管线须经各专业确认后方可进行施工。
6. 图中未注明的板配筋为Φ R 8@200。
7. 图中现浇板内支座负筋长度：

端部支座   中间支座

本页解读：
1. 阅读图名，了解本图绘图对象。本图为标准层结构平面布置图（H=5.950、8.950、…、23.950、间距3m），比例1：100。
2. 读图方法同二层结构平面布置图。

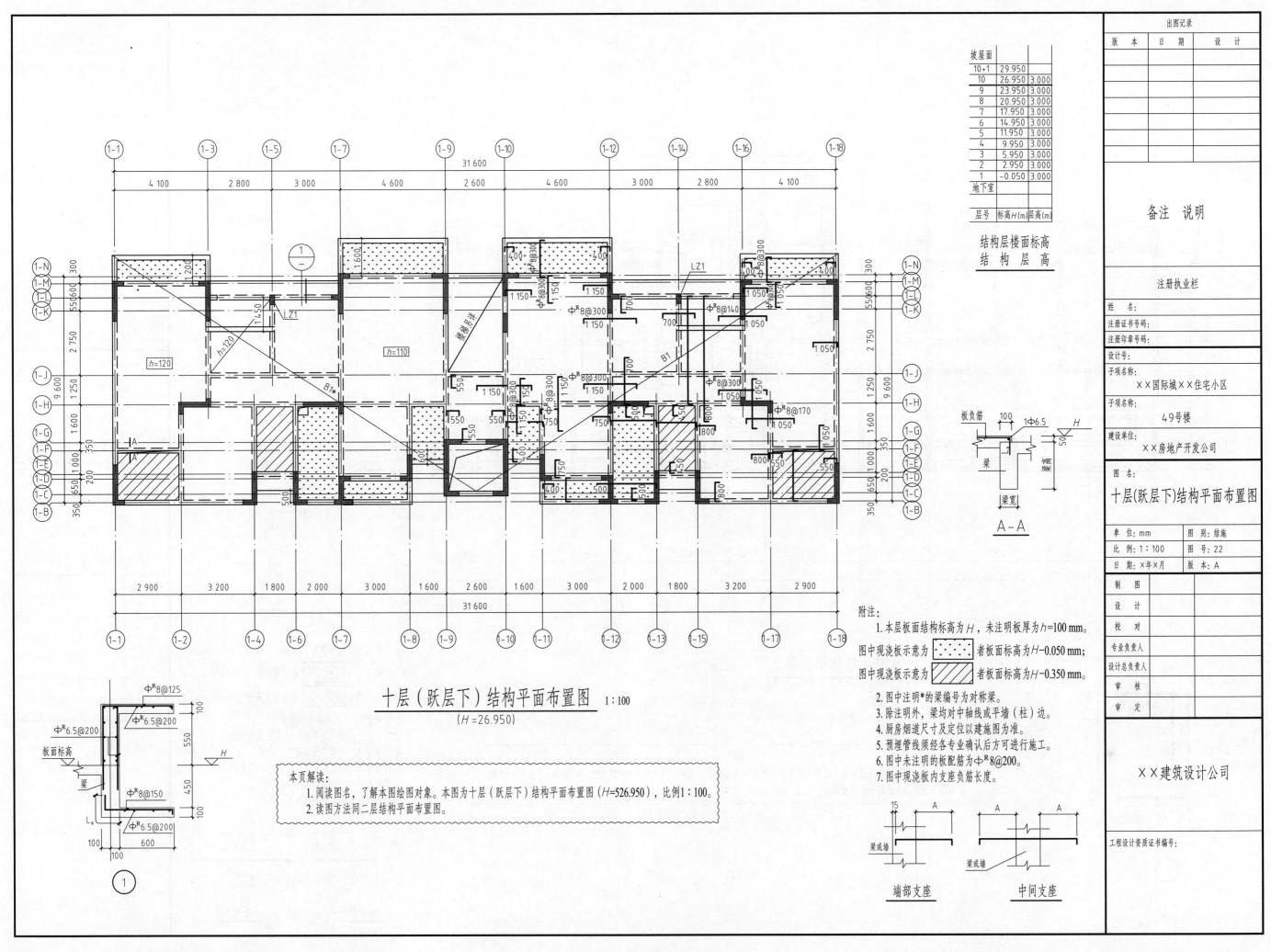

坡屋面
10+1	29.950	
10	26.950	3.000
9	23.950	3.000
8	20.950	3.000
7	17.950	3.000
6	14.950	3.000
5	11.950	3.000
4	9.950	3.000
3	5.950	3.000
2	2.950	3.000
1	-0.050	3.000
地下室		
层号	标高H(m)	层高(m)

结构层楼面标高
结构层高

A-A

十层(跃层下)结构平面布置图 1:100
(H=26.950)

附注:
1. 本层板面结构标高为H, 未注明板厚为h=100 mm。
图中现浇板示意为 ⟨⟩ 者板面标高为H-0.050 mm;
图中现浇板示意为 ⟨⟩ 者板面标高为H-0.350 mm。
2. 图中注明*的梁编号为对称梁。
3. 除注明外, 梁均对中轴线或平墙(柱)边。
4. 厨房烟道尺寸及定位以建施图为准。
5. 预埋管线须经各专业确认后方可进行施工。
6. 图中未注明的板配筋为Φ^R8@200。
7. 图中现浇板内支座负筋长度。

端部支座   中间支座

本页解读:
1. 阅读图名, 了解本图绘图对象。本图为十层(跃层下)结构平面布置图(H=526.950), 比例1:100。
2. 读图方法同二层结构平面布置图。

出图记录
版 本	日 期	设 计

备注 说明

注册执业栏
姓 名:
注册证书号码:
注册印章号码:
设计号:
子项名称:
××国际城××住宅小区
子项名称:
49号楼
建设单位:
××房地产开发公司

图名:
十层(跃层下)结构平面布置图

单 位: mm	图 别: 结施
比 例: 1:100	图 号: 22
日 期: ×年×月	版 本: A

制 图	
设 计	
校 对	
专业负责人	
设计总负责人	
审 核	
审 定	

××建筑设计公司

工程设计资质证书编号:

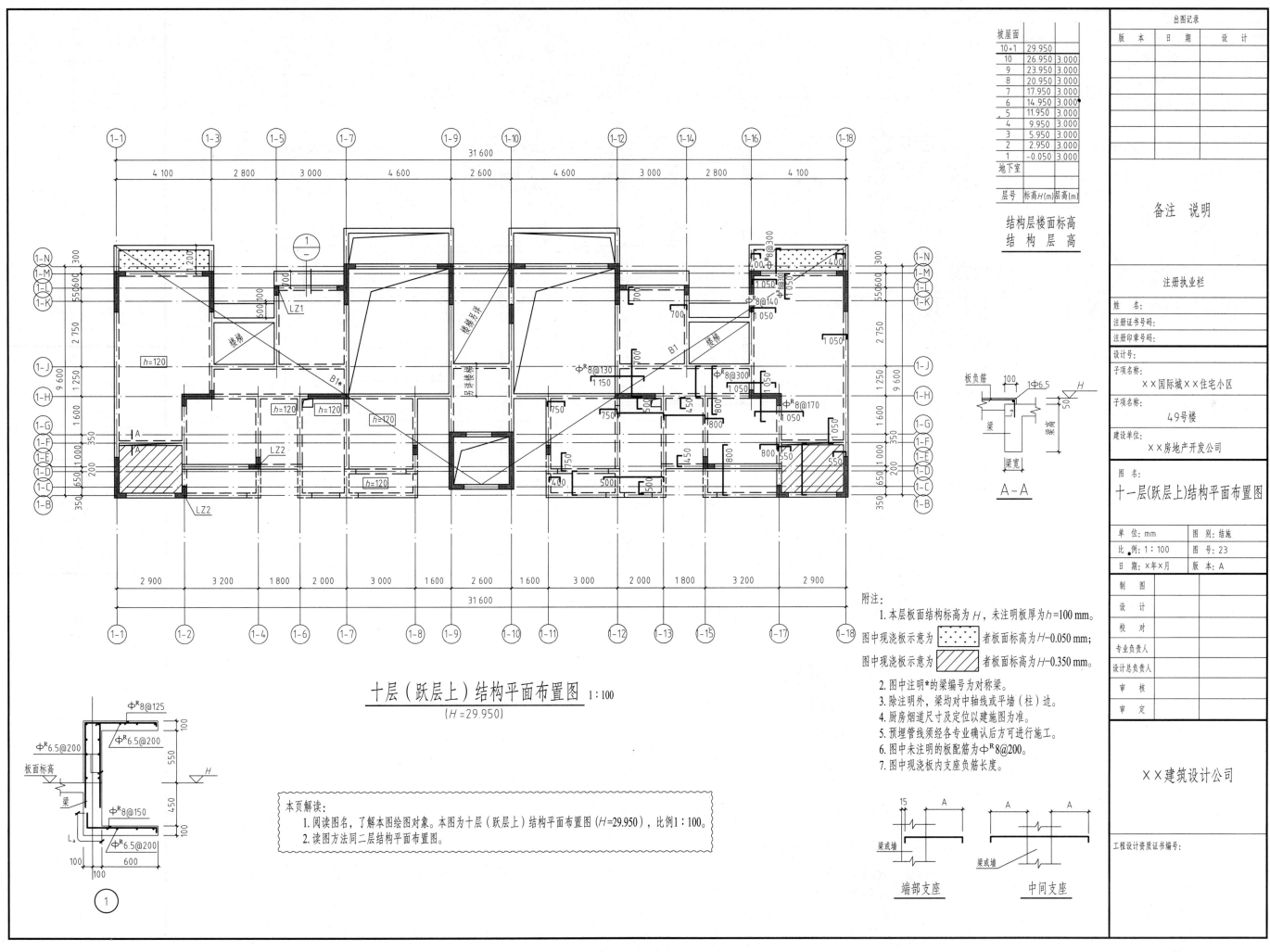

十层（跃层上）结构平面布置图 1:100
（H=29.950）

A-A

坡屋面		
10+1	29.950	
10	26.950	3.000
9	23.950	3.000
8	20.950	3.000
7	17.950	3.000
6	14.950	3.000
5	11.950	3.000
4	9.950	3.000
3	5.950	3.000
2	2.950	3.000
1	-0.050	3.000
地下室		
层号	标高H(m)	层高(m)

结构层楼面标高
结构层高

备注 说明

注册执业栏

姓 名：
注册证书号码：
注册印章号码：
设计号：
子项名称：
××国际城××住宅小区
子项名称：
49号楼
建设单位：
××房地产开发公司

图名：
十一层(跃层上)结构平面布置图

单 位：mm	图 别：结施
比 例：1：100	图 号：23
日 期：×年×月	版 本：A

制 图	
设 计	
校 对	
专业负责人	
设计负责人	
设计总负责人	
审 核	
审 定	

××建筑设计公司

工程设计资质证书编号：

附注：
1. 本层板面结构标高为H，未注明板厚为h=100 mm。
图中现浇板示意为 ⋯⋯者板面标高为H-0.050 mm；
图中现浇板示意为 ///者板面标高为H-0.350 mm。
2. 图中注明*的梁编号为对称梁。
3. 除注明外，梁均对中轴线或平墙（柱）边。
4. 厨房烟道尺寸及定位以建施图为准。
5. 预埋管线须经各专业确认后方可进行施工。
6. 图中未注明的板配筋为ΦR8@200。
7. 图中现浇板内支座负筋长度。

本页解读：
1. 阅读图名，了解本图绘图对象。本图为十层（跃层上）结构平面布置图（H=29.950），比例1：100。
2. 读图方法同二层结构平面布置图。

端部支座   中间支座

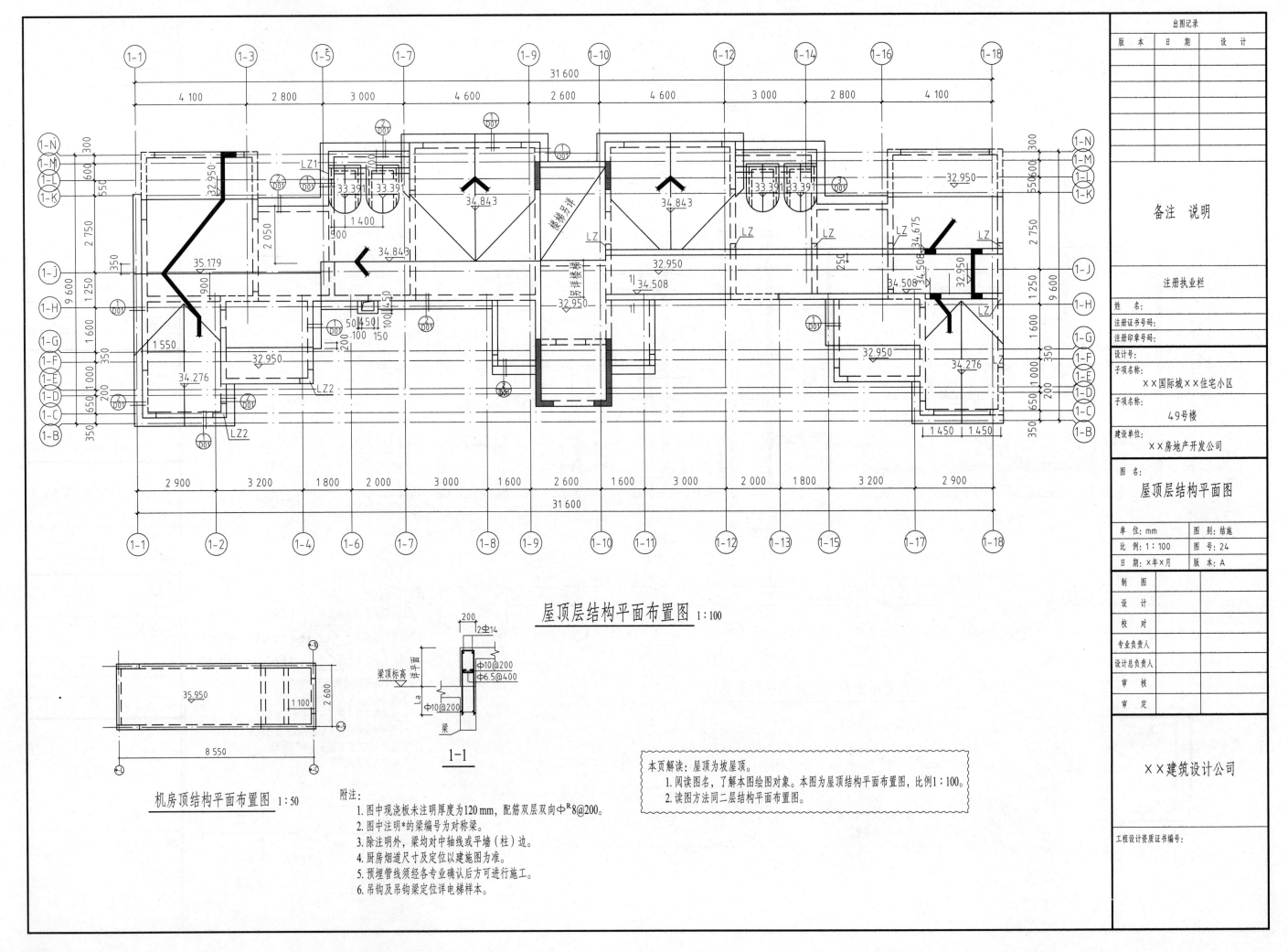

屋顶层结构平面布置图 1:100

机房顶结构平面布置图 1:50

1-1

附注：
1. 图中现浇板未注明厚度为120 mm，配筋双层双向中R8@200。
2. 图中注明*的梁编号为对称梁。
3. 除注明外，梁均对中轴线或平墙（柱）边。
4. 厨房烟道尺寸及定位以建施图为准。
5. 预埋管线须经各专业确认后方可进行施工。
6. 吊钩及吊钩梁定位详电梯样本。

本页解读：屋顶为坡屋顶。
1. 阅读图名，了解本图绘图对象。本图为屋顶结构平面布置图，比例1：100。
2. 读图方法同二层结构平面布置图。

出图记录

版 本	日 期	设 计

备注 说明

注册执业栏

姓 名：	
注册证书号码：	
注册印章号码：	
设计号：	

子项名称：
××国际城××住宅小区

子项名称：
49号楼

建设单位：
××房地产开发公司

图名：
屋顶层结构平面图

单 位：mm	图 别：结施
比 例：1：100	图 号：24
日 期：×年×月	版 本：A

制 图	
设 计	
校 对	
专业负责人	
设计总负责人	
审 核	
审 定	

××建筑设计公司

工程设计资质证书编号：

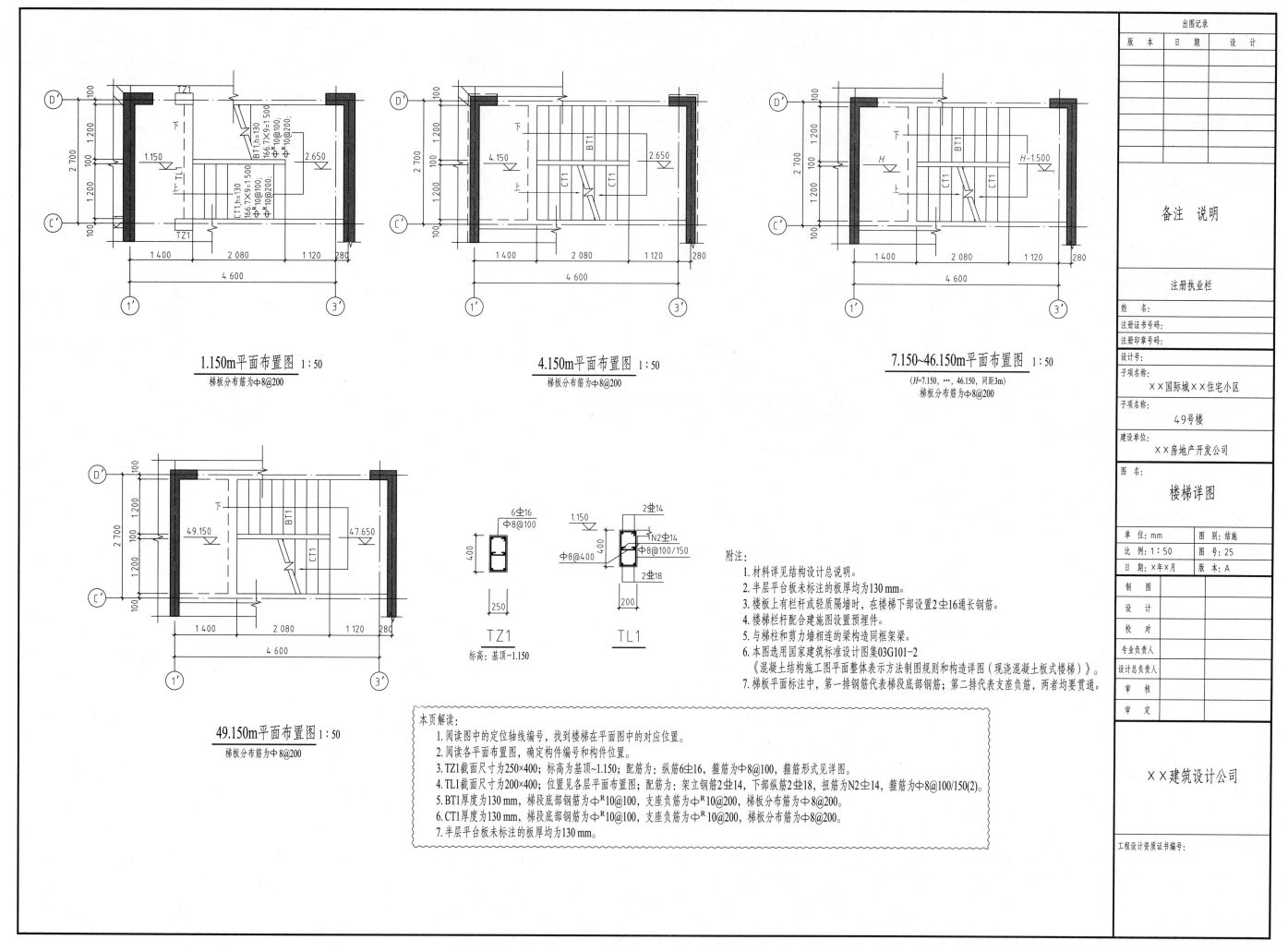

1.150m平面布置图 1:50

梯板分布筋为Φ8@200

4.150m平面布置图 1:50

梯板分布筋为Φ8@200

7.150~46.150m平面布置图 1:50

(H=7.150, …, 46.150, 同距3m)
梯板分布筋为Φ8@200

49.150m平面布置图 1:50

梯板分布筋为Φ8@200

TZ1

标高: 基顶~1.150

TL1

附注:
1. 材料详见结构设计总说明。
2. 半层平台板未标注的板厚均为130 mm。
3. 楼板上有栏杆或轻质隔墙时,在楼梯下部设置2Φ16通长钢筋。
4. 楼梯栏杆配合建施图设置预埋件。
5. 与梯柱和剪力墙相连的梁构造同框架梁。
6. 本图选用国家建筑标准设计图集03G101-2
《混凝土结构施工图平面整体表示方法制图规则和构造详图(现浇混凝土板式楼梯)》。
7. 梯板平面标注中,第一排钢筋代表梯段底部钢筋;第二排代表支座负筋,两者均要贯通。

本页解读:
1. 阅读图中的定位轴线编号,找到楼梯在平面图中的对应位置。
2. 阅读各平面布置图,确定构件编号和构件位置。
3. TZ1截面尺寸为250×400;标高为基顶~1.150;配筋为:纵筋6Φ16,箍筋为Φ8@100,箍筋形式见详图。
4. TL1截面尺寸为200×400;位置见各层平面布置图;配筋为:架立钢筋2Φ14,下部纵筋2Φ18,扭筋为N2Φ14,箍筋为Φ8@100/150(2)。
5. BT1厚度为130 mm,梯段底部钢筋为ΦR10@100,支座负筋为ΦR10@200,梯板分布筋为Φ8@200。
6. CT1厚度为130 mm,梯段底部钢筋为ΦR10@100,支座负筋为ΦR10@200,梯板分布筋为Φ8@200。
7. 半层平台板未标注的板厚均为130 mm。

出图记录

版 本	日 期	设 计

备注 说明

注册执业栏

姓 名:
注册证书号码:
注册印章号码:
设计号:
子项名称:
××国际城××住宅小区
子项名称:
49号楼
建设单位:
××房地产开发公司

图 名:
楼梯详图

单 位: mm	图 别: 结施
比 例: 1:50	图 号: 25
日 期: ×年×月	版 本: A

制 图	
设 计	
校 对	
专业负责人	
设计总负责人	
审 核	
审 定	

××建筑设计公司

工程设计资质证书编号:

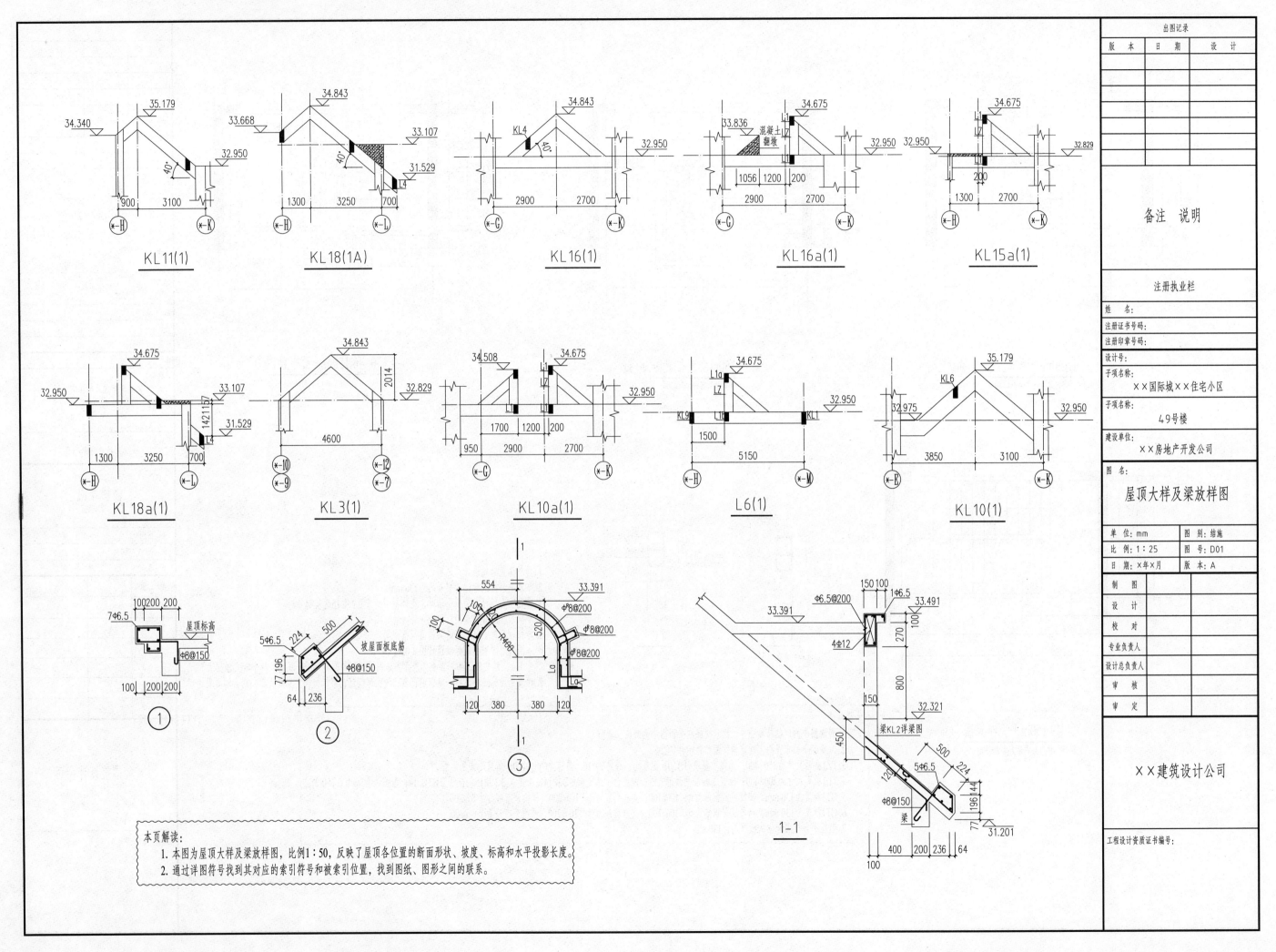

KL11(1)　　KL18(1A)　　KL16(1)　　KL16a(1)　　KL15a(1)

KL18a(1)　　KL3(1)　　KL10a(1)　　L6(1)　　KL10(1)

本页解读：
1. 本图为屋顶大样及梁放样图，比例1：50，反映了屋顶各位置的断面形状、坡度、标高和水平投影长度。
2. 通过详图符号找到其对应的索引符号和被索引位置，找到图纸、图形之间的联系。

出图记录

版 本	日 期	设 计

备注 说明

注册执业栏

姓 名：
注册证书号码：
注册印章号码：
设计号：
子项名称：
　×× 国际城 ×× 住宅小区
子项名称：
　49号楼
建设单位：
　×× 房地产开发公司
图 名：
　屋顶大样及梁放样图

单 位：mm	图 别：结施
比 例：1：25	图 号：D01
日 期：×年×月	版 本：A

制 图	
设 计	
校 对	
专业负责人	
设计总负责人	
审 核	
审 定	

×× 建筑设计公司

工程设计资质证书编号：

单元三　施工图识读实务

项目1　建筑识图基础练习

一、选择题

1. 用下列比例绘制同一物体时,图样最大的是(　　)。
   A. 1:50　　　B. 1:10　　　C. 1:1　　　D. 10:1

2. 建筑平面图一般会采用什么比例(　　);总平面图一般会采用什么比例(　　);墙身详图一般会采用什么比例(　　)。
   A. 20:1　　B. 1:20　　C. 1:5　　D. 1:100
   E. 2:1　　F. 1:2　　G. 1:500　　H. 1:20000

3. 某建筑物的建筑施工图比例尺为1:100,如图示长度为50 cm,其实际长度是(　　)m。
   A. 5　　　B. 50　　　C. 500　　　D. 5000

4. 下列施工图中,(　　)不是由水平剖面形成的。
   A. 底层平面图　B. 屋顶平面图　C. 基础平面布置图　D. 柱平面布置图

5. 下列工程图样中,不属于结构施工图的是(　　)。
   A. 柱平面布置图　　　　　B. 梁平面布置图
   C. 墙身构造详图　　　　　D. 基础平面布置图

6. 建筑平面中的外部尺寸,最外侧的一道是(　　)。
   A. 室外台阶、花坛散水等尺寸　　B. 表示门窗洞口、墙厚等细部尺寸
   C. 定位轴线间的尺寸　　　　　D. 表示建筑总长、总宽的外包尺寸

7. 基础平面布置图中,不需要画(　　)。
   A. 基础底面轮廓线　　　　　B. 地基分界线
   C. 基础梁轮廓线　　　　　D. 柱断面

8. 施工图中的定位轴线用细单点长画线表示,轴线编号写在轴线端部的圆内,圆用细实线表示,直径为(　　)mm。
   A. 4~6　　　B. 5~8　　　C. 6~10　　　D. 8~10

9. 图样上的尺寸单位,除标高和总平面图以米为单位外,其他必须以(　　)为单位。
   A. 分米　　B. 厘米　　C. 毫米　　D. 微米

10. 在施工图中,索引出的详图,如与被索引的图样在同一张图纸内,应采用的索引符号(　　)。
    A. (3/3)　　B. (3/—)　　C. (2/3)　　D. (3/6 J103)

11. 附加定位轴线的编号用(　　)表示。
    A. 分数　　B. 大写拉丁字母　　C. 阿拉伯数字　　D. 希腊字母

12. 不得作为定位轴线编号的是(　　)。
    A. U　　　B. Z　　　C. C　　　D. R

13. 在施工图中,详图与被索引的图样不在同一张图纸内,应采用的详图符号是(　　)。
    A. (2/3)　　B. (2/3)　　C. (—/3)　　D. (2)

14. 详图索引符号的圆圈直径是(　　)mm。
    A. 6　　　B. 8　　　C. 10　　　D. 14

15. 详图符号的圆圈直径是(　　)mm。
    A. 6　　　B. 8　　　C. 10　　　D. 14

16. 整套施工图的编排顺序是:(　　)
    ① 设备施工图　② 建筑施工图　③ 结构施工图　④ 图纸目录　⑤ 总说明
    A. ①⑤②③④　B. ①②③④⑤　C. ⑤②③④①　D. ④⑤②③①

17. 房屋建筑制图统一标准中规定,房屋施工图中汉字的最小字高不小于(　　)mm。
    A. 2.5　　　B. 3.5　　　C. 5　　　D. 7

18. (　　)是一个建设项目的总体布局,表示新建房屋所在基地范围内的平面布置、具体位置及周围情况。
    A. 建筑总平面图　　　　　B. 建筑平面图
    C. 建筑立面图　　　　　D. 建筑详图

19. 建筑立面图,就是对房屋的前后左右各个方向所作的正投影图,其命名方法不包括(　　)。
    A. 按房屋材质　B. 按房屋朝向　C. 按轴线编号　D. 按房屋立面主次

20. 建筑剖面图的图名应与(　　)的剖切符号编号一致。
    A. 楼梯底层剖面图　　　　　B. 底层平面图
    C. 基础平面图　　　　　D. 建筑详图

21. (　　)是施工时安装梁、板的依据。
    A. 建筑剖面图　B. 建筑平面图　C. 基础详图　D. 楼层结构剖面图

22. 了解基础与定位轴线的平面位置和相互关系,以及轴线间的尺寸,应查阅(　　)。
    A. 建筑剖面图　　　　　B. 楼层结构平面图
    C. 基础平面图　　　　　D. 基础详图

23. 外墙面的装饰做法可在(　　)中查阅到。
    A. 建筑剖面图　B. 建筑立面图　C. 建筑剖面图　D. 建筑结构图

24. 绝对标高标注在(　　)图中,其他建筑施工图的图样中只标注相对标高。
    A. 总平面　　B. 建筑剖面　　C. 建筑立面　　D. 建筑详图

25. 在建筑总平面图上,一般用(　　)表示房屋的朝向,用(　　)表示建筑物的层数。
    A. 指南针、小圆圈　　　　　B. 指北针、小圆圈
    C. 指南针、小黑点　　　　　D. 指北针、小黑点

26. 在总平面图中,表示新建建筑要使用(　　)。
    A. 粗实线　　B. 中实线　　C. 细实线　　D. 中虚线

27. 查阅门窗位置和编号、数量应在(　　)。
    A. 建筑平面图　B. 建筑立面图　C. 建筑剖面图　D. 建筑结构图

28. 不属于建筑施工图详图的是( )。
　　A. 基础详图　　　　B. 节点详图　　C. 门窗详图　　　D. 墙身详图

29. 在建筑平面图中,被水平剖面剖切到的墙体、柱子断面的轮廓用( )表示。
　　A. 细实线　　　　B. 中实线　　　C. 粗实线　　　　D. 粗虚线

30. 在结构施工图中,"M"代表的含义是( )。
　　A. 门　　　　　　B. 模数　　　　C. 预埋件　　　　D. 米

31. 在总平面图中,散状材料露天堆场图例是( )。
　　A. ☐　　B. ⊡(虚线)　　C. ▱　　D. ▨

32. A1幅面图纸尺寸的 $b \times l$ 正确的是( )。(单位: mm)
　　A. 841×1 189　B. 594×841　C. 420×594　D. 297×420

33. 在常用建筑材料图例中,表示自然土壤的图例是( )。
　　A. ▨　　B. ▨　　C. ▨　　D. ▨

34. 构造配件图例中,孔洞图例正确的是( )。
　　A. 　　　　　　　　B.
　　C. 　　　　　　　　D.

35. 下列叙述不正确的是( )。
　　A. 楼梯平面图中45°折断线可绘制在任一梯段上
　　B. 指北针一般画在总平面图和底层平面图上
　　C. 房间的开间为横向轴线的尺寸
　　D. 结施图的定位轴线必须与建施图的一致

36. 吊车是工业建筑中常用的运输设备,在厂房平面图中吊车轨道中心线用( )表示。
　　A. 粗实线　　B. 粗虚线　　C. 粗单点画线　　D. 细实线

37. 梁的配筋图一般由立面图和( )组成。
　　A. 中断断面图　　B. 重合断面图　　C. 移出断面图　　D. 局部剖面图

38. 了解基础与定位轴线的平面位置和相互关系,以及轴线间的尺寸,应查阅( )。
　　A. 建筑平面图　　　　　　B. 楼层结构平面图
　　C. 基础平面图　　　　　　D. 基础详图

39. 能够了解到沿梁和柱长、高方向上钢筋所在位置,箍筋肢数的图样是( )。
　　A. 梁的截面图　B. 梁的立面图　C. 预制构件详图　D. 柱梁钢筋图

40. 了解无地下室砖混结构住宅楼预制楼板的平面布置位置、规格,并统计预制楼板的块数,应查阅的是( )。
　　A. 基础平面图　　　　　　B. 楼层结构布置平面图
　　C. 构件详图　　　　　　　D. 建筑平面图

二、判断题

1. 一套完整的房屋施工图,按其内容和作用可以分为三大类:建筑施工图、结构施工图、设备施工图。 ( )

2. 对于图中需要另画详图的局部构件,为了读图方便,应在图中的相应位置以索引符号标出。 ( )

3. 施工图中的引出线用中实线表示。 ( )

4. 同时引出几个相同部分的引出线,可相互平行,也可画成集中于一点。 ( )

5. 多层构造共用引出线,应通过被引出的各层。文字说明标注在水平线的上方或端部,说明的顺序由下而上,与被说明的构造层次一致。 ( )

6. 一个详图适用于几根定位轴线时,应同时注明各有关轴线的编号。一个详图是通用做法时,可不在轴线圈中注写编号。 ( )

7. 在建筑构造配件图例中,门的代号用m表示,窗用c表示。 ( )

8. 无地下室的6层住宅楼,为不上人屋面形式,最少需要配置3个建筑平面图。 ( )

9. 用于室内墙装修施工和编制工程预算,且表示建筑物体型、外貌和室内装修要求的图样是建筑立面图。 ( )

10. 建筑平面图通常画在具有等高线的地形图上。 ( )

11. 结构施工图一般包括:结构设计说明、结构平面布置图和构件详图。 ( )

12. 结构施工图是表示建筑物的承重构件的布置、形状、内部构造和材料做法等的图样。 ( )

13. 结构平面图中的定位轴线与建筑平面图或总平面图中的定位轴线应一致,同时结构平面图要标注结构标高。 ( )

14. 构件的外形轮廓线应画成细单点长画线。 ( )

15. 基础平面图中基础轮廓线用细实线绘制,基础上方墙体或柱子的轮廓线用粗实线绘制。 ( )

16. 在结构施工图中,为了突出钢筋的配置位置,把钢筋画成细实线,构件轮廓线画成粗实线。 ( )

17. 钢筋混凝土板配筋图中,板底钢筋的弯钩向上或向左,板顶钢筋的弯钩向下或向右。 ( )

18. 板的配筋图一般只画出它的平面图和移出断面图。 ( )

19. 施工人员认为施工图设计不合理,可以对其更改。 ( )

20. 风向频率玫瑰图中实线表示全年风向频率、虚线表示夏季风向频率,图上所表示的风的吹向是指从外面吹向该地区中心,且画在总平面上。 ( )

21. 在施工图中进行标高标注时,零点标高前需加注"±"号,负标高前需加注"-"号,正标高前需加注"+"号。 ( )

22. 钢筋标注"φ8@200"表示了钢筋的级别、直径、间距和弯钩形状。 ( )

23. 钢筋的标注2φ16中,φ表示钢筋的直径符号。 ( )

24. 结构标高是构件包括粉刷层在内的装修完成后的标高。 ( )

25. 识读基础详图可以了解基础埋深及基础底部宽度。 ( )

26. 框架梁内的全部纵筋应集中标注。 ( )

27. 平面图中楼梯段踏面投影数总是比楼梯段的踏步数少1。 ( )

28. 钢筋详图应按照钢筋在立面图中的位置由上而下,用同一比例绘制。 ( )

29. 在建筑施工图首层平面图中,应绘制指南针用以表示建筑物的朝向。 ( )

30. 图样尺寸标注中的尺寸数字是表示所标注物体的实际尺寸大小,与图样的比例大小无关。 ( )

142

三、填空题

1. 写出以下常用建筑构件的名称：

WJ（　　　　） J（　　　　） QL（　　　　）

ZH（　　　　） GZ（　　　　） YP（　　　　）

AZ（　　　　） M（　　　　） WKL（　　　　）

2. 写出以下结构构件的代号：

屋面板（　　　　） 基础梁（　　　　） 楼梯梁（　　　　）

框架柱（　　　　） 过梁（　　　　） 墙板（　　　　）

阳台（　　　　） 连系梁（　　　　） 柱子（　　　　）

3. 房屋建筑制图统一标准中规定,建筑工程制图中断开界线可用_____线和_____线表示。

4. 在施工图中常需要注写文字、字母和数字,其中汉字的高度不应小于_____mm,字母、数字的高度不应小于_____mm。

5. 进行尺寸标注时,图样上的尺寸包括尺寸界线、_____、尺寸起止符号和_____组成。

6. 为了将尺寸标注得完整,在组合体三面投影图上一般标注_____尺寸、_____尺寸和总体尺寸。

7. 一张工程图要求用不同的线宽进行绘制,其线宽互成一定的比例,共同构成线宽组,粗、中、细线的比例为_____。

8. 附加轴线编号用分式表示,两条轴线之间的附加轴线编号中,分子代表_____,分母代表_____,位于①号和Ⓐ号轴线前的1号附加轴线,其编号形式分别为_____、_____。

9. 工程制图图纸幅面主要有_____种,其中A2图幅的宽 b 为_____mm,长 l 为_____mm,装订边宽 a 为_____mm,保护边宽 c 为_____mm。

10. 标高分为相对标高和_____,相对标高的零点通常在_____。

11. 建筑剖面图中,被剖切到的结构断面轮廓线应用_____绘制,没有被剖到的而又可见的轮廓线应用_____绘制。

12. 在房屋建筑工程施工图中应包括_____施工图、_____施工图和设备施工图, C1 代表_____, M1 代表_____。

13. 在现浇钢筋混凝土楼板中配置双层钢筋时,底层钢筋的弯钩应_____或_____,顶层钢筋的弯钩应_____或_____。

14. 钢筋混凝土墙体中配置双层钢筋时,在配筋立面图中,远面钢筋的弯钩应_____或_____,而近面钢筋的弯钩应_____或_____。

15. 结构施工图中"φ8 @ 200"φ表示_____、8 表示_____、@是_____符号、200表示_____。

项目 2　建筑识图综合练习

一、作图题

1. 在下列方框中画出相应的材料图例。

混凝土	普通砖	金属	钢筋混凝土

多孔材料	木材	砂、灰土	橡胶

防水材料	纤维材料	饰面砖	夯实土

2. 分别绘制出②轴之后的第 2 根附加定位轴线,Ⓐ 轴之前的第 1 根附加定位轴线的轴线编号。

3. 在建施 10-2 中有索引符号 ,绘制其对应在建施 10-4 中的详图符号,比例尺 1：10。

4. 分别绘制单扇内开平开门、双扇双面弹簧门、水平推拉窗、单层外开平开窗和单层外开上悬窗的图例,包括门窗的平面、立面和剖面图例。

5. 分别绘制总平面图中 8 层新建建筑图例, 6 层原有建筑图例, 12 层计划扩建建筑图例, 2 层拟拆除建筑图例。

6. 分别绘制室外绝对标高为 234.86 m 的标高符号和室内相对标高 9.600 m 的标高符号。

7. 分别绘制无弯钩的钢筋搭接、带半圆弯钩的钢筋搭接和带直钩的钢筋搭接示意图。

二、识图题

（一）识读某别墅平面图、立面图、剖面图及详图,并完成以下内容。(铅笔作图,长仿宋字)

1. 根据现有尺寸标注,完成平面图外部三道尺寸标注。

2. 在现有定位轴线编号的基础上,完成所有图样的定位轴线编号。

3. 以门窗图例及洞口尺寸为依据,完成门窗编号,并编制门窗表。

门窗代号	数量	洞口宽度	洞口高度	门窗代号	数量	洞口宽度	洞口高度

4. 联系整套图纸,完成标高标注。

5. 合理安排各个房间,并在平面图上标注名称。

6. 根据 1–1 剖面图在一层平面图上标注 1–1 剖切号位置。

7. 在立面图上标注墙面做法:勒脚青石板,窗间墙白色乳胶漆,屋面蓝色彩瓦。

8. 标注立面图图名,在二层平面图中标注出檐口节点的索引符号,并完成详图图名。

（二）识读一层平面图回答完成下列题目。

1. 该栋建筑的室内外高差是多少? 露台的标高是多少? 阳台的标高是多少? 主卧的标高是多少?

2. 该栋建筑的总长、总宽分别是多少? 主卧的开间、进深分别是多少?

3. 试计算①、③轴线和①、F轴线间的房间的建筑面积和使用面积,并写出计算过程。

4. 索引符号 西南11J812 ④/④ 的含义是什么? 散水宽度为 600 mm,在图中将其标注出来。

5. 入户门外露台前的台阶有多少步? 每一台阶踏步的规格是多少?

6. 本栋建筑朝向为坐北朝南,在图中适当位置绘制指北针。

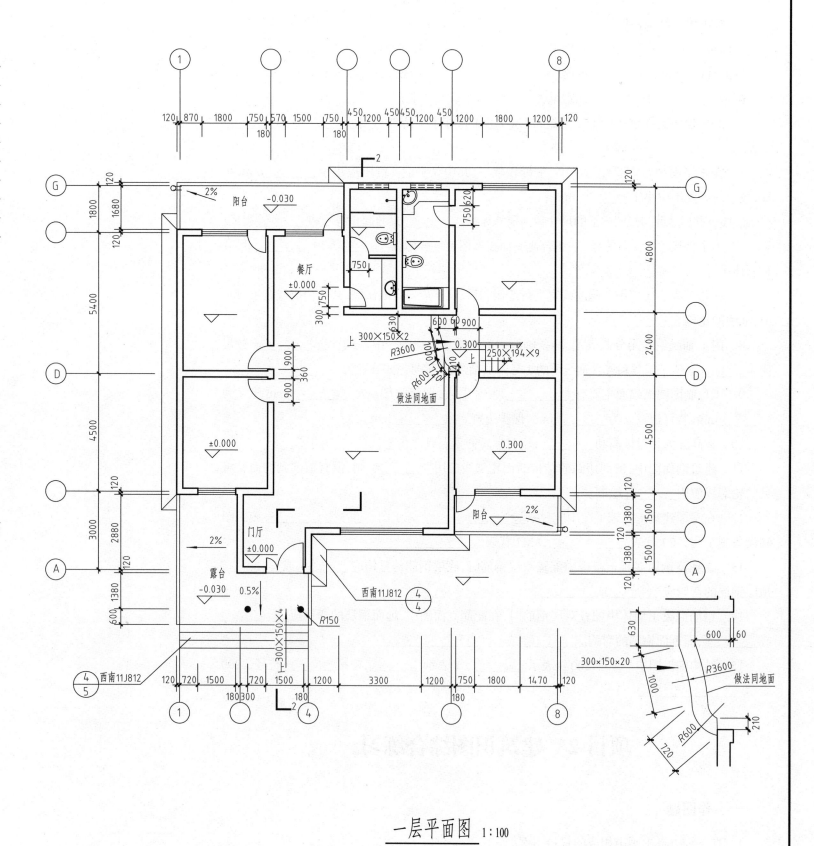

一层平面图 1:100

（三）识读二层平面图完成下列题目。

1. 二层露台地面标高比同层地面标高低多少？为何要如此设置？

2. 二层露台部分采用的是哪种形式的屋面,屋面排水类型是什么？排水坡度是多少？

3. 除露台部分外,其余位置采用的是哪种形式的屋面,排水坡度是多少？

4. 该建筑采用的是哪种类型的楼梯？一层到二层共有几跑,每个梯段分别有多少个踏步？

5. 檐口栏杆高度是多少？所选用的材料是什么？

6. 该层卫生间有无窗户,若有是哪种类型的窗户？

7. 墙体厚度是多少？起居室到露台通道门的门垛尺寸是多少？

8. 露台部分屋面采用的是哪种防水类型？其构造做法如何？

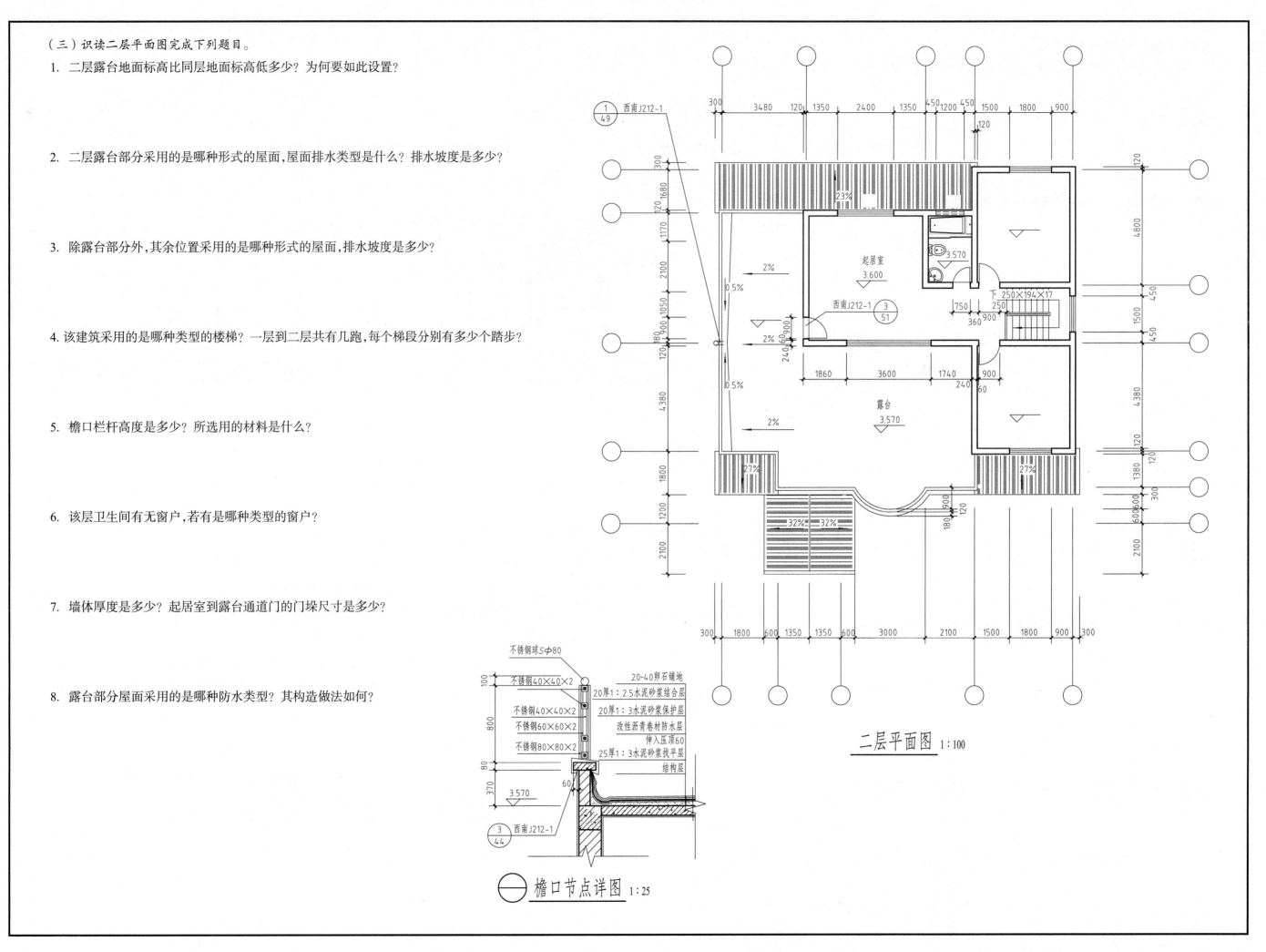

二层平面图 1:100

檐口节点详图 1:25

（四）识读立面图完成下列题目。

1. 立面图需采用几种线型绘制？各种线型的使用有何要求？线宽比例如何？

2. 汇总出该建筑外立面所采用的各种装饰做法。

3. 该建筑总高度是多少？局部高度是多少？有几层？每层层高是多少？

4. 对照平面图，主出入口所在立面图中的窗户有几种类型，其编号分别是哪些？

5. 室内外高差是多少？勒脚的高度是多少？各窗型的窗台高度分别是多少？露台、阳台栏杆扶手高度是多少？入户门上雨篷的屋脊标高是多少？

6. 参阅平面图、立面图和剖面图，补绘该建筑另外两个方向的立面图。

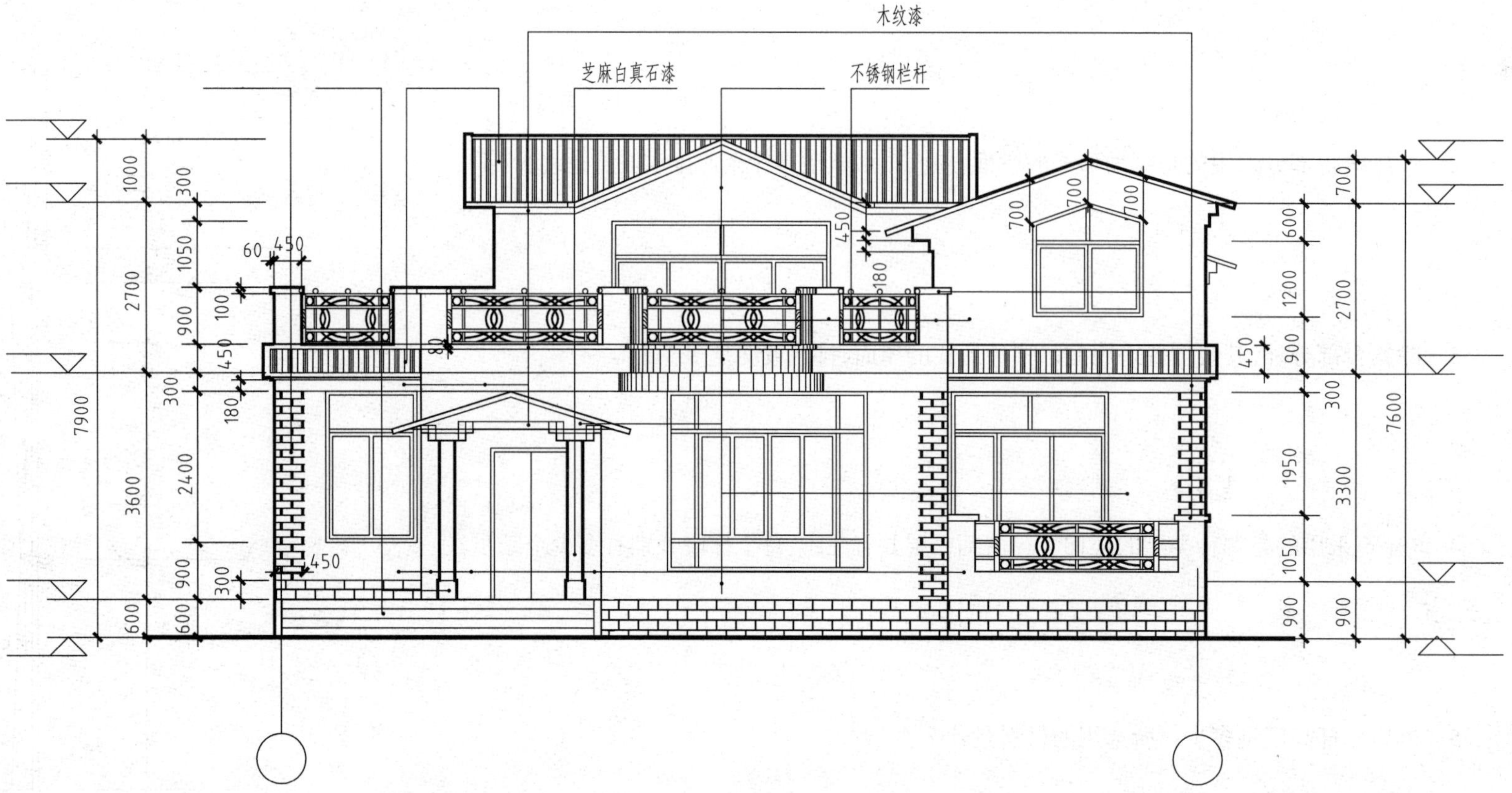

木纹漆　芝麻白真石漆　不锈钢栏杆

○～○立面图 1:100

木纹漆　不锈钢栏杆

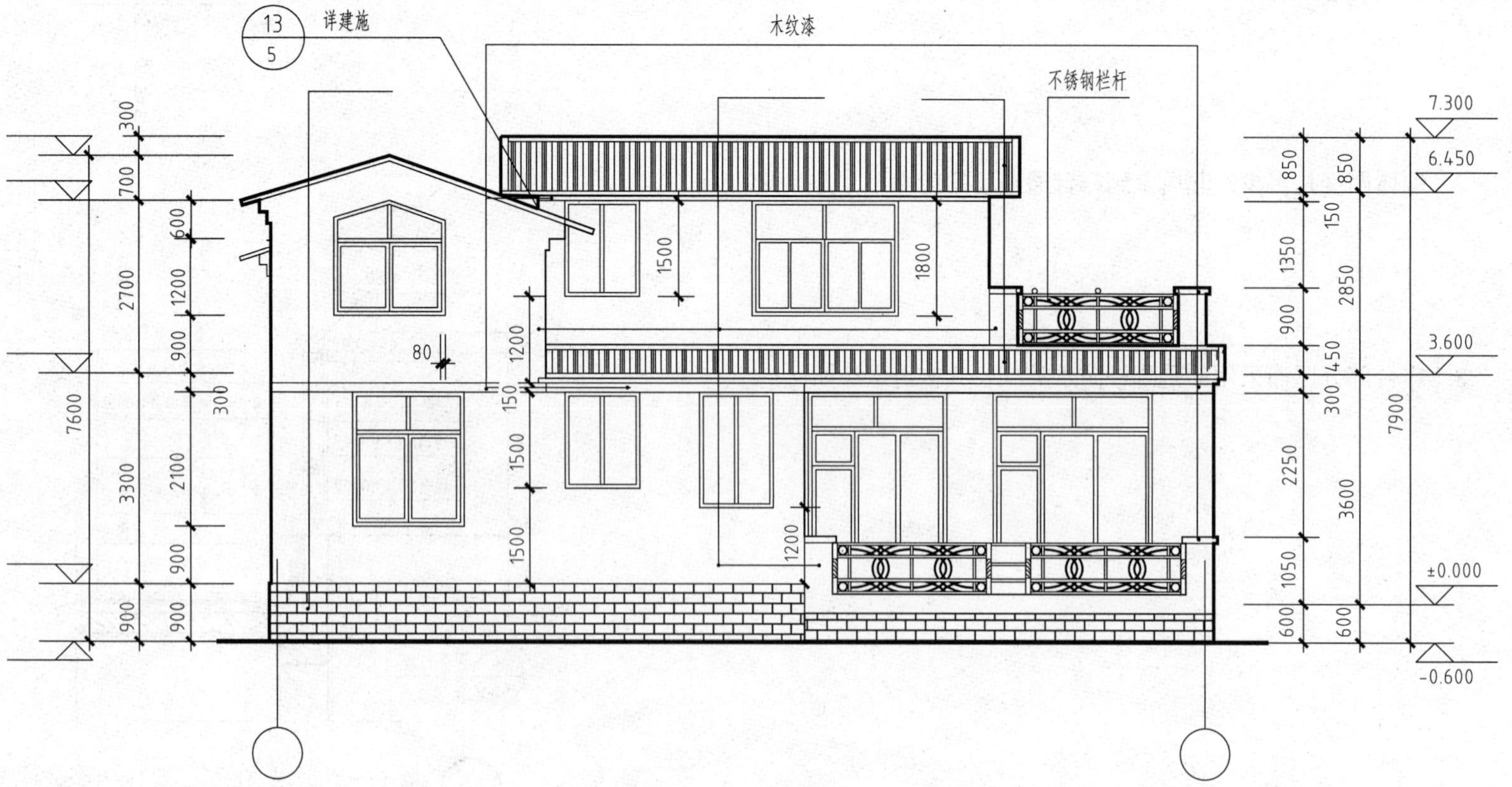

○～○立面图 1:100

（五）识读剖面图完成下列问题。

1. 一栋房屋画哪几个剖面图,是如何确定的? 剖面图的剖切部位有何要求?

2. 建筑剖面图的线型运用有何要求? 其中哪些类型的构件断面应该涂黑?

3. 1-1 剖面图、2-2 剖面图的剖视方向如何?

4. 二层的楼层标高是多少? 层高是多少?

5. 查阅平面图和剖面图,绘制该建筑的楼梯详图,包含楼梯剖面图和楼梯详图。(楼层板厚度 100 mm、平台板厚度 80 mm、地面层厚 40 mm,⑦轴处楼面梁的断面尺寸为 240 mm×300 mm,楼梯梁的断面尺寸为 200 mm×300 mm,楼梯板厚 100 mm,画踏步时不画粉刷层,墙上搁置平台板的梁的断面为 120 mm×180 mm。)

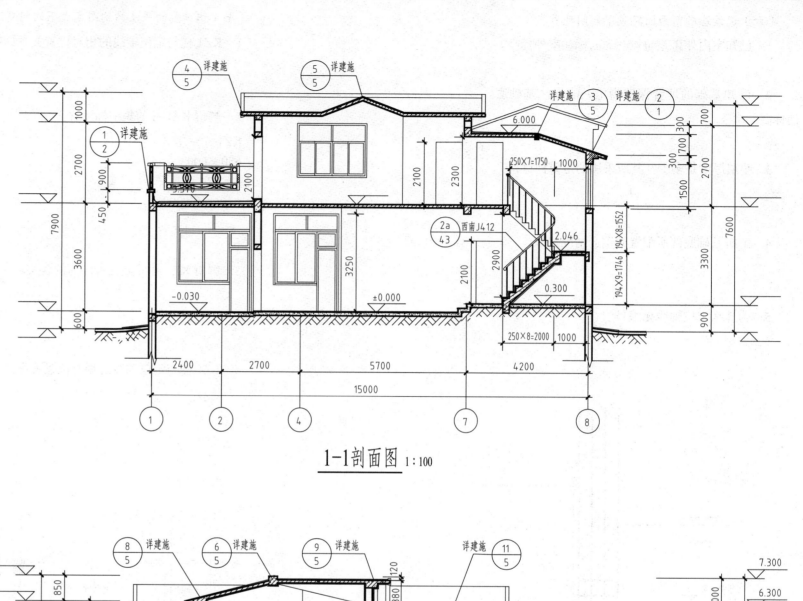

1-1剖面图 1:100

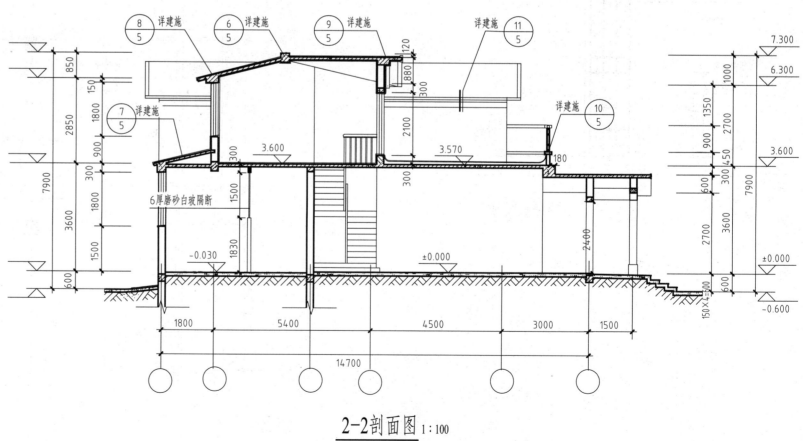

2-2剖面图 1:100

（六）识读基础断面图完成下列问题。

1. 已知室内外高差为 450 mm，标注室外标高。

2. 已知基础的埋置深度为 1.0 m，标注基础底面标高。

3. 垫层厚度是多少？其所采用的是何种材料？

4. 解析基础底部所配置的钢筋情况。

5. 为什么定位轴线无编号？

（七）识读柱的平法结构图完成下列问题。

1. KZ1 柱与定位轴线的相对位置关系如何？

2. 解析 KZ1 柱的集中标注含义。

KZ1
650×600
4⊈22
Φ10@100/200

3. 解析 KZ1 柱的截面旁注写的含义。

4. LZ1 柱与定位轴线的相对位置关系如何？

5. 解析 LZ1 柱的集中标注的含义。

LZ1
250×300
6⊈16
Φ8@100/200

6. KZ2 柱和 KZ3 柱与定位轴线的相对位置关系如何？

7. 解析 KZ2 柱和 KZ3 柱的集中标注的含义。

KZ2
650×600
22⊈22
Φ10@100/200

KZ3
650×600
24⊈22
Φ10@100/200

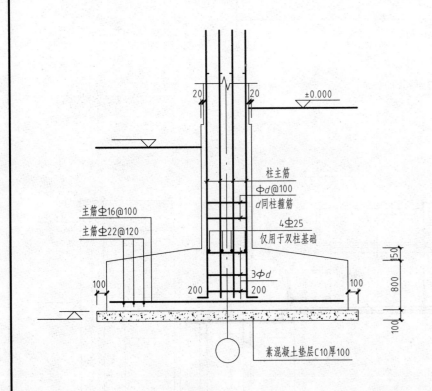

基础详图 1:100

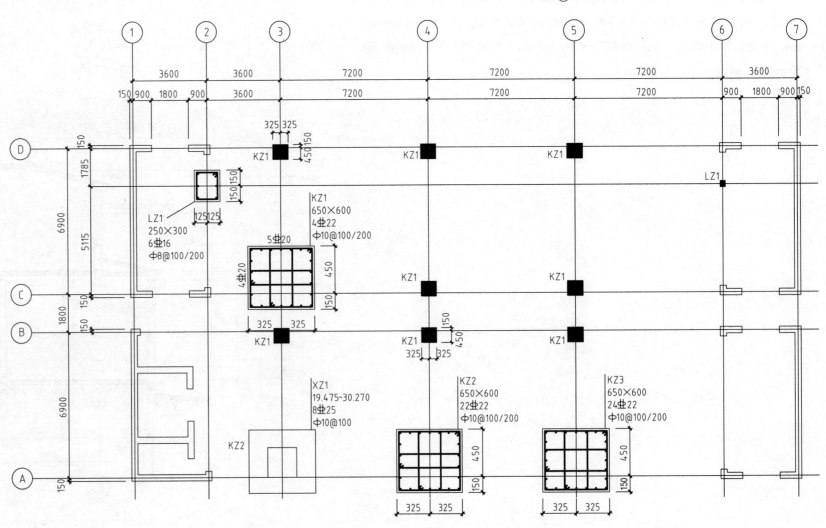

19.460~37.470柱平面布置图 1:100

（八）识读梁的平法结构图完成下列问题。

1. 解析 KL1 梁的集中标注含义。

KL1（4）300×700
ϕ10@100/200（2）
2$\pm$25
G4ϕ10

2. 解析 KL1 梁⑤、轴⑥轴间梁跨的原位标注含义。

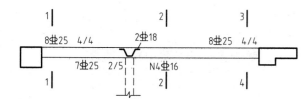

3. 绘制 KL1 梁⑤轴⑥轴间梁跨指定位置断面配筋详图。

4. 解析 KL4 梁的集中标注的含义。

KL4（3A）
250×700
ϕ10@100/200（2）
2$\pm$22
G4ϕ10

5. 解析 KL4 梁原位标注的含义。

6. 解析 L1 梁的配筋情况。

L1（1）250×450
ϕ8@150（2）
2$\pm$26；4$\pm$20
G2ϕ10
（-0.100）

7. 解析 L3 的配筋情况，并绘制 L3 配筋图。

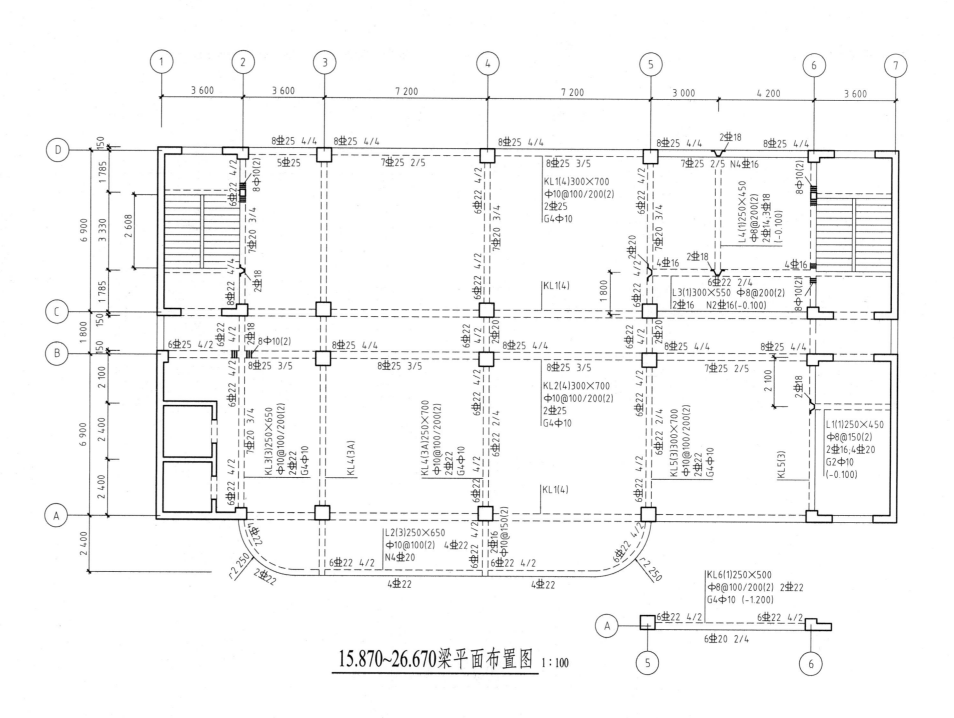

15.870~26.670梁平面布置图 1:100

149

（九）识读板的平法结构图完成下列问题。

1. 解析 LB5 楼板的集中标注含义。

LB5 h=150
B：X ⊕10@135
　　Y ⊕10@110

2. 解析 LB5 楼板的原位标注的含义。

3. 解析Ⓒ、Ⓓ轴与⑤、⑥轴之间的楼板 LB1 分别是何种类型的板？

4. 解析Ⓒ、Ⓓ轴与⑤、⑥轴之间的楼板 LB1 的集中标注的含义。

5. 解析Ⓒ、Ⓓ轴与⑤、⑥轴之间的楼板 LB1 原位标注的含义。

6. 下图 XB1 板的类型是什么？并解析其集中标注的含义。

7. 解析 XB1 板的集中标注的含义。

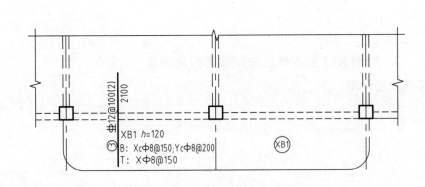

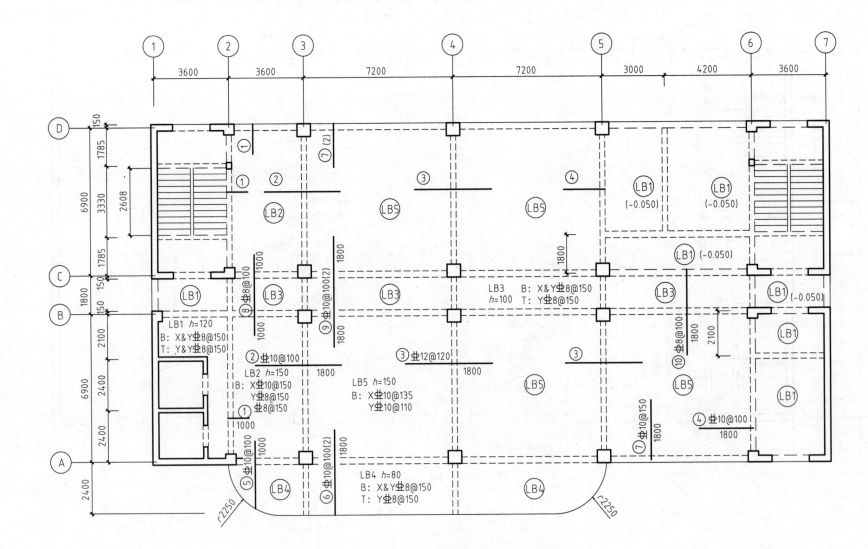

15.870~26.670板平面布置图 1:100

150

（十）识读 XL1 梁的构件详图完成下列问题。

1. 通过识读 XL1 梁的配筋图,填写完成梁断面图的图名。

2. 根据详图中 XL1 梁的配筋情况,在两个断面图中分别完成配筋情况的标注。

3. XL1 梁的保护层厚度是多少?

4. 简述 XL1 梁的配筋情况。

5. 根据详图中 XL1 梁的配筋情况,编写其钢筋表。

（十一）识读 KL2 的结构施工图完成下列问题。

1. 解析 KL2 梁的集中标注的含义。

2. 根据平法标注,完成 KL2 梁指定断面的钢筋标注。

构件 名称	构件 数量	钢筋 编号	钢筋 等级	钢筋 直径	钢筋 简图	长度 /mm	每件 根数	总长度 /mm
XL1	3							

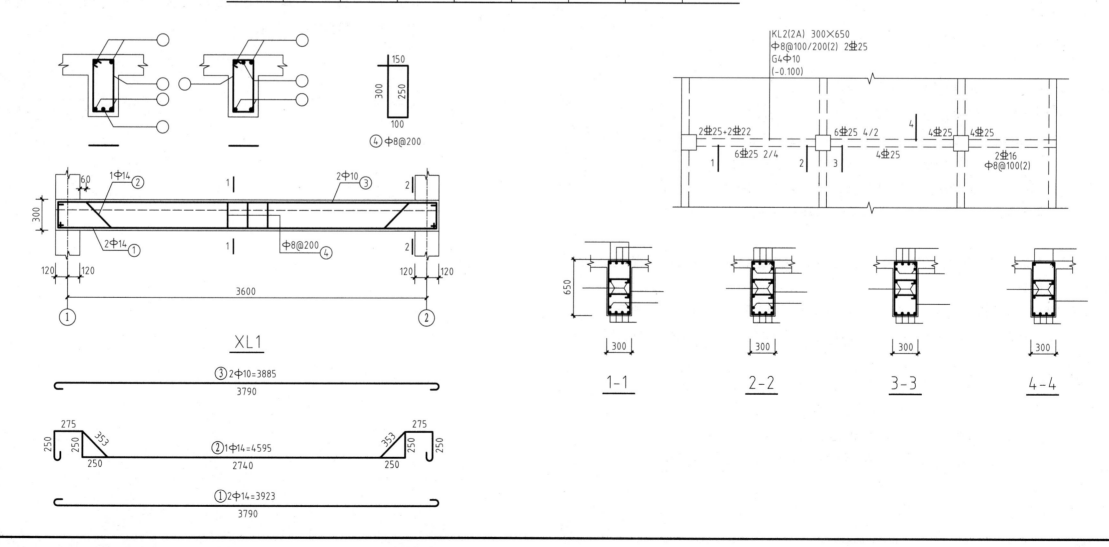

三、绘图题

（一）绘制施工图的目的和要求

1. 目的

（1）熟悉民用建筑施工图的表达内容和图示特点。

（2）掌握绘制建筑施工图的基本方法，培养学生良好的职业道德、独立工作能力、严谨的工作作风。

（3）掌握现行制图标准的要求，培养学生认真执行国家建筑制图统一标准的能力。

（4）会识读一般房屋建筑工程施工图，深入理解建筑各组成部分的构造做法，培养学生查阅技术资料、处理实际问题的能力。

（5）能够运用前面所学的基础知识，查出施工图的问题，并加以修正，培养学生分析问题、解决问题的能力。

2. 工作内容

抄绘单元二中的建筑施工图和结构施工图（由教师指定具体图样）。

（1）建筑施工图：建筑平面图、建筑立面图、建筑剖面图、楼梯详图、墙身详图、厨卫详图。

（2）结构施工图：基础平面布置图及基础详图、柱平面布置图、梁平面布置图、板平面布置图、构件结构详图。

3. 图纸幅面

A2 幅面绘图纸，铅笔抄绘。

4. 工作要求

（1）认真阅读单元二中的施工图，要在读懂图样之后方可开始抄绘，总结出识读施工图的步骤和方法。

（2）应严格按照单元一中所述的施工图绘制步骤进行抄绘。

（3）绘图时严格遵守《房屋建筑制图统一标准》（GB/T 50001—2010）、《总图制图标准》（GB/T 50103—2010）、《建筑制图标准》（GB/T 50104—2010）和《建筑结构制图标准》（GB/T 50105—2010）的各项规定，如有不熟悉之处，必须查阅标准或教材。

（4）注意布图均衡对称，图形准确、线型清晰、粗细分明、文字注写工整，图面整洁。

（5）图纸中难免存在一些问题，指导教师要与学生在读图时发现并进行图纸更正。

5. 说明

（1）本题主要是锻炼和提高学生的读图能力，指导教师在教学过程中可根据实际情况来选择合适的图样进行绘制。

（2）建议图线的基本宽度（即粗线的宽度）b 取 0.5 mm，详图可取 b=0.7 mm，表示地面的图线用加粗线可取 1.4b，其余各类线的线宽应符合线宽组的规定，同类图线同样粗细，不同类图线应粗细分明。

（3）汉字应写长仿宋字，字母、数字用标准体书写，建议房间名称及其他说明文字用 5 号字，尺寸数字、门窗代号、构件代号用 3.5 号字，在写字前要把文字内容的位置、大小设计好，并打好相应的字格（尺寸数字可只画上下两条横线），再进行书写，图名用 7 号字。

（4）要注意作图准确，尺寸标注无误、字体端正整齐（一幅图中的中文、字母和数字均应统一字号），图面均称整洁。

（5）绘图比例由不同的图样按规则确定。

（二）施工图的绘制步骤和方法

1. 确定绘制图样的数量

根据房屋的形状、平面布置情况和构造的复杂程度，以及施工的具体要求，决定绘制哪几种图样。对施工图的内容和数量要做全面的规划，防止重复和遗漏。在清楚准确的前提下，图样的数量以少为好。

2. 选择合适的比例

在保证图样能清楚表达其内容的情况下，根据不同图样的不同要求，选用合适的比例。

3. 进行合理的图面布置

图面布置（包括图样、图面、尺寸、文字说明及表格等）要主次分明、排列适当、表达清晰。在图纸幅面许可的情况下，尽量保持各图之间的投影关系，或将同类型的、内容关系密切的图样，集中在一张或顺序连续的几张图纸上，以便对照查阅。

若画在同一张图纸时，平面图与立面图应长对正，立面图与剖面图应高平齐，平面图与剖面图应宽相等。若画在不同的图纸上时，它们相互对应的尺寸均应相同。

4. 绘制图样

（1）绘制建筑施工图，一般是按平面图→立面图→剖面图→详图顺序进行。

（2）为使图样画得准确与整洁，先用较硬的铅笔画出较淡的底稿线。画图时，注意将同一方向或相等的尺寸一次量出，以提高画图的速度。底稿经检测无误后，按国标规定选用不同的线型进行加深。加深时，一般习惯的顺序是：同一方向或同一线型的线条相继绘画；先画水平线（从上到下），后画竖直线或斜线（从左到右）；先画图，后注写尺寸和说明。图线要注意粗细分明，以增强图面的效果。

（三）施工图画法举例

现以某建筑平面图为例,说明平面图的画法和步骤:

1. 确定定位轴线。

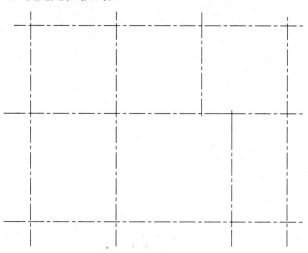

2. 画墙身和柱的轮廓线。

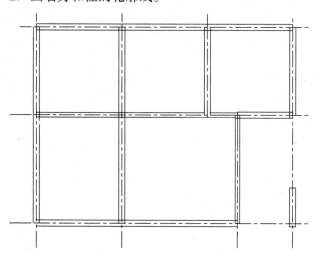

3. 确定门窗位置,画建筑细部轮廓,如门窗、楼梯、台阶、坡道、卫生间、散水、明沟等。

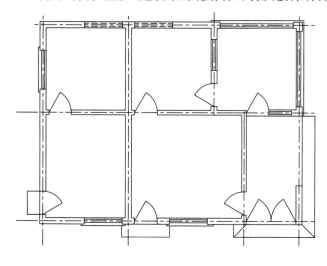

4. 经检查无误后,擦去多余的图线,在符合要求的位置画出轴线编号圆、尺寸、标高和其他相应图例的图线。

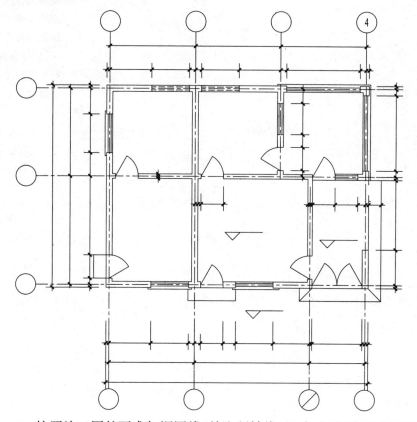

5. 按照施工图的要求加深图线,并注写轴线、尺寸、门窗编号、剖切符号、索引符号、图名、比例及其他文字说明。加深图线时,应注意正确使用图线的不同线型及线宽粗细,线宽组宽度 b,应根据图样的复杂程度和比例大小和制图规范要求,在 0.35 ~ 2 mm 范围内选择。

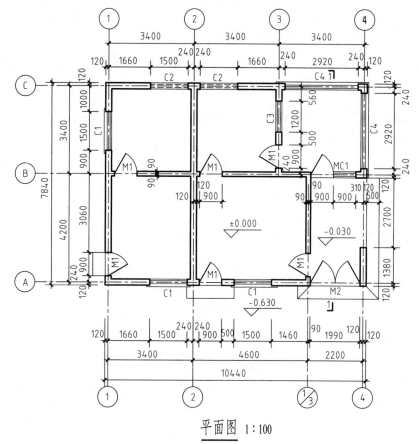

平面图 1:100